湖南省示范性(骨干)高等职业院校建设项目规划教材
湖南水利水电职业技术学院课程改革系列教材

建筑材料与检测

主　编　钟红霞　刘　苍
副主编　张　丹　黄　尧
主　审　汪文萍

黄河水利出版社
·郑　州·

内 容 提 要

本书是湖南省示范性(骨干)高等职业院校建设项目规划教材、湖南水利水电职业技术学院课程改革系列教材之一,根据高职高专教育建筑材料与检测课程标准及理实一体化教学要求编写完成。本书从我国水利水电工程建设和水利水电工程检测的实际出发,以水利水电工程中应用的建筑材料特性和建筑材料技术性质的检测为主线,系统介绍了建筑材料基本性质和水利工程检测的基础知识,常用建筑材料如胶凝材料、混凝土、砂浆、钢材、木材、沥青等的性质、技术指标和检测方法,列举了水利工程实体的检测常识,收集了一系列水利工程检测记录表和见证取样单等。

本书可作为高职高专院校水利水电工程等相关专业建筑材料与检测课程的教材,也可供从事水利水电工程施工、监理、工程勘测、规划等工程技术人员阅读参考。

图书在版编目(CIP)数据

建筑材料与检测/钟红霞,刘苍主编. —郑州:黄河水利出版社,2017.6

湖南省示范性(骨干)高等职业院校建设项目规划教材

ISBN 978-7-5509-1622-7

Ⅰ.①建… Ⅱ.①钟… ②刘… Ⅲ.①建筑材料-检测-高等职业教育-教材 Ⅳ.①TU502

中国版本图书馆 CIP 数据核字(2016)第 302184 号

组稿编辑:简 群　　电话:0371-66026749　　E-mail:931945687@qq.com

出 版 社:黄河水利出版社　　网址:www.yrcp.com

地址:河南省郑州市顺河路黄委会综合楼 14 层　　邮政编码:450003

发行单位:黄河水利出版社

发行部电话:0371-66026940、66020550、66028024、66022620(传真)

E-mail:hhslcbs@126.com

承印单位:河南承创印务有限公司

开本:787 mm×1 092 mm　1/16

印张:14.75

字数:340 千字　　印数:1—2 000

版次:2017 年 6 月第 1 版　　印次:2017 年 6 月第 1 次印刷

定价:35.00 元

前 言

按照“湖南省示范性(骨干)高等职业院校建设项目”建设要求,水利工程专业是该项目的重点建设专业之一,由湖南水利水电职业技术学院负责组织实施。按照专业建设方案和任务书,通过广泛深入行业,与行业、企业专家共同研讨,创新了“两贯穿,三递进,五对接,多学段”“订单式”人才培养模式,完善了“以水利工程项目为载体,以设计→施工→管理工作过程为主线”的课程体系,进行优质核心课程的建设。为了固化示范性(骨干)建设成果,进一步将其应用到教学中,最终实现让学生受益,经学院审核,决定正式出版系列课程改革教材。

全书分9个项目,项目1介绍了建筑材料的基本性质及基本性质的检测,项目2至项目7分别介绍了不同建筑材料的性质、应用及检测(项目2无机胶凝材料,项目3水泥混凝土,项目4建筑砂浆,项目5建筑钢材,项目6防水材料,项目7其他功能材料),项目8介绍了水利工程质量检测的基础知识及检测数据的规范处理方法,项目9介绍了水利工程中建筑材料结构实体的常用检测方法,并收集了大量的水利工程检测的数据记录样表和见证取样单等。

本书由湖南水利水电职业技术学院承担编写工作,编写人员及分工如下:黄尧编写项目1、项目2、项目7,刘苍编写项目3、项目4,张丹编写项目5、项目6,钟红霞编写项目8、项目9和附录。本书由钟红霞、刘苍担任主编,钟红霞负责全书的统稿;由张丹、黄尧担任副主编;由汪文萍担任主审。

在本书编写过程中编者参考了许多专业书籍和规范,同时也得到了有关专家和同行的支持,在此表示感谢!

由于编者水平有限,书中不足之处在所难免,敬请广大师生与读者批评指正。

编 者

2016年9月

前言

目 录

前 言
项目1 建筑材料的基本性质 …… (1)
任务1.1 材料的物理性质 …… (1)
任务1.2 材料的力学性质 …… (8)
任务1.3 材料的耐久性 …… (11)
任务1.4 材料的组成、结构和构造 …… (11)
任务1.5 材料基本性质检测 …… (13)
项目小结 …… (15)
技能考核题 …… (15)
项目2 无机胶凝材料 …… (17)
任务2.1 石 灰 …… (17)
任务2.2 石 膏 …… (21)
任务2.3 水玻璃 …… (23)
任务2.4 硅酸盐水泥 …… (24)
任务2.5 掺混合材料的硅酸盐水泥 …… (31)
任务2.6 其他水泥及水泥的验收与保管 …… (35)
任务2.7 水泥检测 …… (37)
项目小结 …… (45)
技能考核题 …… (45)
项目3 水泥混凝土 …… (48)
任务3.1 混凝土基本知识 …… (48)
任务3.2 混凝土对水泥和水的要求 …… (52)
任务3.3 细骨料的检测 …… (55)
任务3.4 粗骨料的检测 …… (62)
任务3.5 混凝土的外加剂 …… (68)
任务3.6 混凝土拌和物的技术性质 …… (73)
任务3.7 硬化混凝土的技术性质 …… (81)
任务3.8 混凝土的质量控制和强度评定 …… (92)
任务3.9 普通混凝土的配合比设计 …… (95)
项目小结 …… (107)
技能考核题 …… (107)

项目4　建筑砂浆……………………………………………………………………（110）
任务4.1　砌筑砂浆……………………………………………………………（110）
任务4.2　砌筑砂浆配合比设计………………………………………………（113）
任务4.3　抹面砂浆……………………………………………………………（116）
任务4.4　特种砂浆……………………………………………………………（119）
任务4.5　砂浆性能检测………………………………………………………（121）
项目小结　……………………………………………………………………（126）
技能考核题　…………………………………………………………………（126）
项目5　建筑钢材……………………………………………………………………（128）
任务5.1　建筑钢材的基本知识………………………………………………（128）
任务5.2　建筑钢材的主要技术性能…………………………………………（130）
任务5.3　建筑钢材的标准与选用……………………………………………（135）
任务5.4　钢材的锈蚀及防止…………………………………………………（139）
任务5.5　钢材的运输、验收和储存　…………………………………………（140）
任务5.6　钢材试验实训………………………………………………………（143）
项目小结　……………………………………………………………………（146）
技能考核题　…………………………………………………………………（146）
项目6　防水材料……………………………………………………………………（148）
任务6.1　沥　青………………………………………………………………（149）
任务6.2　沥青防水制品………………………………………………………（154）
任务6.3　防水涂料……………………………………………………………（156）
任务6.4　建筑密封材料………………………………………………………（157）
任务6.5　沥青试验实训………………………………………………………（158）
项目小结　……………………………………………………………………（162）
技能考核题　…………………………………………………………………（162）
项目7　其他功能材料………………………………………………………………（164）
任务7.1　石　材………………………………………………………………（164）
任务7.2　砌墙砖………………………………………………………………（167）
任务7.3　砌　块………………………………………………………………（175）
任务7.4　木　材………………………………………………………………（179）
项目小结　……………………………………………………………………（187）
技能考核题　…………………………………………………………………（187）
项目8　质量检测工作基础知识……………………………………………………（189）
任务8.1　质量检测基础概述…………………………………………………（189）
任务8.2　工程材料技术标准…………………………………………………（195）
项目9　结构实体常用检测方法……………………………………………………（197）
任务9.1　回弹法………………………………………………………………（197）
任务9.2　超声波法……………………………………………………………（200）

任务9.3　超声回弹综合法 …………………………………………………………… (201)
任务9.4　钻芯法 ……………………………………………………………………… (204)
任务9.5　拔出法 ……………………………………………………………………… (206)
附录　(水利工程)建筑材料检测试验成果样表 ………………………………… (210)
参考文献 ……………………………………………………………………………… (225)

项目1　建筑材料的基本性质

知识目标

1. 掌握材料的物理状态参数，材料的力学性质，材料与水有关的性质的物理意义、指标、影响因素及其对其他性质的影响。

2. 理解材料的组成、结构、构造对材料性质的影响，材料耐久性的含义。

3. 了解材料热工性能的几个指标。

技能目标

1. 能从多个方面鉴别建筑材料性能。

2. 具有对建筑材料的密度、表观密度、吸水率等性能进行检测的能力。

3. 具有分析影响建筑材料性能的因素的能力。

任务1.1　材料的物理性质

1.1.1　基本物理性质

1.1.1.1　材料的体积构成及含水状态

1. 材料的体积构成

块状材料在自然状态下的体积是由固体物质体积及其内部孔隙体积组成的。材料内部的孔隙按孔隙特征又分为开口孔隙和闭口孔隙。闭口孔隙不进水，开口孔隙与材料周围的介质相通，材料在浸水时易吸水饱和，如图1-1所示。

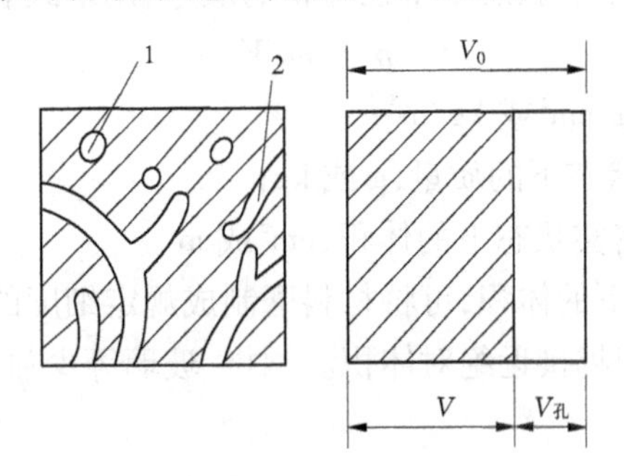

1—闭口孔隙；2—开口孔隙

图1-1　块状材料体积构成示意

散粒材料是指具有一定粒径材料的堆积体，如工程中常用的砂、石子等。其体积构成包括固体物质体积、颗粒内部孔隙体积及固体颗粒之间的空隙体积，如图 1-2 所示。

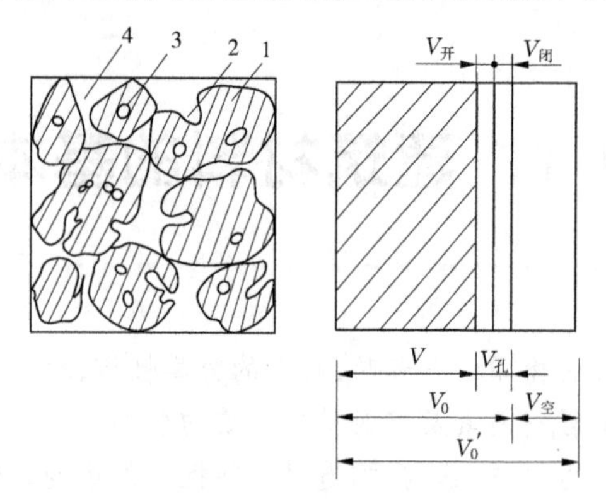

1—颗粒中固体物质；2—颗粒中的开口孔隙；3—颗粒中的闭口孔隙；4—颗粒之间的空隙

图 1-2　散粒材料体积构成示意

2. 材料的含水状态

材料在大气中或水中会吸附一定的水分，根据材料吸附水分的情况，将材料的含水状态分为干燥状态、气干状态、饱和面干状态及湿润状态四种，如图 1-3 所示。材料的含水状态会对材料的多种性质产生影响。

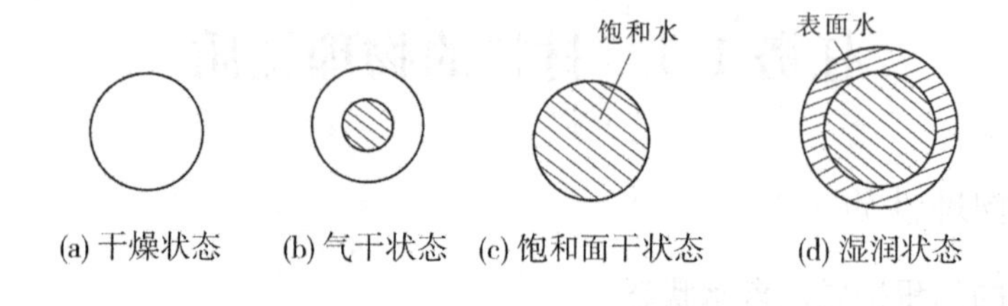

图 1-3　材料的含水状态

1.1.1.2　密度、表观密度与堆积密度

1. 密度

密度是指材料在绝对密实状态下单位体积的质量，用下式表示

$$\rho = m/V \tag{1-1}$$

式中　ρ——材料的密度，g/cm^3 或 kg/m^3；

m——材料在干燥状态下的质量，g 或 kg；

V——材料在绝对密实状态下的体积，cm^3 或 m^3。

材料在绝对密实状态下的体积，可将材料磨制成规定细度的粉末，用排液法求得。材料磨得越细，所测得的体积越接近绝对体积。钢材、玻璃等少数密实材料可根据外形尺寸求得体积。

2. 表观密度

表观密度是指材料在自然状态下单位体积的质量，用下式表示

$$\rho_0 = m/V_0 \tag{1-2}$$

式中　ρ_0——材料的表观密度，g/cm^3 或 kg/m^3；

m——材料在干燥状态下的质量，g或kg；

V_0——材料在自然状态下的体积，cm^3或m^3。

材料的表观密度用于表示块状材料和散粒材料的密实程度。

对于外观形状规则的材料，其在自然状态下的体积按材料的外形计算；对于外观形状不规则的材料，可以加工成规则外形后得到外形体积；对于松散材料，可使材料吸水饱和后，再用排液法求其体积；对于相对比较密实的散粒体材料（如砂石）可直接用排液法求其体积。

材料含有水分时，材料的质量及体积均会发生改变，故在测定材料的表观密度时，须注明其含水状态。

3. 堆积密度

堆积密度是指材料在规定的装填条件下，单位堆积体积的质量，用下式表示

$$\rho'_0 = m/V'_0 \tag{1-3}$$

式中　ρ'_0——材料的堆积密度，kg/m^3；

V'_0——材料的堆积体积，m^3。

材料的堆积体积包括固体颗粒体积、颗粒内部孔隙体积和颗粒之间的空隙体积，用容量筒测定。堆积密度与材料的装填条件及含水状态有关。

建筑工程中，在计算材料的用量及构件的自重、配料计算、确定材料的堆放空间以及运输量时，经常要用到材料的密度、表观密度和堆积密度等参数。常用材料的密度、表观密度及堆积密度如表1-1所示。

表1-1　常用材料的密度、表观密度及堆积密度

材料	密度(g/cm^3)	表观密度(kg/m^3)	堆积密度(kg/m^3)
花岗岩	2.60～2.80	2 500～2 700	—
碎石(石灰岩)	2.60	—	1 400～1 700
砂	2.60	—	1 450～1 650
黏土	2.60	—	1 600～1 800
黏土空心砖	2.50	1 000～1 400	—
水泥	3.10	—	1 200～1 300
普通混凝土	—	2 100～2 600	—
钢材	7.85	7 850	—
木材	1.55	400～800	—
泡沫塑料	—	20～50	—

1.1.1.3　材料的孔隙率与空隙率

1. 孔隙率

孔隙率指块状材料中孔隙体积与材料在自然状态下总体积的百分比，用下式表示

$$P = V_{孔}/V_0 \times 100\% \tag{1-4}$$

$$P = (V_0 - V)/V_0 \times 100\% = (1 - V/V_0) \times 100\% = (1 - \rho_0/\rho) \times 100\% \tag{1-5}$$

式中　P——材料的孔隙率(%)；

$V_{孔}$——材料中孔隙的体积，cm^3；

ρ_0——材料的干表观密度，g/cm^3。

孔隙率的大小直接反映了材料的致密程度。材料的许多性质如强度、热工性质、声学性质、吸水性、吸湿性、抗渗性、抗冻性等都与孔隙率有关。这些性质不仅与材料的孔隙率大小有关，而且还与材料的孔隙特征有关。孔隙特征是指孔隙的种类（开口孔隙与闭口孔隙）、孔隙的大小及孔的分布是否均匀等。

2. 空隙率

材料的空隙率是指散粒材料在堆积状态下，颗粒之间的空隙体积与松散体积的百分比，用下式表示

$$P' = (V'_0 - V_0)/V'_0 \times 100\% = (1 - V_0/V'_0) \times 100\% = (1 - \rho_0'/\rho_0) \times 100\% \tag{1-6}$$

空隙率反映了散粒材料颗粒之间互相填充的疏密程度，在混凝土配合比设计时，可作为控制混凝土骨料级配以及计算含砂率的依据。

【例 1-1】 一块石灰岩，体积为 10 m^3，密度为 2.7 g/cm^3，孔隙率为 0.8%，现将石灰岩轧成碎石，并测得碎石的堆积密度为 1 600 kg/m^3，求碎石的堆积体积。

解：由 $\rho = m/V$ 得碎石的质量为

$$m = \rho V = 2.7 \times 1\,000 \times 10 \times (1 - 0.8\%) = 26\,784(kg)$$

由 $\rho'_0 = m/V'_0$ 得碎石的堆积体积为

$$V'_0 = m/\rho'_0 = 26\,784/1\,600 = 16.7(m^3)$$

故碎石的堆积体积为 16.7 m^3。

1.1.2 材料与水有关的性质

1.1.2.1 亲水性与憎水性

材料在使用过程中常常遇到水，不同的材料遇水后和水的作用情况是不同的。根据材料能否被润湿，材料可分为亲水性材料和憎水性材料。

在材料、空气、水三相交界处，沿水滴表面作切线，切线与材料和水接触面的夹角 θ 称为润湿角。θ 越小，浸润性越强；当 θ 为 0°时，表示材料完全被水润湿。一般认为，当 $\theta \leq 90°$时，水分子之间的内聚力小于水分子与材料分子之间的吸引力，此种材料称为亲水性材料；当 $\theta > 90°$时，水分子之间的内聚力大于水分子与材料之间的吸引力，材料表面不易被水湿润，此种材料称为憎水性材料，如图 1-4 所示。建筑材料中水泥制品、玻璃、陶瓷、金属材料、石材等无机材料和部分木材等为亲水性材料，沥青、油漆、塑料、防水油膏等为憎水性材料。

1.1.2.2 吸水性与吸湿性

1. 吸水性

材料的吸水性是指材料在水中吸收水分的性质。吸水性的大小用吸水率表示，吸水率有质量吸水率和体积吸水率两种。

质量吸水率是指材料吸水饱和时，其吸收水分的质量与材料干燥状态下质量的百分比，用下式计算

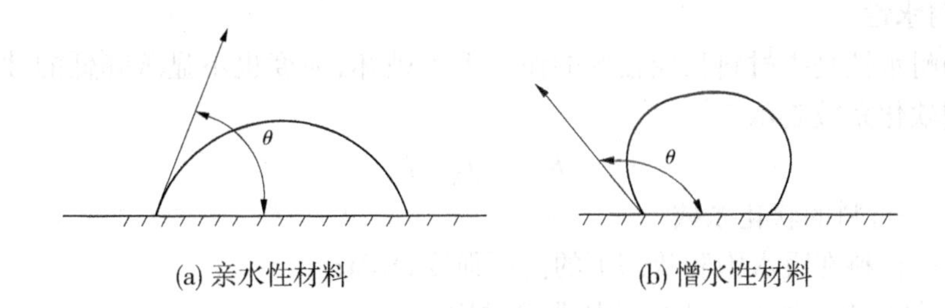

图1-4 材料润湿示意

$$W_m = (m_{饱} - m)/m \times 100\% \tag{1-7}$$

式中 W_m——质量吸水率(%);

$m_{饱}$——材料在饱和状态下的质量,g;

m——材料干燥至恒重的质量,g。

体积吸水率是指材料吸水饱和时,所吸收水分的体积与干燥材料自然状态下体积的百分比,用下式计算

$$W_v = V_w/V_0 \times 100\% = (m_{饱} - m)/V_0\rho_w \times 100\% \tag{1-8}$$

式中 W_v——体积吸水率(%);

V_w——材料吸水饱和时水的体积,cm^3;

V_0——干燥材料在自然状态下的体积,cm^3;

ρ_w——水的密度,g/cm^3。

材料吸水率的大小主要取决于材料的孔隙率及孔隙特征。材料具有较多开口、细微且连通的孔隙,吸水率较大;粗大开口的孔隙,水分虽易进入,但仅能润湿孔隙表面而不易在孔内存留,封闭的孔隙,水分则不易进入,故具有粗大开口或封闭孔隙的材料,其吸水率较低。

各种材料的吸水率相差很大,如花岗岩等致密岩石的吸水率为0.5%~0.7%,普通混凝土为2%~3%,黏土砖为8%~20%,而木材或其他轻质材料吸水率可大于100%。

材料吸水后,自重增加,强度降低,保温性能下降,抗冻性能变差,有时还会发生明显的体积膨胀。

2. 吸湿性

材料的吸湿性是指材料在潮湿空气中吸收水分的性质,吸湿性的大小用含水率表示。含水率是指材料中所含水的质量与材料干燥状态下质量的百分比,用下式计算

$$W_{含} = (m_{含} - m)/m \times 100\% \tag{1-9}$$

式中 $W_{含}$——材料的含水率(%);

$m_{含}$——材料含水时的质量,g;

m——材料干燥至恒重的质量,g。

材料的吸水率除与材料的组成、构造有关外,还与所处环境的温度和湿度有关。一般环境温度越低,相对湿度越大,材料的含水率越大。材料中的湿度与空气湿度达到平衡时的含水率称为平衡含水率。材料吸水饱和时的含水率即为吸水率。

1.1.2.3 **耐水性**

材料的耐水性是指材料长期在水的作用下不破坏,强度也不显著降低的性质。材料的耐水性用软化系数表示

$$K_{软} = f_{饱}/f \tag{1-10}$$

式中 $K_{软}$——材料的软化系数;

$f_{饱}$——材料在吸水饱和状态下的抗压强度,MPa;

f——材料在干燥状态下的抗压强度,MPa。

一般材料遇水后,会因含水而使其内部的结合力减弱,同时材料内部的一些可溶性物质发生溶解导致其孔隙率增加,因此材料的强度都有不同程度的降低。如花岗岩长期浸泡在水中,强度将下降3%。普通黏土砖和木材等浸水后强度降低更多。

软化系数的波动范围为0~1。通常将软化系数大于0.85的材料看作是耐水材料。软化系数的大小,有时会成为选择材料的重要依据。受水浸泡或长期处于潮湿环境的重要建筑物或构筑物所用材料的软化系数不应低于0.85。

1.1.2.4 **抗渗性**

材料的抗渗性是指材料抵抗压力水渗透的能力。材料的抗渗性通常用渗透系数或抗渗等级表示。渗透系数的表达式为

$$K = Qd/AtH \tag{1-11}$$

式中 K——材料的渗透系数,cm/s;

Q——透水量,cm^3;

d——试件厚度,cm;

A——透水面积,cm^2;

t——透水时间,s;

H——静水压力水头,cm。

渗透系数K的物理意义是:一定时间内,在一定的水压作用下,单位厚度的材料单位面积上的透水量。K值越小,表明材料的抗渗能力越强。

抗渗等级常用于混凝土和砂浆等材料,是指在规定试验条件下,材料所能承受的最大水压力,用符号"W"表示。如混凝土的抗渗等级为W6、W8、W12,表示其分别能承受0.6 MPa、0.8 MPa、1.2 MPa的水压力而不渗水。

材料抗渗性的好坏,与材料的孔隙率和孔隙特征有密切的关系。材料越密实,闭口孔隙越多,孔径越小,越难渗水;具有较大孔隙率,且孔连通、孔径较大的材料抗渗性较差。

对于地下建筑物、屋面、外墙及水工构筑物等,因常受到水的作用,所以要求材料有一定的抗渗性。对于专门用于防水的材料,则要求具有较高的抗渗性。

1.1.2.5 **抗冻性**

材料的抗冻性是指材料在水饱和状态下,经受多次冻融循环而不被破坏,其强度也不显著降低的性质。

材料在吸水后,如果在负温下受冻,水在毛细孔内结冰,体积膨胀约9%,冰的冻胀压力将造成材料的内应力,使材料遭到局部破坏。随着冻结和融化的循环进行,材料表面将出现裂纹、剥落等现象,造成质量损失、强度降低。这是材料内部孔隙中的水分结冰使体

积增大,对孔壁产生很大的压力,冰融化时压力又骤然消失所致。无论是冻结还是融化,都会在材料冻融交界层间产生明显的压力差,并作用于孔壁使之破坏。

材料的抗冻性用抗冻等级来表示。抗冻等级表示吸水饱和后的材料在规定的条件下所能经受的最大冻融循环次数,用符号“F”来表示。如混凝土的抗冻等级为F50、F100,分别表示在标准试验条件下,经过50次、100次的冻融循环后,其质量损失、强度降低不超过规定值。抗冻等级越高,材料的抗冻性能越好。

材料的抗冻性主要与其孔隙率、孔隙特征、含水率及强度有关。抗冻性良好的材料,抵抗温度变化、干湿交替等破坏作用也较强。对于室外温度低于 -15 ℃的地区,其主要材料必须进行抗冻性试验。

1.1.3　材料与热有关的性质

1.1.3.1　导热性

当材料两侧存在温度差时,热量将由温度高的一侧通过材料传递到温度低的一侧,材料的这种传导热量的能力称为导热性。材料的导热性用导热系数λ表示,表达式如下

$$\lambda = Q\delta / At(T_2 - T_1) \tag{1-12}$$

式中　λ——材料的导热系数,W/(m·K);

Q——传导的热量,J;

A——热传导面积,m^2;

δ——材料厚度,m;

t——导热时间,s;

T_1、T_2——材料两侧的温度,K。

导热系数λ的物理意义是:单位厚度的材料,当两侧的温度差为1 K时,在单位时间内,通过单位面积的热量。λ值越大,表明材料的导热性越强。

材料的导热能力与材料的孔隙率、孔隙特征及材料的含水状态有关。密闭空气的导热系数很小(0.025 W/(m·K)),故材料的闭口孔隙率大时导热系数小。开口连通孔隙具有空气对流作用,其材料的导热系数较大。材料受潮时,由于水的导热系数较大(0.58 W/(m·K)),导热系数增大。

材料的导热系数越小,隔热保温效果越好。有隔热保温要求的建筑物宜选用导热系数小的材料做围护结构。工程中通常将 $\lambda < 0.23$ W/(m·K)的材料称为绝热材料。

几种常用材料的导热系数见表1-2。

1.1.3.2　热容量和比热容

材料的热容量是指材料受热时吸收热量或冷却时放出热量的能力。热容量的大小用比热容(简称比热)表示。比热容是指1 g的材料在温度改变1 K时所吸收或放出的热量。材料吸收或放出的热量和比热容分别用下式表示

$$Q = cm(T_2 - T_1) \tag{1-13}$$

或

$$c = Q/m(T_2 - T_1) \tag{1-14}$$

式中　Q——材料吸收或放出的热量,J;

c——材料的比热容,J/(g·K);

m——材料的质量,g;

$T_2 - T_1$——材料受热或冷却前后的温差,K。

材料的热容量值对保持材料温度的稳定性有很大的作用。热容量值高的材料,对室温的调节作用大。

几种常用材料的比热容值见表1-2。

表1-2　常用材料的导热系数及比热容值

材料	导热系数 (W/(m·K))	比热容 (J/(g·K))	材料	导热系数 (W/(m·K))	比热容 (J/(g·K))
铜	370	0.38	绝热纤维板	0.05	1.46
钢	55	0.46	泡沫塑料	0.03	1.70
花岗岩	2.9	0.8	水	0.58	4.19
普通混凝土	1.8	0.88	冰	2.20	2.05
黏土空心砖	0.64	0.92	密闭空气	0.025	1.00
松木(横纹、顺纹)	0.17~0.35	2.51			

【例1-2】 加气混凝土砌块吸水分析。

现象:某施工队原使用普通烧结黏土砖砌墙,后改为表观密度为700 kg/m³的加气混凝土砌块。在抹灰前采用同样的方式往墙上浇水,发现原使用的普通烧结黏土砖易吸足水量,而加气混凝土砌块虽表面浇水不少,但实际吸水不多,试分析原因。

原因分析:加气混凝土砌块虽多孔,但其气孔大多数为"墨水瓶"结构,肚大口小,毛细管作用差,只有少数孔是水分蒸发形成的毛细孔,因此吸水及导湿性能差。材料的吸水性不仅要看孔的数量多少,而且还要看孔的结构。

任务1.2　材料的力学性质

材料的力学性质是指材料在外力作用下的变形性质和抵抗破坏的性质。

1.2.1　材料的强度

1.2.1.1　强度

强度是指材料抵抗外力破坏的能力。当材料承受外力作用时,内部就产生应力,外力逐渐增加,应力也相应加大,直到质点间作用力不能再承受时,材料即被破坏。此时极限应力值就是材料的强度。

材料的强度按外力作用方式的不同,分为抗压强度、抗拉强度、抗弯强度等,如表1-3所示。

不同种类的材料具有不同的强度特点。如砖、石材、混凝土和铸铁等材料具有较高的抗压强度,而抗拉强度、抗弯强度均较低;钢材的抗拉强度与抗压强度大致相同,而且都很高;木材的抗拉强度大于抗压强度。在实际工程中,应根据材料在工程中的受力特点合理选用。

表1-3　常用材料的强度　（单位:MPa）

材料	抗压强度	抗拉强度	抗弯强度
花岗岩	100～250	5～8	10～14
烧结多孔砖	7.5～30	—	1.6～4.0
混凝土	10～100	1～8	—
松木(顺纹)	30～50	80～120	60～100
建筑钢材	240～1 500	240～150	—

相同种类的材料,由于其内部构造不同,强度也有很大差异。孔隙率越大,材料强度越低。

另外,试验条件的不同对材料强度值的测试结果会产生较大影响。试验条件主要包括试验所用试件的形状、尺寸、表面状态、含水率及环境温度和加荷速度等几方面。

受试件与承压板表面摩擦的影响,棱柱体长试件的抗压强度较立方体短试件的抗压强度低;大试件由于材料内部缺陷出现机会的增多,强度会较小试件低一些;表面凹凸不平的试件受力面较表面平整试件受力面受力不均,强度较低;试件含水率的增大,环境温度的升高,都会使材料强度降低。由于材料破坏是其变形达到极限变形而被破坏,而应变发生总是滞后于应力发展,故加荷速度越快,所测强度值也越高。因此,在测定强度时,应严格遵守国家规定的标准试验方法。

几种材料的静力强度计算公式如表1-4所示。

表1-4　静力强度计算公式

强度类别	受力情况	计算式	说明
抗拉强度	F　F	$f_t=\frac{F}{A}$	F—破坏荷载,N A—受荷面积,mm^2 l—跨度,mm b—断面宽度,mm h—断面高度,mm f—静力强度,MPa
抗压强度	F　F	$f_c=\frac{F}{A}$	
抗弯强度	F　b　h　l	$f_m=\frac{3Fl}{2bh^2}$	
抗剪强度	F　F	$f_v=\frac{F}{A}$	

1.2.1.2　强度等级及比强度

为生产及使用的方便,对于以力学性质为主要性能指标的材料常按材料强度的大小分为不同的强度等级。强度等级越高的材料,所能承受的荷载越大。对于混凝土、砌筑砂浆、普通砖、石材等脆性材料，由于主要用于抗压，故以其抗压强度来划分等级；建筑钢材主要用于抗拉，故以其抗拉强度来划分等级。

比强度是指材料单位质量的强度，常用来衡量材料轻质高强的性质。比强度高的材料具有轻质高强的特性，可用作高层、大跨度工程的结构材料。轻质高强是材料今后的发展方向。

1.2.2 材料的弹性与塑性

材料在外力作用下会发生形状、体积的改变，即变形。当外力除去后，能完全恢复原有形状、体积的性质，称为材料的弹性，这种变形称为弹性变形。

弹性变形的大小与外力成正比，比例系数 E 称为弹性模量。在材料的弹性范围内，弹性模量是一个常数，用下式表示

$$E = \sigma/\varepsilon \tag{1-15}$$

式中 E——材料的弹性模量，MPa；

σ——材料所受的应力，MPa；

ε——材料的应变，无量纲。

弹性模量是材料刚度的度量，E 值越大，材料越不容易变形。

材料在外力作用下产生变形，但不发生破坏，除去外力后材料仍保持变形后的形状、尺寸的性质，称为材料的塑性，这种变形称为塑性变形。

完全的弹性材料是没有的，有的材料在受力不大的情况下，表现为弹性变形，但受力超过一定限度后，则表现为塑性变形，如低碳钢；有的材料在受力后，弹性变形和塑性变形同时产生，如果取消外力，则弹性变形部分可以恢复，而塑性变形部分则不能恢复，如混凝土。

1.2.3 材料的脆性与韧性

脆性是指材料在外力作用下，无明显塑性变形而突然破坏的性质。具有这种性质的材料称为脆性材料。

脆性材料的抗压强度比抗拉强度往往要高很多倍，这对承受振动作用和抵抗冲击荷载是不利的，所以脆性材料一般只适用于承受静压力的结构或构件，如砖、石材、混凝土、铸铁等。

韧性是指材料在冲击荷载或振动荷载作用下，能够吸收较大的能量，同时也能产生一定的变形而不发生破坏的性质。材料的韧性是用冲击试验来检验的，因而又称为冲击韧性。建筑钢材、木材、沥青、橡胶等属于韧性材料。桥梁、路面、吊车梁及某些设备基础等有抗震要求的结构，应考虑材料的冲击韧性。

1.2.4 材料的硬度与耐磨性

硬度是指材料表面抵抗其他较硬物体压入或刻划的能力。不同材料硬度的测定方法也不同，常用的有压入法和刻划法。金属、木材等材料常用压入法（布氏硬度法）测定，以单位压痕面积上所受的压力来表示。天然矿物材料的硬度按刻划法分为 10 级，由软到硬

依次为滑石、石膏、方解石、萤石、磷灰石、正长石、石英、黄玉、刚玉、金刚石。一般硬度较大的材料耐磨性较强,但不易加工。工程中有时用硬度来间接推算材料的强度,如回弹法用于测定混凝土表面硬度,间接推算混凝土强度。

耐磨性是材料表面抵抗磨损的能力。材料的硬度大、韧性好、构造均匀密实时,其耐磨性较强。多泥沙河流上水闸的消能结构的材料,要求使用耐磨性较强的材料。

【例1-3】 测试强度与加荷速度。

现象:人们在测试混凝土等材料的强度时可以观察到,同一试件,加荷速度过快,所测值偏高。

原因分析:材料的强度除与其组成结构有关外,还与测试条件有关。当加荷速度快时,荷载的增长速度大于材料裂缝扩展速度,测出的值就会偏高。为此,在材料的强度测试中,一般都规定其加荷速度范围。

任务1.3　材料的耐久性

耐久性是指材料在使用过程中,能长期抵抗各种环境因素作用而不破坏,且能保持原有性质的性能。各种环境因素的作用可概括为物理作用、化学作用和生物作用三个方面。

物理作用包括干湿变化、温度变化、冻融变化、溶蚀、磨损等。这些作用会引起材料体积的收缩或膨胀,导致材料内部裂缝的扩展,长时间或反复多次的作用会使材料逐渐破坏。

化学作用包括酸、碱、盐等物质的溶解和有害气体的侵蚀作用,以及日光和紫外线等对材料的作用。这些作用使材料逐渐变质破坏,例如钢筋的锈蚀、沥青的老化等。

生物作用包括昆虫、菌类等对材料的作用,它将使材料由于虫蛀、腐蚀而破坏,例如木材及植物纤维材料的腐烂等。

实际上,材料的耐久性是多方面因素共同作用的结果,即耐久性是一个综合性质,无法用一个统一的指标去衡量所有材料的耐久性,而只能对不同的材料提出不同的耐久性要求。如水工建筑物常用材料的耐久性主要包括抗渗性、抗冻性、大气稳定性、抗化学侵蚀性等。

对材料耐久性的判断,需要在其使用条件下进行长期的观察和测定,通常是根据对所用材料的使用要求,在实验室进行有关的快速试验,如干湿循环、冻融循环、加湿与紫外线干燥循环、碳化、盐溶解浸渍与干燥循环、化学介质浸渍等。

任务1.4　材料的组成、结构和构造

材料的组成、结构和构造是决定材料性质的内部因素。

1.4.1　材料的组成

材料的化学成分、矿物成分不同,其物理性质、化学性质及力学性质也不同。例如:水泥熟料矿物成分比例改变,水泥性质即发生相应的变化;冶炼钢材时,加入适量的铝和镍,

就可以提高钢材的防锈蚀能力;配制混凝土时,加入外加剂即可改善混凝土的某些技术性能等。在使用材料时,可以根据工程特点或所处的环境条件合理调整材料的化学组成来改善材料的性能,以满足功能的使用要求。

1.4.2 材料的结构

材料的结构是指其微观组织状态,按其成因及存在形式可分为晶体结构、玻璃体结构和胶体结构。

1.4.2.1 晶体结构

晶体结构是由离子、原子或分子按照规则的几何形状排列而成的固体格子(称为晶格)组成的。晶格组成的每个晶粒具有各向异性,但它们排列起来组成的晶体材料却是各向同性的。晶格中离子、原子或分子的密集程度和它们之间的相互作用力以及晶粒的外形都将影响材料的性质,晶格中质点的密集程度越高,材料的塑性变形能力越大。晶粒越小,分布越均匀,材料的强度越高。在使用材料时,常用改变晶粒大小和结构的方法来改善材料的性质,如对钢材进行冷加工和热处理,通过使晶粒细化和晶粒扭曲滑移,从而达到提高钢材强度的目的。

1.4.2.2 玻璃体结构

熔融物冷却后可以生成晶体。当冷却速度较快,接近凝固温度时,尚具有很大的黏度,质点来不及按一定规则排列便凝固成固体状态,即得玻璃体结构。玻璃体结构是无定形结构,其质点的排列是没有规律的,因此它们没有一定的几何外形,而具有各向同性的玻璃体没有一定的熔点,只是出现软化现象。

玻璃体结构内部储存有大量的内能,具有化学不稳定性,在一定条件下易与其他物质起化学反应,如具有玻璃体结构的火山灰、粒化高炉矿渣,与石灰混合后,在有水的条件下会表现出水硬性胶凝材料的性质,故工程中常被用作水泥的掺和材料。

1.4.2.3 胶体结构

胶体是由细小的离子分散在介质中组成的。胶体的质点微小,其表面积很大,具有很大的表面能,吸附能力很强,这是胶体具有很大黏结力的原因。如水泥浆是胶体结构,具有很强的黏结力。

1.4.3 材料的构造

材料的构造是指用肉眼或放大镜能够看到的宏观组织状态。按构造不同,材料可分为聚集状、多孔状、纤维状或层状等。

材料的性质除与材料的组成和结构有关外,还与材料的构造状态有着极密切的关系。同类材料其构造越密实、均匀,强度就越高。材料内部含有孔隙,它不仅减少了材料的实际受力面积,而且在孔隙边缘产生应力集中现象而使强度降低。如混凝土的孔隙率每增加1%,强度会降低3%~5%。材料的抗渗性、抗冻性及保温性也都与材料的孔隙构造有关。具有层理或纹理构造的材料是各向异性的,如木材的物理力学性质等是随木纹方向而改变的。加气混凝土是轻质、保温的材料,而密实混凝土则可做成防水或高强度的建筑材料。

任务1.5　材料基本性质检测

在各类建筑物中,材料要受到各种物理、化学、力学因素单独及综合作用。因此,对建筑材料性质的要求是严格和多方面的。材料基本性质的试验项目较多,如密度、表观密度、孔隙率和吸水率等,对于各种不同材料及不同用途,测试项目及测试方法视具体要求而有一定差别。

1.5.1　检测原理

本检测以石料为例,介绍材料的几种常用物理性能检测方法。其基本性质包括密度、表观密度、孔隙率和吸水率等。石料密度是指石料矿质单位体积(不包括开口孔隙体积与闭口孔隙体积)的质量。表观密度是指石料在干燥状态下包括孔隙在内的单位体积固体材料的质量。形状不规则石料的毛体积密度可采用静水称量法或蜡封法测定;对于规则几何形状的试件,可采用量积法测定其体积密度。孔隙率是指在材料的体积内,孔隙体积所占的比例。吸水性是指材料与水接触吸收水分的性质,当材料吸水饱和时,其含水率称为吸水率。

1.5.2　仪器与设备

李氏比重瓶、烘箱、干燥器、天平、恒温水槽、游标卡尺等。

1.5.3　检测步骤

1.5.3.1　密度测定(李氏比重瓶法)

(1)将石料试样粉碎、研磨、过筛后放入烘箱中,以(100 ± 5)℃的温度烘干至恒重。烘干后的粉料储放在干燥器中冷却至室温,以待取用。

(2)在李氏比重瓶中注入煤油或其他与试样不起反应的液体至突颈下部的零刻度线以上,将李氏比重瓶放在温度为(t ± 1)℃的恒温水槽内(水温必须控制在李氏比重瓶标定刻度时的温度),使刻度部分浸入水中,恒温0.5 h。记下李氏比重瓶第一次读数V_1(精确至0.05 mL,下同)。

(3)从恒温水槽中取出李氏比重瓶,用滤纸将李氏比重瓶内零点起始读数以上的没有煤油的部分仔细擦净。

(4)取100 g左右试样,用感量为0.001 g的天平(下同)准确称取瓷皿和试样总质量m_1。用牛角匙小心将试样通过漏斗渐渐送入李氏比重瓶内(不能大量倾倒,因为这样会妨碍李氏比重瓶中的空气排出,或在咽喉部分形成气泡,妨碍粉末的继续下落),使液面上升接至20 mL刻度处(或略高于20 mL刻度处),注意勿使石粉黏附于液面以上的瓶颈内壁上。摇动李氏比重瓶,排出其中空气,至液体不再产生气泡为止。再放入恒温水槽,在相同温度下恒温0.5 h,记下李氏比重瓶第二次读数V_2。

(5)准确称取瓷皿加剩下的试样总质量m_2。

(6)石料试样密度按下式计算(精确至0.01 g/cm³)

$$\rho_t = \frac{m_1 - m_2}{V_1 - V_2} \tag{1-16}$$

式中 ρ_t——石料密度,g/cm³;

m_1——试验前试样加瓷皿总质量,g;

m_2——试验后剩余试样加瓷皿总质量,g;

V_1——李氏比重瓶第一次读数,mL;

V_2——李氏比重瓶第二次读数,mL。

(7)以 2 次试验结果的算术平均值作为测定值,如 2 次试验结果相差大于 0.02 g/cm³,应重新取样进行试验。

1.5.3.2 **表观密度测定**

(1)将石料加工成规则几何形状的试件(3 个)后放入烘箱内,以(100 ± 5)℃的温度烘干至恒重。用游标卡尺量其尺寸(精确至 0.01 cm),并计算其体积 V_0(cm³)。然后再用天平称其质量 m(精确至 0.01 g)。按下式计算其表观密度

$$\rho'_t = \frac{m}{V_0} \tag{1-17}$$

(2)求试件体积时,如试件为立方体或长方体,则每边应在上、中、下三个位置分别量测,求其平均值,然后再按下式计算体积

$$V_0 = \frac{a_1 + a_2 + a_3}{3} \times \frac{b_1 + b_2 + b_3}{3} \times \frac{c_1 + c_2 + c_3}{3} \tag{1-18}$$

式中 a、b、c——试件的长、宽、高。

(3)求试件体积时,如试件为圆柱体,则在圆柱体上、下两个平行切面及试件腰部,按两个互相垂直的方向量其直径,求 6 次量测的直径平均值 d,再在互相垂直的两直径与圆周交界的 4 点上量其高度,求 4 次量测的平均值 h,最后按下式求其体积

$$V_0 = \frac{\pi d^2}{4} \times h \tag{1-19}$$

(4)组织均匀的石料,其体积密度应为 3 个试件测得结果的平均值;组织不均匀的石料,应记录最大值与最小值。

1.5.3.3 **孔隙率测定**

将已经求出的同一石料的密度和表观密度(用同样的单位表示)代入下式计算得出该石料的孔隙率

$$P_0 = \frac{\rho_t - \rho'_t}{\rho_t} \times 100\% \tag{1-20}$$

式中 P_0——石料孔隙率(%);

ρ_t——石料的密度,g/cm³;

ρ'_t——石料的体积密度,g/cm³。

1.5.3.4 **吸水率测定**

(1)将石料试件加工成直径和高均为 50 mm 的圆柱体或边长为 50 mm 的立方体试件;如采用不规则试件,其边长不小于 40 ~ 60 mm,每组试件至少 3 个,石质组织不均匀

者,每组试件不少于5个。用毛刷将试件洗涤干净并编号。

(2)将试件置于烘箱中,以(100±5)℃的温度烘干至恒重。在干燥器中冷却至室温后以天平称其质量 m_1(g),精确至0.01 g(下同)。

(3)将试件放在盛水容器中,在容器底部可放些垫条如玻璃管或玻璃杆使试件底面与盆底不致紧贴,使水能够自由进入。

(4)加水至试件高度的1/4处,以后每隔2 h分别加水至高度的1/2和3/4处,6 h后将水加至高出试件顶面20 mm以上,并放置48 h让其自由吸水。这样逐次加水能使试件孔隙中的空气逐渐逸出。

(5)取出试件,用湿纱布擦去表面水分,立即称其质量 m_2(g)。

(6)按下列公式计算石料吸水率(精确至0.01%)

$$W_x = \frac{m_2 - m_1}{m_1} \times 100\% \tag{1-21}$$

式中 W_x——石料吸水率(%);

m_1——烘干至恒重时试件的质量,g;

m_2——吸水至恒重时试件的质量,g。

(7)组织均匀的试件,取3个试件试验结果的平均值作为测定值;组织不均匀的试件,则取5个试件试验结果的平均值作为测定值。

项目小结

在不同建筑物中,各种建筑工程材料应具备的性质不同。一般来说,建筑工程材料的性质分为三个方面:物理性质、力学性质和耐久性。其中,物理性质包括基本物理性质、与水有关的性质、与热有关的性质等;力学性质包括强度与比强度、弹性与塑性、脆性与韧性、硬度与耐磨性;耐久性包括强度、抗冻性、抗渗性、抗风化性、抗老化性、耐化学腐蚀性、大气稳定性等。材料的组成、结构和构造是决定材料性质的内部因素。

对建筑材料各种性质的表示方法、影响因素、检测方法等应重点掌握。

技能考核题

一、填空题

1. 材料的吸水性用________来表示,吸湿性用________来表示。

2. 材料耐水性的强弱可以用来________表示;材料的耐水性越好,该数值越________。

3. 水可以在材料表面展开,即材料表面可以被水浸润,这种性质称为________。

4. 材料的抗冻性以材料在吸水饱和状态下所能抵抗的____来表示。

5. 同种材料,如封闭孔隙率越大,则材料的强度越____,保温性越____,吸水率越____。

6. 材料含水率增加,导热系数随之____,当水________时,导热系数进一步提高。

二、判断题

1. 同一种材料,其表观密度越大,则其孔隙率越大。 ( )

2. 将某种含水的材料置于不同的环境中,分别测得其密度,其中以干燥条件下的密度为最小。 ( )

3. 材料的抗冻性与材料的孔隙率有关,与孔隙中的水饱和程度无关。 ( )

4. 某些材料虽然在受力初期表现为弹性,达到一定程度后表现出塑性特征,这类材料称为塑性材料。 ( )

5. 材料吸水饱和状态时水占的体积可视为开口孔隙体积。 ( )

6. 材料进行强度试验时,加荷速度快的比加荷速度慢的试验结果指标值偏小。 ( )

7. 热容量大的材料导热性强,受外界气温影响室内温度变化比较慢。 ( )

8. 材料含水会使堆积密度和导热性增大,强度提高,体积膨胀。 ( )

三、单项选择题

1. 孔隙率增大,材料的( )降低。

A. 密度　B. 表观密度　C. 憎水性　D. 抗冻性

2. 在 100 g 含水率为 3% 的天然砂中,其中水的质量为( )g。

A. 3.0　B. 2.5　C. 3.3　D. 2.9

3. 某材料吸水饱和后的质量为 20 kg ,烘干至恒重时,质量为 16 kg ,则材料的( )。

A. 质量吸水率为 25%　B. 质量吸水率为 20%

C. 体积吸水率为 25%　D. 体积吸水率为 20%

4. 材料吸水后将使材料的( )提高。

A. 耐久性　B. 强度　C. 密度　D. 导热系数

5. 经常位于水中或受潮严重的重要结构物的材料,其软化系数不宜小于( )。

A. 0.75　B. 0.70　C. 0.85　D. 0.90

6. 材料的抗渗性是指材料抵抗( )渗透的性质。

A. 水　B. 潮气　C. 压力水　D. 饱和水

7. 对于某一种材料来说,无论环境怎样变化,其( )都是一定值。

A. 表观密度　B. 密度　C. 导热系数　D. 平衡含水率

8. 材质相同的 A、B 两种材料,已知表观密度 $\rho_A > \rho_B$,则 A 材料的保温效果比 B 材料( )。

A. 好　B. 差　C. 完全相同　D. 差不多

四、简答题

1. 新建的房屋保暖性差,到冬季更甚,这是为什么?

2. 生产材料时,在组成一定的情况下,可采取什么措施来提高材料的强度和耐久性?

3. 什么是材料的强度? 影响材料强度的因素有哪些?

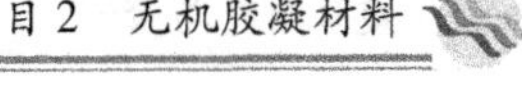

项目2 无机胶凝材料

知识目标

1. 掌握石灰、石膏及水玻璃的技术性质、用途,以及它们在配制、贮运和使用中应注意的问题。

2. 掌握硅酸盐水泥等几种通用水泥的性能、相应的检测方法及选用原则。

3. 理解石灰、石膏及水玻璃的水化(熟化)、凝结、硬化规律。

4. 理解几种通用水泥的特性。

5. 了解石灰、石膏及水玻璃的制备方法;了解水泥的运输、保管及质量仲裁检验。

技能目标

1. 具有石灰、石膏、水玻璃的检测的能力。

2. 具有水泥细度测定、标准稠度用水量测定、凝结时间测定、体积安定性测定、水泥胶砂强度检验的能力。

任务2.1 石 灰

2.1.1 石灰的生产及分类

2.1.1.1 石灰的生产

石灰的原料是石灰石,它的主要成分是碳酸钙($CaCO_3$),石灰石在高温下煅烧,使碳酸钙分解成氧化钙(CaO),这就是所谓的生石灰。生石灰的主要成分是氧化钙,其中还含有一定量的氧化镁(MgO)。反应式为

$$CaCO_3 \xrightarrow{900\sim1\,200\ ℃} CaO + CO_2 \uparrow \tag{2-1}$$

煅烧良好的生石灰,质轻色匀。煅烧温度太低则产生欠火石灰,欠火石灰中含有未分解的碳酸钙,加水后不能熟化,因此降低了石灰的利用率。煅烧温度太高时,由于石灰岩中的二氧化硅(SiO_2)和三氧化二铝(Al_2O_3)等杂质与石灰反应生成熔融物质而成为过火石灰,过火石灰有颜色较深的玻璃质包层,熟化很慢。当未熟化过火石灰的细粒和灰浆一起应用在建筑物上时,将在已经硬化的灰浆中继续熟化而膨胀,常会发生崩裂、隆起或脱落现象,影响工程质量。

2.1.1.2 石灰的分类

建筑工程中常用的石灰有建筑生石灰、建筑生石灰粉、建筑消石灰粉三种。由于生产

生石灰的原料中常含有碳酸镁($MgCO_3$),因此在建筑生石灰中也常含有氧化镁。根据我国建筑行业标准《建筑生石灰》(JC/T 479—2013)的规定,将石灰分为钙质和镁质两大类。

1. 根据石灰中氧化镁的含量分类

(1)钙质石灰:$MgO \leq 5\%$。

(2)镁质石灰:$MgO > 5\%$。

(3)钙质消石灰粉:$MgO < 4\%$。

(4)镁质消石灰粉:$4\% \leq MgO < 24\%$。

(5)白云石消石灰粉:$24\% \leq MgO < 30\%$。

镁质石灰的硬化速度较慢,但硬化后强度稍高。通常,生石灰的质量好坏与其氧化钙及氧化镁含量的多少有很大关系。

2. 根据成品加工方法不同分类

(1)块灰。直接煅烧所得的块状石灰,主要成分为 CaO。

(2)磨细生石灰粉。将块灰破碎、磨细并包装成袋的生石灰粉,它克服了传统石灰消化时间长等缺点,使用时不用提前消化,直接加水使用即可。这样不仅提高了工效,而且节约了场地,改善了施工环境,其硬化速度加快,强度提高,还提高了石灰的利用率。但缺点是成本高,不易贮存。

(3)消石灰粉。由生石灰加适量水充分消化所得的粉末,主要成分为 $Ca(OH)_2$。

工程中通常将消石灰粉的优等品、一等品用于饰面层和中间层抹面或涂刷,合格品仅用于砌筑。

(4)石灰膏。由消石灰和水组成的具有一定稠度的膏状物,主要成分为 $Ca(OH)_2$ 和 H_2O。

(5)石灰乳。由生石灰加大量水消化而成的一种乳状液体,主要成分为 $Ca(OH)_2$ 和 H_2O。

2.1.2 石灰的熟化与硬化

2.1.2.1 石灰的熟化

生石灰的熟化(又称消化或消解),是指生石灰与水作用生成氢氧化钙的化学反应过程,其反应式如下

$$CaO + H_2O \rightarrow Ca(OH)_2 + 64.9\ kJ \tag{2-2}$$

经消化所得的氢氧化钙称为消石灰(又称熟石灰)。生石灰具有强烈的水化能力,水化时放出大量的热,同时体积膨胀 1.0~2.5 倍。一般煅烧良好、氧化钙含量高、杂质少的生石灰,不但消化速度快,放热量大,而且体积膨胀也大。

过火石灰消化速度极慢,当石灰抹灰层中含有这种颗粒时,由于它吸收空气中的水分继续消化,体积膨胀,致使墙面隆起、开裂,严重影响施工质量。为了消除这种危害,生石灰在使用前应提前洗灰,使灰浆在灰坑中贮存(陈伏)两周以上,以使石灰得到充分消化。陈伏期间,为防止石灰碳化,应在其表面保存一定厚度的水层,以与空气隔绝。

2.1.2.2　石灰的硬化

石灰浆体的硬化包含了干燥、结晶和碳化三个交错进行的过程。

干燥时，石灰浆体中多余水分蒸发或被砌体吸收而使石灰粒子紧密接触，获得一定强度，随着游离水的减少，氢氧化钙逐渐从饱和溶液中结晶出来，形成结晶结构网，使强度继续增加。

由于空气中有 CO_2 的存在，$Ca(OH)_2$ 在有水的条件下与之反应生成 $CaCO_3$

$$Ca(OH)_2 + CO_2 + nH_2O = CaCO_3 + (n+1)H_2O \tag{2-3}$$

新生成的碳酸钙晶体相互交叉连生或与氢氧化钙共生，构成较紧密的结晶网，使硬化浆体的强度进一步提高。显然，碳化对于强度的提高和稳定是十分有利的。但是，由于空气中 CO_2 含量很低，且表面形成碳化层后，CO_2 不易深入内部，还阻碍了内部水分的蒸发，故自然状态下的碳化干燥是很缓慢的。

2.1.3　石灰的性质与技术指标

2.1.3.1　石灰的特性

1. 可塑性和保水性好

生石灰消化为石灰浆时，能自动形成极微细的呈胶体状态的氢氧化钙，表面吸附一层厚的水膜，因此具有良好的可塑性。在水泥砂浆中掺入石灰膏，能使其可塑性和保水性（保持浆体结构中的游离水不离析的性质）显著提高。

2. 吸湿性强

生石灰吸湿性强，保水性好，是传统的干燥剂。

3. 凝结硬化慢，强度低

因石灰浆在空气中的碳化过程很缓慢，导致氢氧化钙和碳酸钙结晶的量少，其最终的强度也不高。通常，1∶3石灰砂浆 28 d 的抗压强度只有 0.2 ~0.5 MPa。

4. 体积收缩大

石灰浆在硬化过程中，由于水分的大量蒸发，引起体积收缩，使其开裂，因此除调成石灰乳做薄层涂刷外，不宜单独使用。工程上应用时，常在石灰中掺入砂、麻刀、纸筋等，以抵抗收缩引起的开裂和增加抗拉强度。

5. 耐水性差

石灰水化后的成分——氢氧化钙能溶于水，若长期受潮或被水浸泡，会使已硬化的石灰溃散，所以石灰不宜在潮湿的环境中使用，也不宜单独用于承重砌体的砌筑。

2.1.3.2　石灰的技术指标

根据我国建材行业标准《建筑生石灰》（JC/T 479—2013）和《建筑消石灰》（JC/T 481—2013）的规定，建筑生石灰、生石灰粉及消石灰的技术要求见表2-1。

2.1.4　石灰的应用

2.1.4.1　配制石灰砂浆和石灰乳涂料

用石灰膏和砂或麻刀、纸筋配制成的石灰砂浆、麻刀灰、纸筋灰等广泛用作内墙、顶棚的抹面工程。用石灰膏和水泥、砂配制成的混合砂浆通常作墙体砌筑或抹灰之用。由石灰膏稀释成的石灰乳常用作内墙和顶棚的粉刷涂料。

表 2-1　建筑石灰的技术要求(JC/T 479—2013、JC/T 481—2013)

主控项目	钙质生石灰			镁质生石灰	
	CL90 - Q CL90 - QP HCL90	CL85 - Q CL85 - QP HCL85	CL75 - Q CL75 - QP HCL75	ML85 - Q ML85 - QP HML85	ML80 - Q ML80 - QP HML80
CaO + MgO 含量(%),≥	90	85	75	80	75
MgO 含量(%)	≤5			>5	
CO_2含量(%),≤	4	7	12	7	
SO_3含量(%),≤	2			2	
产浆量($dm^3 \cdot (10\ kg)^{-1}$),≥	26			—	
细度 0.2 mm 筛余量(%),≤	2			2	
细度 0.09 mm 筛余量(%),≤	7			7	
游离水含量(%),≤	2			2	
安定性	合格				

注:1. Q 代表生石灰,QP 代表生石灰粉。

2. 产浆量只是对生石灰的要求,细度只是对生石灰粉的要求,游离水和安定性只是对消石灰的要求,CO_2 含量对消石灰粉不作要求。

2.1.4.2　配制灰土和三合土

灰土(石灰 + 黏土)和三合土(石灰 + 黏土 + 砂、石或炉渣等填料)的应用,在我国有很长的历史。经夯实后的灰土或三合土广泛用作建筑物的基础、路面或地面的垫层,其强度和耐水性比石灰和黏土都高。其原因是黏土颗粒表面的少量活性氧化硅、氧化铝与石灰起反应,生成水化硅酸钙和水化铝酸钙等不溶于水的水化矿物。另外,石灰改善了黏土的可塑性,在强力夯打下密实度提高,也是其强度和耐水性改善的原因之一。在灰土和三合土中,石灰的用量为灰土总质量的 6% ~12% 。

2.1.4.3　制作碳化石灰板

碳化石灰板是将磨细的生石灰、纤维状填料(如玻璃纤维)或轻质骨料(如矿渣)搅拌、成型,然后经人工碳化而成的一种轻质板材。为了减小表观密度和提高碳化效果,多制成空心板。这种板材能锯、刨、钉,适宜作非承重内墙板、天花板等。

2.1.4.4　制作硅酸盐制品

磨细生石灰或消石灰粉与砂或粒化高炉矿渣、炉渣、粉煤灰等硅质材料经配料、混合、成型,再经常压或高压蒸汽养护,就可制得密实或多孔的硅酸盐制品。如灰砂砖、粉煤灰砖及砌块、加气混凝土砌块等。

2.1.4.5　配制无熟料水泥

将具有一定活性的材料(如粒化高炉矿渣、粉煤灰、煤矸石灰渣等工业废渣),按适当比例与石灰配合，经共同磨细，可得到具有水硬性的胶凝材料，即为无熟料水泥。

【工程实例分析2-1】　石灰砂浆的拱起开裂分析。

现象：某住宅使用石灰厂处理的下脚石灰作粉刷。数月后粉刷层多处向外拱起，还看见一些裂缝，请分析原因。

原因分析：石灰厂处理的下脚石灰往往含有过火的CaO或较多的MgO，其水化速度慢于正常的石灰，且水化后体积膨胀，所以导致粉刷层拱起和开裂。

【工程实例分析2-2】　石灰的选用分析。

现象：某工地急需配制石灰砂浆。当时有消石灰粉、生石灰粉及生石灰材料可供选用。因生石灰价格相对较便宜，便选用，并马上加水配制石灰膏，再配制石灰砂浆。使用数天后，石灰砂浆出现众多凸出的膨胀性裂缝，请分析原因。

原因分析：该石灰的陈伏时间不够，数日后部分过火石灰在已硬化的石灰砂浆中熟化，体积膨胀，以致产生膨胀性裂纹。如果选用生石灰粉，它可以克服传统石灰消化时间长等缺点，使用时不用提前消化，直接加水使用即可，不仅提高了工效，而且节约场地，改善了施工环境，其硬化速度加快，强度提高，还提高了石灰的利用率。因此，在可能条件下使用生石灰粉是有效利用石灰的措施；工程中通常将主要成分为$Ca(OH)_2$的消石灰粉的优等品、一等品用于饰面层和中间层抹面或涂刷，合格品仅用于砌筑。

任务2.2　石　膏

2.2.1　石膏的种类

石膏是以硫酸钙为主要成分的气硬性胶凝材料。由于石膏具有质轻、隔热、耐火、吸声、有一定强度等特点，被广泛应用于水利工程中的特殊部位。

工程上常用的石膏是由天然二水石膏（$CaSO_4 \cdot 2H_2O$，又称软石膏）矿石加热至107～170 ℃时，部分结晶水脱出后得到半水石膏（$CaSO_4 \cdot 0.5H_2O$），再经磨细成粉状而成的。

将天然二水石膏在不同的压力和温度下煅烧，可以得到结构和性质均不相同的石膏产品，如建筑石膏、模型石膏、高强度石膏、天然无水石膏等。本书仅介绍建筑石膏。

2.2.2　建筑石膏的凝结硬化

在使用石膏前，先将半水石膏加水调和成浆，使其具有要求的可塑性，然后成型。石膏由浆体转变为具有强度的晶体结构，历经水化、凝结、硬化三个阶段。

2.2.2.1　水化

半水石膏溶解于水中，与水化合生成二水石膏，此时的溶液为不稳定的过饱和溶液。二水石膏在过饱和溶液中，其胶体粒子很快结晶析出，此时的溶液成为不饱和溶液，半水石膏又向不饱和溶液中溶解，如此反复，二水石膏结晶析出，半水石膏不断溶解，直到半水石膏完全转化为二水石膏。

2.2.2.2 凝结

随着水化作用,二水石膏粒子数量不断增多,二水石膏吸附水量也增多,加之水分蒸发,溶液中自由水减少,浆体变稠,失去可塑性。

2.2.2.3 硬化

随着浆体的失水变稠,二水石膏晶体析出量不断增加且不断增大,并彼此连生、共生、交错搭接形成结晶结构网,结晶强度发展直至成为具有一定强度的人造石。

2.2.3 石膏的性质与技术要求

2.2.3.1 石膏的性质

(1)调凝性好。在水泥熟料中加入2% ~5%的二水石膏,可以调节水泥的凝结时间。

(2)微膨胀性。石膏在硬化过程中有0.5% ~1%的膨胀率,利用此特性,可以制造表面致密光滑的构件,也可作为膨胀水泥的原料。

(3)可塑性强。由于石膏颗粒很小且表面吸附一层较厚的水膜,其可塑性好,加之其特有的膨胀率,石膏浆体可以充满任意形状的模型,制成装饰或高级雕塑。

(4)耐水性差。由于石膏吸水性强,长期受潮或受水浸泡,会使已硬化的石膏软化、溃散。因此,石膏胶凝材料不宜用于潮湿环境及易受水浸泡的部位。

(5)保温性好。石膏在凝结硬化时,有1/3 ~1/5的多余水分蒸发,留下大量孔隙,孔隙率可达40% ~60%。因此,石膏的隔热保温性能好。

2.2.3.2 建筑石膏的技术指标

根据国家标准《建筑石膏》(GB/T 9776—2008)的规定,建筑石膏按其细度、凝结时间、强度指标分为三级,即为优等品、一等品、合格品。各项技术指标见表2-2。

表2-2 建筑石膏技术指标(GB/T 9776—2008)

指标	等级		
	3.0级	2.0级	1.6级
细度(0.2 mm方孔筛筛余量(%)),≤	10	10	10
抗折强度(MPa),≥	3.0	2.0	1.6
抗压强度(MPa),≥	5.0	4.0	3.0
凝结时间	初凝应不早于3 min,终凝应不迟于30 min		

注:指标中有一项不符合者,应予以降级或报废。

生产厂家应向用户提供每一批建筑石膏的试验报告,用户在收到货后10 d内有权对产品进行复验。复验有一项以上的指标不合格,可判定该产品为不合格品;若只有一项指标不合格,可用两份密封备用样品对不合格项目重验,须两个样品该项目全部合格,才能判定该产品合格。

2.2.4 建筑石膏的应用及贮运

由于石膏具有以上特性,二水石膏可以作为石膏工业的原料,煅烧的硬石膏可浇注地板和人造石板，建筑石膏在建筑工业中可作为室内抹灰、粉刷、油漆打底及建筑装饰制品，也可作为水泥的原料或调凝剂。

石膏在贮运过程中应注意防雨防潮，贮存期一般不超过3个月，过期或受潮都会使石膏强度显著降低。

任务2.3 水玻璃

2.3.1 水玻璃的生产

水玻璃俗称泡花碱，是一种水溶性的硅酸盐，主要成分是硅酸钠（$Na_2O \cdot nSiO_2$）、硅酸钾（$K_2O \cdot nSiO_2$）等。水玻璃的生产方法主要有干法生产和湿法生产。

干法生产是将石英砂和碳酸钠磨细拌匀，在1 300～1 400 ℃的玻璃熔炉内加热熔化，冷却后成为固体水玻璃，然后在高压蒸汽锅内加热溶解成液体水玻璃。反应式如下

$$Na_2CO_3 + nSiO_2 \xrightarrow{1\,300 \sim 1\,400\ ℃} Na_2O \cdot nSiO_2 + CO_2 \uparrow \tag{2-4}$$

湿法生产是将石英砂和氢氧化钠溶液在压蒸锅（0.2～0.3 MPa）内用蒸汽加热，并搅拌，直接反应成液体水玻璃。反应式如下

$$2NaOH + nSiO_2 \rightarrow Na_2O \cdot nSiO_2 + H_2O \tag{2-5}$$

硅酸钠中氧化硅与氧化钠的分子数比"n"，称为水玻璃模数。n越大，水玻璃的黏度越大，越难溶于水，但越容易凝结硬化。建筑上常用的水玻璃是硅酸钠的水溶液，为无色或淡黄、灰白色的黏稠液体，模数为2.6～2.8。

2.3.2 水玻璃的凝结硬化

水玻璃与空气中的二氧化碳反应，析出无定形二氧化硅凝胶，凝胶逐渐脱水成为氧化硅而硬化。反应式如下

$$Na_2O \cdot nSiO_2 + CO_2 + mH_2O = Na_2CO_3 + nSiO_2 \cdot mH_2O \tag{2-6}$$

上述反应十分缓慢，为加速其硬化，常在水玻璃中加入促硬剂氟硅酸钠，以加速二氧化硅凝胶的析出。反应式如下

$$2(Na_2O \cdot nSiO_2) + mH_2O + Na_2SiF_6 = (2n+1)\ SiO_2 \cdot mH_2O + 6NaF \tag{2-7}$$

氟硅酸钠的掺量为水玻璃质量的12%～15%。

2.3.3 水玻璃的性质

2.3.3.1 黏结力强

水玻璃硬化后具有较高的强度。如水玻璃胶泥的抗拉强度大于2.5 MPa，水玻璃混凝土的抗压强度为15～40 MPa。此外，水玻璃硬化析出的硅酸凝胶还可堵塞毛细孔隙而防止水渗透。对于同一模数的液体水玻璃，其浓度越稠、密度越大，则黏结力越强。而不同模数的液体水玻璃，模数越大，其胶体组分越多，黏结力也越强。

2.3.3.2 耐酸能力强

硬化后的水玻璃，因起胶凝作用的主要成分是含水硅酸凝胶（$nSiO_2 \cdot mH_2O$），所以

能抵抗大多数无机酸和有机酸的作用，但水玻璃类材料不耐碱性介质侵蚀。

2.3.3.3　耐热性好

由于硬化水玻璃在高温作用下脱水、干燥并逐渐形成 SiO_2 空间网状骨架，故具有良好的耐热性能。

2.3.4　水玻璃的应用

2.3.4.1　配制耐酸砂浆和混凝土

水玻璃具有很强的耐酸性，以水玻璃为胶结材料，加入促硬剂和耐酸粗、细骨料，可配制成耐酸砂浆和耐酸混凝土，用于耐腐蚀工程，如铺砌的耐酸块材，浇筑地面、整体面层、设备基础等。

2.3.4.2　配制耐热砂浆和混凝土

水玻璃耐热性能好，能长期承受一定的高温作用，用它与促硬剂及耐热骨料等可配制耐热砂浆或耐热混凝土，用于高温环境中的非承重结构及构件。

2.3.4.3　加固地基

将模数为2.5～3的液体水玻璃和氯化钙溶液交替压入地下，由于两种溶液发生化学反应，析出硅酸胶体，将土壤颗粒包裹并填实其孔隙。由于硅酸胶体膨胀挤压可阻止水分的渗透，使土壤固结，因而提高地基的承载力。

2.3.4.4　涂刷或浸渍材料

将液体水玻璃直接涂刷在建筑物表面，可提高其抗风化能力和耐久性。而以水玻璃浸渍多孔材料，可使它的密实度、强度、抗渗性均提高。这是由于水玻璃在硬化过程中所形成的凝胶物质封堵和填充材料表面及内部孔隙的结果。但不能用水玻璃涂刷或浸渍石膏制品，因为水玻璃与硫酸钙反应生成体积膨胀的硫酸钠晶体会导致石膏制品的开裂以致破坏。

2.3.4.5　修补裂缝、堵漏

将液体水玻璃、粒化矿渣粉、砂和氟硅酸钠按一定比例配制成砂浆，直接压入砖墙裂缝内，可起到黏结和增强的作用。在水玻璃中加入各种矾类的溶液，可配制成防水剂，能快速凝结硬化，适用于堵漏填缝等局部抢修工程。

水玻璃不耐氢氟酸、热磷酸及碱的腐蚀。而水玻璃的凝胶体在大孔隙中会有脱水干燥收缩现象，降低使用效果。水玻璃的包装容器应注意密封，以免水玻璃和空气中的二氧化碳反应而分解，并避免落进灰尘、杂质。

任务2.4　硅酸盐水泥

水泥的品种很多，按所含水硬性物质的不同，可分为硅酸盐系水泥、铝酸盐系水泥及硫铝酸盐系水泥等。其中以硅酸盐系水泥应用最广。按用途及性能，水泥可分为通用水泥、专用水泥与特性水泥三类。通用水泥是指大量用于土木工程的水泥，包括硅酸盐水泥、普通硅酸盐水泥、矿渣硅酸盐水泥、火山灰质硅酸盐水泥、粉煤灰硅酸盐水泥和复合硅酸盐水泥等六大水泥。专用水泥是指有专门用途的水泥，如砌筑水泥、道路水泥、大坝水

泥等。特性水泥是指某种性能比较突出的水泥，如快硬水泥、白水泥、抗硫酸盐水泥等。

2.4.1　硅酸盐水泥的生产与矿物组成

2.4.1.1　硅酸盐水泥的生产工艺流程

硅酸盐水泥的生产过程可概括为两磨一烧（见图2-1）。

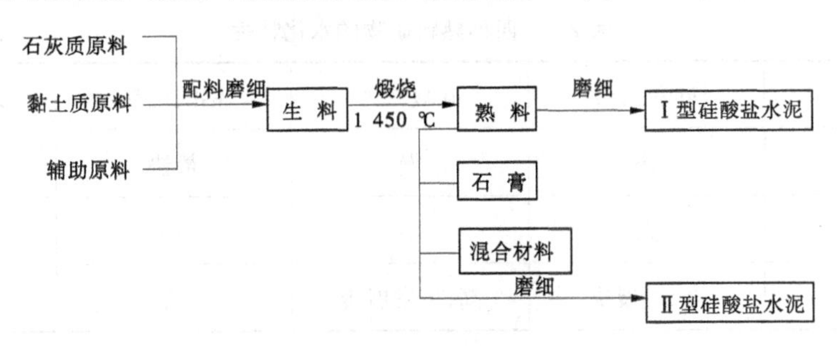

图2-1　硅酸盐水泥的生产过程示意

2.4.1.2　硅酸盐水泥熟料的矿物组成

硅酸盐系列的水泥，其生料的化学成分主要是二氧化硅 SiO_2、三氧化二铝 Al_2O_3、三氧化二铁 Fe_2O_3 和氧化钙 CaO 四种。在水泥生产过程中经高温煅烧，前面三种化学成分分别与氧化钙相结合，形成熟料，其矿物成分主要是硅酸三钙、硅酸二钙、铝酸三钙和铁铝酸四钙等化合物。这四种矿物成分的含量见表2-3。

表2-3　硅酸盐水泥熟料的主要矿物成分

矿物成分	化学式	缩写符号	含量（%）	
硅酸三钙	$3CaO \cdot SiO_2$	C_3S	37～60	75～82
硅酸二钙	$2CaO \cdot SiO_2$	C_2S	15～37	
铝酸三钙	$3CaO \cdot Al_2O_3$	C_3A	7～15	18～25
铁铝酸四钙	$4CaO \cdot Al_2O_3 \cdot Fe_2O_3$	C_4AF	10～18	

2.4.2　硅酸盐水泥的凝结硬化

硅酸盐水泥的凝结硬化是一个复杂的物理、化学变化过程。

2.4.2.1　硅酸盐水泥的水化特性及水化生成物

水泥与水发生的化学反应，简称为水泥的水化反应。硅酸盐水泥熟料矿物的水化反应如下

$$2(3CaO \cdot SiO_2) + 6H_2O = 3CaO \cdot 2SiO_2 \cdot 3H_2O + 3Ca(OH)_2 \tag{2-8}$$

$$2(2CaO \cdot SiO_2) + 4H_2O = 3CaO \cdot 2SiO_2 \cdot 3H_2O + Ca(OH)_2 \tag{2-9}$$

$$3CaO \cdot Al_2O_3 + 6H_2O = 3CaO \cdot Al_2O_3 \cdot 6H_2O \tag{2-10}$$

$$4CaO \cdot Al_2O_3 \cdot Fe_2O_3 + 7H_2O = 3CaO \cdot Al_2O_3 \cdot 6H_2O + CaO \cdot Fe_2O_3 \cdot H_2O \tag{2-11}$$

由上述反应式可知，硅酸盐水泥熟料的水化产物分别是水化硅酸钙（凝胶体）、氢氧化钙（晶体）、水化铝酸钙（晶体）和水化铁酸钙（凝胶体）。在完全水化的水泥石中，水化硅酸钙约占50%，氢氧化钙约占25%。通常认为，水化硅酸钙凝胶体对水泥石的强度和其他性质起着决定性的作用。

四种熟料矿物水化反应时所表现出的水化特性见表2-4。

表2-4　四种熟料矿物的水化特性

名称	硅酸三钙	硅酸二钙	铝酸三钙	铁铝酸四钙
水化速度	快	慢	最快	中
放热量	大	小	最大	中
强度	高，发展快	高，但发展慢	低	低

硅酸盐水泥是几种矿物熟料的混合物，熟料的比例不同，硅酸盐水泥的水化特性也会发生改变。掌握水泥熟料矿物的水化特性，对分析判断水泥的工程性质、合理选用水泥以及改良水泥品质，研发水泥新品种，具有重要意义。

由于铝酸三钙的水化反应极快，使水泥产生瞬时凝结，为了方便施工，在生产硅酸盐水泥时需掺加适量的石膏，以达到调节凝结时间的目的。石膏和铝酸三钙的水化产物水化铝酸钙发生反应，生成水化硫铝酸钙针状晶体（钙矾石），反应式如下

$$3CaO \cdot Al_2O_3 \cdot 6H_2O + 3(CaSO_4 \cdot 2H_2O) + 19H_2O = 3CaO \cdot Al_2O_3 \cdot 3CaSO_4 \cdot 31H_2O \tag{2-12}$$

水化硫铝酸钙难溶于水，生成时附着在水泥颗粒表面，能减缓水泥的水化反应速度。

2.4.2.2　硅酸盐水泥的凝结硬化过程及水泥石结构

硅酸盐水泥的凝结硬化过程主要是随着水化反应进行的，水化产物不断增多，水泥浆体结构逐渐致密，大致可分为三个阶段。

1. 溶解期

水泥加水拌和后，水化反应首先从水泥颗粒表面开始，水化生成物迅速溶解于周围水体。新的水泥颗粒表面与水接触，继续发生水化反应，水化产物继续生成并不断溶解，如此继续，水泥颗粒周围的水体很快达到饱和状态，形成溶胶结构。

2. 凝结期

溶液饱和后，继续水化的产物逐渐增多并发展成为网状凝胶体（水化硅酸钙、水化铁酸钙胶体中分布有大量的氢氧化钙、水化铝酸钙及水化硫铝酸钙晶体）。随着凝胶体逐渐增多，水泥浆体产生絮凝并开始失去塑性。

3. 硬化期

凝胶体的形成与发展，使水泥的水化反应越来越困难。随着水化反应继续缓慢地进行，水化产物不断生成并填充在浆体的毛细孔中，随着毛细孔的减少，浆体逐渐硬化。

硬化后的水泥石结构由凝胶体、未完全水化的水泥颗粒和毛细孔组成。

2.4.2.3 影响水泥凝结硬化的主要因素

影响水泥凝结硬化的因素,除水泥熟料矿物成分及其含量外,还与下列因素有关。

1. 细度

细度指水泥颗粒的粗细程度。细度越大,水泥颗粒越细,比表面积越大,水化反应越容易进行,水泥的凝结硬化越快。

2. 用水量

水泥水化反应理论用水量约占水泥质量的23%。加水太少,水化反应不能充分进行;加水太多,难以形成网状构造的凝胶体,延缓甚至不能使水泥浆硬化。

3. 温度和湿度

水泥的水化反应随温度升高而加快。负温条件下,水化反应停止,甚至水泥石结构有被冻坏的可能。水泥水化反应必须在潮湿的环境中才能进行,潮湿的环境能保证水泥浆体中的水分不蒸发,水化反应得以维持。

4. 养护时间(龄期)

保持合适的环境温度和湿度,使水泥水化反应不断进行的措施,称为养护。水泥凝结硬化过程的实质是水泥水化反应不断进行的过程。水化反应时间越长,水泥石的强度越高。水泥石强度增长在早期较快,后期逐渐减缓,28 d以后显著变慢。据试验资料,水泥的水化反应在适当的温度与湿度环境中可延续数年。

2.4.3 硅酸盐水泥的技术性质

国家标准《通用硅酸盐水泥》(GB 175—2007)对硅酸盐水泥的主要技术性质要求如下。

2.4.3.1 细度

细度是指水泥颗粒的粗细程度。它是影响水泥需水量、凝结时间、强度和安定性的重要指标。水泥颗粒愈细,水化活性愈高,则与水反应的表面积愈大,因而水化反应的速度愈快;水泥石的早期强度愈高,则硬化体的收缩也愈大,所以水泥在贮运过程中易受潮而降低活性。因此,水泥细度应适当,根据国家标准GB 175—2007的规定,硅酸盐水泥的细度用透气式比表面仪测定,要求其比表面积大于300 m^2/kg。其他水泥的细度一般用筛余量表示。筛余量是一定质量的水泥在0.08 mm方孔标准筛筛分后残留于筛上部分的质量占原质量的百分数。

2.4.3.2 氧化镁、三氧化硫、碱及不溶物含量

水泥中氧化镁(MgO)含量不得超过5.0%,如果水泥经蒸压安定性试验合格,则氧化镁含量允许放宽到6.0%。

三氧化硫(SO_3)含量不得超过3.5%。

水泥中碱含量用$Na_2O+0.658K_2O$计算值来表示。水泥中碱含量过高,则在混凝土中遇到活性骨料时,易产生碱-骨料反应,对工程造成危害。若使用活性骨料,用户要求提供低碱水泥时,水泥中碱含量不得大于0.6%或由供需双方商定。

不溶物的含量,在Ⅰ型硅酸盐水泥中不得超过0.75%,在Ⅱ型硅酸盐水泥中不得超

过1.5%。

2.4.3.3 烧失量

烧失量指水泥在一定灼烧温度和时间内，烧失的质量占原质量的百分数。Ⅰ型硅酸盐水泥的烧失量不得大于3.0%，Ⅱ型硅酸盐水泥的烧失量不得大于3.5%。

2.4.3.4 标准稠度及其用水量

在测定水泥凝结时间、体积安定性等性能时，为使所测结果有准确的可比性，规定在试验时所使用的水泥净浆必须以标准方法（按《水泥标准稠度用水量、凝结时间、安定性检验方法》（GB/T 1346—2011）规定）测试，并达到统一规定的浆体可塑性程度（标准稠度）。

水泥净浆标准稠度用水量，是指拌制水泥净浆时为达到标准稠度所需的加水量。它以水与水泥质量之比的百分数表示。硅酸盐水泥的标准稠度用水量一般为24%～30%。

2.4.3.5 凝结时间

国家标准规定：硅酸盐水泥初凝时间不得早于45 min，终凝时间不得迟于6.5 h。

凝结时间是指水泥从加水开始到失去流动性，即从可塑状态发展到开始形成固体状态所需的时间，分为初凝时间和终凝时间。初凝时间为水泥从开始加水拌和起至水泥浆开始失去可塑性所需的时间；终凝时间为从水泥开始加水拌和起至水泥浆完全失去可塑性，并开始产生强度所需的时间。凝结时间按《水泥标准稠度用水量、凝结时间、安定性检验方法》（GB/T 1346—2011）规定的方法测定。

水泥的凝结时间对施工有重大意义。水泥的初凝不宜过早，以便在施工时有足够的时间完成混凝土或砂浆的搅拌、运输、浇捣和砌筑等操作；水泥的终凝不宜过迟，以免拖延施工工期。

2.4.3.6 体积安定性

水泥体积安定性简称水泥安定性，是指水泥浆体硬化后体积变化的稳定性。用沸煮法检验必须合格。安定性不良的水泥，在浆体硬化过程中或硬化后产生不均匀的体积膨胀，并引起开裂。

水泥安定性不良的主要原因是熟料中含有过量的游离氧化钙、游离氧化镁或掺入的石膏过多。上述物质均在水泥硬化后开始或继续进行水化反应，其反应产物体积膨胀而使水泥石开裂。因此，国家标准规定，水泥熟料中游离氧化镁含量不得超过5.0%，三氧化硫含量不得超过3.5%，用沸煮法检验必须合格。体积安定性不合格的水泥不能用于工程中。

2.4.3.7 水泥的强度与强度等级

水泥强度是表征水泥力学性能的重要指标，它与水泥的矿物组成、水泥细度、水灰比、水化龄期和环境温度等密切相关。为了使试验结果具有可比性，水泥强度必须按《水泥胶砂强度试验方法（ISO 法）》（GB/T 17671—1999）的规定制作试块，养护并测定其抗压强度值和抗折强度值。该值是评定水泥强度等级的依据。

水泥强度等级按规定龄期的抗压强度和抗折强度来划分，各强度等级水泥的各龄期强度不得低于表2-5中的数值。

表2-5　通用硅酸盐水泥的强度指标(GB 175—2007)

品种	强度等级	抗压强度(MPa),≥		抗折强度(MPa),≥	
		3 d	28 d	3 d	28 d
硅酸盐水泥	42.5	17.0	42.5	3.5	6.5
	42.5R	22.0	42.5	4.0	6.5
	52.5	23.0	52.5	4.0	7.0
	52.5R	27.0	52.5	5.0	7.0
	62.5	28.0	62.5	5.0	8.0
	62.5R	32.0	62.5	5.5	8.0
普通硅酸盐水泥	42.5	17.0	42.5	3.5	6.5
	42.5R	22.0	42.5	4.0	6.5
	52.5	23.0	52.5	4.0	7.0
	52.5R	27.0	52.5	5.0	7.0
矿渣硅酸盐水泥、火山灰质硅酸盐水泥、粉煤灰硅酸盐水泥、复合硅酸盐水泥	32.5	10.0	32.5	2.5	5.5
	32.5R	15.0	32.5	3.5	5.5
	42.5	15.0	42.5	3.5	6.5
	42.5R	19.0	42.5	4.0	6.5
	52.5	21.0	52.5	4.0	7.0
	52.5R	23.0	52.5	4.5	7.0

注:R为早强型。

2.4.3.8　水化热

水化热是指水泥和水之间发生化学反应放出的热量,通常以焦耳/千克(J/kg)表示。

水泥水化放出的热量以及放热速度,主要取决于水泥的矿物组成和细度。熟料矿物中铝酸三钙和硅酸三钙的含量愈高,颗粒愈细,则水化热愈大,这对一般建筑的冬季施工是有利的,但对于大体积混凝土工程是有害的。为了避免由于温度应力引起水泥石的开裂,在大体积混凝土工程施工中,不宜采用硅酸盐水泥,而应采用水化热低的水泥,如中热水泥、低热矿渣水泥等。水化热的数值可根据国家标准规定的方法测定。

2.4.4　水泥石的侵蚀与防止

通常情况下,硬化后的硅酸盐水泥具有较强的耐久性。但在某些含侵蚀性物质(酸、强碱、盐类)的介质中,由于水泥石结构存在开口孔隙,有害介质浸入水泥石内部,水泥石中的水化产物与介质中的侵蚀性物质发生物理、化学作用,反应生成物或易溶解于水,或松软无胶结力,或产生有害的体积膨胀,这些都会使水泥石结构产生侵蚀性破坏。几种主要的侵蚀作用如下。

2.4.4.1　溶出性侵蚀(软水侵蚀)

水泥石长期处于软水中,氢氧化钙易被水溶解,使水泥石中的石灰浓度逐渐降低,当其浓度低于其他水化产物赖以稳定存在的极限浓度时,其他水化产物(如水化硅酸钙、水化铝酸钙等)也将被溶解。在流动及有压水的作用下,溶解物不断被水流带走,水泥石结构遭到破坏。

2.4.4.2 酸类侵蚀

1. 碳酸侵蚀

某些工业污水及地下水中常含有较多的二氧化碳。二氧化碳与水泥石中的氢氧化钙反应生成碳酸钙,碳酸钙与二氧化碳反应生成碳酸氢钙,反应式如下

$$Ca(OH)_2 + CO_2 + H_2O = CaCO_3 + 2H_2O \tag{2-13}$$

$$CaCO_3 + CO_2 + H_2O = Ca(HCO_3)_2 \tag{2-14}$$

由于碳酸氢钙易溶于水,若被流动的水带走,化学平衡遭到破坏,反应不断向右边进行,则水泥石中的石灰浓度不断降低,水泥石结构逐渐破坏。

2. 一般酸性侵蚀

某些工业废水或地下水中常含有游离的酸类物质,当水泥石长期与这些酸类物质接触时,产生的化学反应如下

$$2HCl + Ca(OH)_2 = CaCl_2 + 2H_2O \tag{2-15}$$

$$H_2SO_4 + Ca(OH)_2 = CaSO_4 \cdot 2H_2O \tag{2-16}$$

生成的氯化钙易溶解于水,被水带走后,降低了水泥石的石灰浓度;二水石膏在水泥石孔隙中结晶膨胀,使水泥石结构开裂。

2.4.4.3 盐类侵蚀

1. 硫酸盐侵蚀

在海水、盐沼水、地下水及某些工业废水中常含有硫酸钠、硫酸钙、硫酸镁等硫酸盐,硫酸盐与水泥石中的氢氧化钙发生反应,均能生成石膏。石膏与水泥石的水化铝酸钙反应,生成水化硫铝酸钙。石膏和水化硫铝酸钙在水泥石孔隙中产生结晶膨胀,使水泥石结构破坏。

2. 镁盐侵蚀

在海水及某些地下水中常含有大量的镁盐,水泥石长期处于这种环境中,发生如下反应

$$MgSO_4 + Ca(OH)_2 + 2H_2O = CaSO_4 \cdot 2H_2O + Mg(OH)_2 \tag{2-17}$$

$$MgCl_2 + Ca(OH)_2 = CaCl_2 + Mg(OH)_2 \tag{2-18}$$

反应生成的氯化钙易溶解于水,氢氧化镁松软无胶结力,石膏产生有害性膨胀,均能造成水泥石结构的破坏。

2.4.4.4 侵蚀的防止

根据水泥石侵蚀的原因及侵蚀的类型,工程中可采取下列措施防止侵蚀:

(1)根据环境介质的侵蚀特性,合理选择水泥品种。如掺混合材料的硅酸盐水泥具有较强的抗溶出性侵蚀能力,抗硫酸盐硅酸盐水泥抵抗硫酸盐侵蚀的能力较强。

(2)提高水泥石的密实度。通过合理的材料配合比设计,提高施工质量,均可以获得均匀密实的水泥石结构,避免或减缓水泥石的侵蚀。

(3)设置保护层。必要时可在建筑物表面设置保护层,隔绝侵蚀性介质,保护原有建筑结构,使之不遭受侵蚀。如设置沥青防水层、不透水的水泥砂浆层及塑料薄膜防水层等,均能起到保护作用。

【工程实例分析2-3】 体积安定性不良的水泥使用分析。

现象:某县一机关修建职工住宅楼,共6幢,设计均为7层砖混结构,建筑面积10 001 m^2,主体完工后进行墙面抹灰,采用某水泥厂生产的强度等级为32.5的水泥。抹灰后在两个月内相继发现该工程墙面抹灰出现开裂,并迅速发展。开始由墙面一点产生膨胀变形,形成不规则的放射状裂缝,多点裂缝相继贯通,成为典型的龟状裂缝,并且空鼓。

原因分析:后经查证,该工程所用水泥中氧化镁含量严重超标,致使水泥安定性不合格,施工单位未对水泥进行进场检验就直接使用,因此产生大面积的空鼓开裂。最后该工程墙面抹灰全面返工,造成严重的经济损失。因此,体积安定性不良的水泥应作废品处理,严禁用于工程上。

【工程实例分析2-4】 水泥水化热对大体积混凝土早期开裂的影响。

现象:重庆市某水利工程在冬季拦河大坝大体积混凝土浇筑完毕后,施工单位根据外界气候变化情况立即做好了混凝土的保温保湿养护,但事后在混凝土表面仍然出现了早期开裂现象。

原因分析:大体积混凝土早期温度开裂主要由水泥早期水化放热、外界气候变化、施工及养护条件等因素决定,其中水泥早期水化放热对大体积混凝土早期温度开裂影响最突出。由于混凝土是热的不良导体,水泥水化(水泥和水之间发生的化学反应)过程中释放出来的热量短时间内不容易散发,特别是在冬季施工的大体积混凝土,混凝土外(室外)温度很低,当水泥水化产生大量水化热时,混凝土内外产生很大温差,导致混凝土内部存在温度梯度,从而加剧了表层混凝土内部所受的拉应力作用,导致混凝土出现早期开裂现象。

任务2.5 掺混合材料的硅酸盐水泥

2.5.1 水泥混合材料

在水泥生产过程中,为改善水泥性能,调节水泥强度等级,而加到水泥中的矿物质材料称为混合材料(简称混合材)。根据所加矿物质材料的性质,可划分为活性混合材和非活性混合材。混合材有天然的,也有人为加工的或工业废渣。

2.5.1.1 活性混合材

活性混合材是具有火山灰性或潜在水硬性,或兼有火山灰性和潜在水硬性的矿物质材料。

火山灰性是指磨细的矿物质材料和水拌和成浆后,单独不具有水硬性,但在激发剂的作用下,能形成具有水硬性化合物的性能,如火山灰、粉煤灰、硅藻土等。常用的激发剂有碱性激发剂(石灰)与硫酸盐激发剂(石膏)两类。

潜在水硬性是指该类矿物质材料只需在少量外加剂的激发条件下,即可利用自身溶出的化学成分生成具有水硬性的化合物,如粒化高炉矿渣等。

水泥中常用的活性混合材有如下几种。

1. 粒化高炉矿渣

粒化高炉矿渣是高炉冶炼生铁所得的，以硅酸钙与铝硅酸钙等为主要成分的熔融物，经淬冷成粒后的产品，其化学成分主要为 CaO、Al_2O_3、SiO_2，通常占总质量的 90% 以上，此外尚有少量的 MgO、FeO 和一些硫化物等。粒化高炉矿渣的活性，不仅取决于化学成分，而且在很大程度上取决于内部结构。矿渣熔体在淬冷成粒时，阻止了熔体向结晶结构转变，而形成玻璃体，因此具有潜在水硬性，即粒化高炉矿渣在有少量激发剂的情况下，其浆体具有水硬性。

2. 火山灰质混合材

火山灰质混合材是指具有火山灰性的天然或人工的矿物质材料。如天然的火山灰、凝灰岩、浮石、硅藻土等，属于人工材料的有烧黏土、煤矸石灰渣、粉煤灰及硅灰等。

3. 粉煤灰

粉煤灰是从电厂煤粉炉烟道气体中收集的粉末，以 SiO_2 和 Al_2O_3 为主要化学成分，含少量 CaO，具有火山灰性。粉煤灰按煤种分为 F 类和 C 类，可以袋装和散装，袋装每袋净含量为 25 kg 或 40 kg，包装袋上应标明产品名称（F 类或 C 类）、等级、分选或磨细、净含量、批号、执行标准等。

2.5.1.2 非活性混合材

非活性混合材是指在水泥中主要起填充作用，且不损害水泥性能的矿物质材料。非活性混合材掺入水泥中主要起调节水泥强度、增加水泥产量及降低水化热等作用。常用的有磨细石英砂、石灰石粉及磨细的块状高炉矿渣及高硅质炉灰等。

在制备普通混凝土拌和物时，为节约水泥，改善混凝土性能，调节混凝土强度等级而掺入的天然或人工的磨细混合材，称为掺和料。

2.5.2 掺混合材的硅酸盐水泥

2.5.2.1 普通硅酸盐水泥

根据国家标准 GB 175—2007 的规定，凡是由普通硅酸盐水泥熟料、6% ~ 15% 混合材，适量石膏，经磨细制成的水硬性胶凝材料，称普通硅酸盐水泥（简称普通水泥），代号为P · O。

掺活性混合材的掺加量 >5% 且 ≤20% 时，允许用不超过水泥质量 8% 且符合国家标准 GB 175—2007 第 5.2.4 条的非活性混合材或不超过水泥质量 5% 且符合第 5.2.5 条的窑灰代替。

根据国家标准 GB 175—2007 的规定，普通水泥分 42.5、42.5R、52.5、52.5R 4 个强度等级。各龄期的强度要求列于表 2-5 中，初凝时间不得早于 45 min，终凝时间不得迟于 10 h。在 80 μm 方孔筛上的筛余量不得超过 10.0%。普通水泥的烧失量不得大于 5.0%，其他如氧化镁、三氧化硫、碱含量等均与硅酸盐水泥的规定相同。安定性用沸煮法检验必须合格。由于混合材掺量少，因此其性能与同强度等级的硅酸盐水泥相近。这种水泥被广

泛用于各种混凝土或钢筋混凝土工程,是我国主要的水泥品种之一。

2.5.2.2 矿渣硅酸盐水泥

根据国家标准 GB 175—2007 的规定,凡是由硅酸盐水泥熟料和粒化高炉矿渣、适量石膏,经磨细制成的水硬性胶凝材料,称矿渣硅酸盐水泥(简称矿渣水泥),其代号为 P·S。水泥中粒化高炉矿渣掺加量按质量百分比计为 >20% 且≤70% ,并分为 A 型和 B 型。A 型矿渣掺量 >20% 且≤50% ,代号为 P·S·A;B 型矿渣掺量 >50% 且≤70% ,代号为 P·S·B。允许用石灰石、窑灰、粉煤灰和火山灰质混合材中的一种代替矿渣,代替数量不得超过水泥质量的 8% ,而替代后的水泥中粒化高炉矿渣不得少于 20% 。

2.5.2.3 火山灰质硅酸盐水泥

根据国家标准 GB 175—2007 的规定,凡是由硅酸盐水泥熟料和火山灰质混合材、适量石膏,经磨细制成的水硬性胶凝材料,称火山灰质硅酸盐水泥(简称火山灰水泥),其代号为 P·P。水泥中火山灰质混合材掺加量按质量百分比计为 >20% 且≤40% 。

2.5.2.4 粉煤灰硅酸盐水泥

根据国家标准 GB 175—2007 的规定,凡是由硅酸盐水泥熟料和粉煤灰、适量石膏,经磨细制成的水硬性胶凝材料,称粉煤灰硅酸盐水泥(简称粉煤灰水泥),其代号为 P·F。水泥中粉煤灰掺加量按质量百分比计为 20% ~40% 。

矿渣水泥、火山灰水泥、粉煤灰水泥分为 32.5、32.5R、42.5、42.5R、52.5、52.5R 6 个强度等级。各强度等级水泥的各龄期强度不得低于表 2-5 中的数值。

2.5.2.5 复合硅酸盐水泥

根据国家标准 GB 175—2007 的规定,凡是由硅酸盐水泥熟料和两种或两种以上规定的混合材、适量石膏,经磨细制成的水硬性胶凝材料,称复合硅酸盐水泥(简称复合水泥),其代号为 P·C。水泥中混合材总掺量,按质量百分比计应 >20% 且≤50% ,允许不超过 8% 的窑灰代替部分混合材。掺矿渣时,混合材掺量不得与矿渣水泥重复。复合水泥熟料中氧化镁的含量不得超过 5.0% ,如蒸压安定性合格,则含量允许放宽到 6.0% 。水泥中三氧化硫含量不得超过 3.5% 。水泥细度以 80 μm 方孔筛筛余量不得超过 10% 。初凝时间不得早于 45 min,终凝时间不得迟于 10 h。安定性用沸煮法检验必须合格。复合水泥的强度等级及各龄期强度要求如表 2-5 所示。

2.5.3 通用硅酸盐水泥的性能特点及应用

通用硅酸盐水泥是土建工程中用途最广、用量最大的水泥品种,其性能特点及应用见表 2-6。

【工程实例分析 2-5】 粉煤灰混凝土超强分析。

现象:长江三峡工程第二阶段采用了高效缓凝减水剂、优质引气剂和 I 级粉煤灰联合掺加技术,有效地降低了混凝土的用水量。实践证明,按照配合比配制的混凝土具有高性能混凝土的所有特点,混凝土的抗渗性能、抗冻性能和抗压强度都满足设计要求,在抗压强度方面则普遍超过设计强度,试分析其原因。

表 2-6　通用硅酸盐水泥的特性及适用范围

水泥品种		硅酸盐水泥	普通硅酸盐水泥	矿渣硅酸盐水泥	火山灰质硅酸盐水泥	粉煤灰硅酸盐水泥
特性	硬化	快	较快	慢	慢	慢
	早期强度	高	较高	低	低	低
	水化热	高	高	低	低	低
	抗冻性	好	较好	差	差	差
	耐热性	差	较差	好	较差	较差
	干缩性	较小	较小	较大	较大	较小
	抗渗性	较好	较好	差	较好	较好
	耐蚀性	差	较差	好	好	好
适用范围		1. 制造地上、地下及水中的混凝土、钢筋混凝土及预应力钢筋混凝土结构，包括受冻融循环的结构及早期强度要求较高的工程； 2. 配制建筑砂浆	与硅酸盐水泥基本相同	1. 大体积工程； 2. 高温车间和有耐热耐火要求的混凝土结构； 3. 蒸汽养护的构件； 4. 一般地上、地下和水中的钢筋混凝土结构； 5. 有抗硫酸盐侵蚀要求的工程； 6. 配制建筑砂浆	1. 地下、水中大体积混凝土结构； 2. 有抗渗要求的工程； 3. 蒸汽养护的构件； 4. 有抗硫酸盐侵蚀要求的工程； 5. 一般混凝土及钢筋混凝土工程； 6. 配制建筑砂浆	1. 地上、地下、水中和大体积混凝土工程； 2. 蒸汽养护的构件； 3. 抗裂性要求较高的构件； 4. 有抗硫酸盐侵蚀要求的工程； 5. 一般混凝土工程； 6. 配制建筑砂浆
不适用工程		1. 大体积工程； 2. 受化学及海水侵蚀的工程； 3. 耐热要求高的工程； 4. 有流动水及压力水作用的工程	同硅酸盐水泥	1. 早期强度要求较高的混凝土工程； 2. 有抗冻要求的混凝土工程	1. 早期强度要求较高的混凝土工程； 2. 有抗冻要求的混凝土工程； 3. 干燥环境的混凝土工程； 4. 有耐磨性要求的工程	1. 早期强度要求较高的混凝土工程； 2. 有抗冻要求的混凝土工程； 3. 有抗碳化要求的工程

原因分析:①粉煤灰效应,包括形态效应、火山灰效应和微集料效应三个方面,分别起到润滑、胶凝和改善颗粒级配的功效,提高了混凝土的性能。②Ⅰ级粉煤灰具有较大的比表面积,具有更好的火山灰活性,特别是在混凝土硬化后期,效应更为突出。尤其是配合掺有高效减水剂、引气剂的情况下,如果对粉煤灰的火山灰效应估计不足,就有可能导致混凝土超强。③粉煤灰混凝土后期强度有较大的增长趋势,90 d 接近不掺粉煤灰的混凝土,180 d 则可能超过。长江三峡工程中,设计龄期为 90 d 粉煤灰掺量为 40% 的混凝土,都存在超强问题。

任务2.6　其他水泥及水泥的验收与保管

在水利水电工程中,除使用上述六种通用水泥外,也常使用中、低热水泥。在某些特殊情况下,还需使用抗硫酸盐硅酸盐水泥、快硬硅酸盐水泥、高铝水泥和膨胀水泥等。小型工程及一般工程,还可使用石膏矿渣水泥。已建水利工程正逐步成为旅游点,白色水泥和彩色水泥的应用也越来越多。

2.6.1　其他水泥

2.6.1.1　中热硅酸盐水泥、低热矿渣硅酸盐水泥

拦河大坝等大体积混凝土工程、水化热要求较低的混凝土工程上使用的水泥品种一般有中、低热水泥等。

(1)中热硅酸盐水泥是以适当成分的硅酸盐水泥熟料,加入适量石膏,磨细制成的具有中等水化热的水硬性胶凝材料,简称中热水泥。

(2)低热矿渣硅酸盐水泥是以适当成分的硅酸盐水泥熟料,加入矿渣、适量石膏,磨细制成的具有低水化热的水硬性胶凝材料,简称低热矿渣水泥。

中热水泥与硅酸盐水泥的性能相似,只是水化热较低,抗溶出性侵蚀及抗硫酸盐侵蚀的能力稍强,适用于大坝溢流面层或水位变化区的面层等要求水化热较低、抗冻性及抗冲磨性较高的部位。低热矿渣水泥与矿渣硅酸盐水泥的性能相似,只是水化热更低,抗冻性及抗冲磨性较差,适用于大坝或其他大体积混凝土建筑物的内部及水下等要求水化热较低的部位。

2.6.1.2　抗硫酸盐硅酸盐水泥

凡以适当成分的生料,烧至部分熔融,所得的以硅酸钙为主的特定矿物组成的熟料,加入适量石膏,磨细制成的具有一定抗硫酸盐侵蚀性能的水硬性胶凝材料,称为抗硫酸盐硅酸盐水泥,简称抗硫酸盐水泥。

抗硫酸盐水泥的主要特点是抗硫酸盐侵蚀的能力很强,也具有较强的抗冻性和较低的水化热,适用于同时受硫酸盐侵蚀、冻融和干湿交替作用的海港工程、水利工程及地下工程。

2.6.1.3　快硬硅酸盐水泥

凡以硅酸盐水泥熟料和适量石膏磨细制成的,以 3 d 抗压强度表示强度等级的水硬性胶凝材料,称为快硬硅酸盐水泥,简称快硬水泥。快硬水泥的强度等级按 3 d 抗压强度

划分为 32.5、37.5、42.5 三个强度等级。

快硬水泥具有硬化快、早期强度较高的特点，可用来配制早强、高强混凝土，适用于紧急抢修、低温施工工程和高强度混凝土预制构件等。由于快硬水泥的水化热比普通水泥大，因此不适宜用于大体积混凝土工程。

2.6.1.4 高铝水泥

高铝水泥是以矾土及石灰石为原料，经高温煅烧，得到以铝酸钙为主、氧化铝含量约占 50% 的熟料，磨细制成的水硬性胶凝材料，旧称铝酸盐水泥或矾土水泥。

高铝水泥的水化放热多且快，硬化快，抗渗性、抗冻性和抗侵蚀性很强，适用于要求早期强度高、紧急抢修、冬季施工、抵抗硫酸盐侵蚀及冻融交替频繁的工程，也可配制膨胀水泥和自应力水泥。

高铝水泥与石灰、硅酸盐类水泥混用，会使水泥石的强度严重降低。所以，高铝水泥不能与石灰、硅酸盐水泥混用或接触使用。

2.6.1.5 明矾石膨胀水泥

凡以硅酸盐水泥熟料、天然明矾石、石膏和粒化高炉矿渣（或粉煤灰），按适当比例磨细制成的具有膨胀性能的水硬性胶凝材料，称为明矾石膨胀水泥。

明矾石膨胀水泥适用于防水层、防渗混凝土工程或防渗抹面，填灌预留孔洞，预制混凝土构件的接缝，结构的加固与修补，制造高压钢筋混凝土管及自应力钢筋混凝土构件等。

2.6.1.6 石膏矿渣水泥

石膏矿渣水泥也叫矿渣硫酸盐水泥，是用 80% 的粒化高炉矿渣及 15% 左右的石膏，加入 8% 以下的水泥熟料或 5% 以下的石灰，磨细而成的。

石膏矿渣水泥的强度较高，抗渗性好，干缩较小，抗侵蚀性较强，水化热较低，适用于小型水利工程和海港工程。但其硬化较慢，早期强度较低，抗冻性较差，混凝土构件表面容易出现“起砂”现象。因此，在使用时应特别注意加强早期养护工作。

2.6.1.7 白色硅酸盐水泥和彩色硅酸盐水泥

以适当成分的水泥生料烧至部分熔融，所得以硅酸钙为主要成分、氧化铁含量很少的白色硅酸盐水泥熟料，再加入适量石膏，磨细制成的水硬性胶凝材料，称为白色硅酸盐水泥，简称白水泥。

彩色硅酸盐水泥（简称彩色水泥）根据其着色方法的不同，有两种生产方式，即染色法和直接烧成法。染色法是将硅酸盐水泥熟料（白水泥熟料或普通水泥熟料）、适量石膏和碱性颜料共同磨细而制得彩色水泥；直接烧成法是在水泥生料中加入着色原料而直接煅烧成彩色水泥熟料，再加入适量石膏共同磨细制成彩色水泥。

白水泥和彩色水泥的作用：可以配制彩色水泥浆，用作建筑物内、外墙粉刷及天棚、柱子的装饰粉刷；配制各种彩色砂浆用于装饰抹灰；配制白水泥混凝土或彩色水泥混凝土，克服普通水泥混凝土颜色灰暗、单调的缺点；制造各种色彩的水刷石、人造大理石及水磨石等制品。

2.6.2 水泥的验收与保管

水泥可以袋装或散装。袋装水泥每袋净含量 50 kg，且不得少于标志质量的 99%，随

机抽取20袋总质量不得少于1 000 kg。水泥袋上应标明产品名称、代号、净含量、强度等级、生产许可证编号、生产者名称和地址、出厂编号、执行标准号及包装年、月、日。散装水泥交货时也应提交与袋装水泥标志相同内容的卡片。

水泥出厂前，生产厂家应按国家标准规定的取样规则和检验方法对水泥进行检验，并向用户提供试验报告。试验报告内容应包括国家标准规定的各项技术要求及其试验结果。

交货时水泥的质量验收，既可抽取实物试样以其检验结果为依据，也可以水泥厂同编号水泥的检验报告为依据。采用前者验收方法，当买方检验认为产品质量不符合国家标准要求，而卖方又有异议时，则双方应将卖方保存的另一份试样送省级或省级以上国家认可的水泥质量监督检验机构进行仲裁检验；采用后者验收方法时，异议期为3个月。

水泥在运输与贮存时，不得受潮和混入杂物，不同品种和强度等级的水泥应分别贮运，不得混杂。

水泥存放过久，强度会有所降低，因此国家标准规定：水泥出厂超过3个月（快硬水泥超过一个月）时，应对水泥进行复验，并按其实测强度结果使用。

任务2.7　水泥检测

2.7.1　水泥试验的一般规定

（1）取样方法，以同一水泥厂、同品种、同强度等级、同期到达的水泥进行取样和编号。一般以不超过100 t为一个取样单位，取样应具有代表性，可连续取，也可在20个以上不同部位抽取等量的样品，总量不少于12 kg。

（2）取的试样应充分拌匀，分成两份，其中一份密封保存3个月，试验前，将水泥通过0.9 mm的方孔筛，并记录筛余百分率及筛余物情况。

（3）试验用水必须是洁净的淡水。

（4）实验室温度应为（20 ± 2）℃，相对湿度应不低于50%；湿气养护箱温度为（20 ± 1）℃，相对湿度应不低于90%；养护池水温为（20 ± 1）℃。

（5）水泥试样、标准砂、拌和水及仪器用具的温度应与实验室温度相同。

2.7.2　水泥细度检测

水泥细度检测分水筛法和负压筛析法，如对两种方法检验的结果有争议，以负压筛析法为准。硅酸盐水泥的细度用比表面积表示，采用透气式比表面积仪测定。下面介绍负压筛析法。

2.7.2.1　主要仪器设备

负压筛析仪，由0.08 mm方孔筛、筛座（见图2-2）、负压源及收尘器组成；天平，感量0.1 g。

2.7.2.2　试验步骤

（1）检查负压筛析仪系统，调节负压至4 000 ~ 6 000 Pa范围。

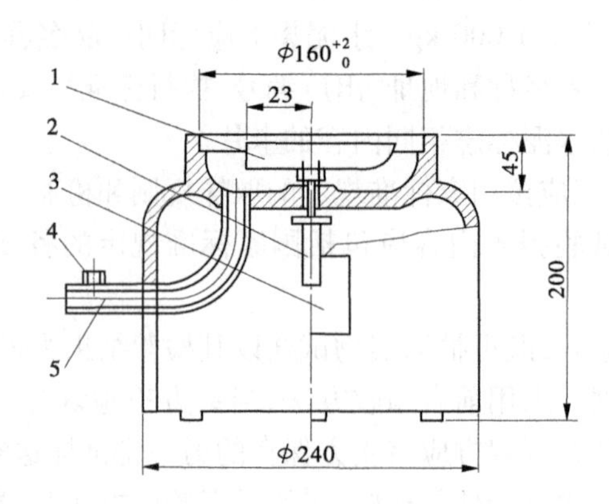

1—方孔筛;2—喷气嘴;3—微电机;4—风门;5—抽气口

图 2-2　负压筛析仪示意　(单位:mm)

(2)称取水泥试样 25 g,精确至 0.1 g,置于负压筛析仪中,盖上筛盖并放在筛座上。

(3)启动负压筛析仪,连续筛析 2 min,在此间若有试样黏附于筛盖上,可轻轻敲击使试样落下。

(4)筛毕,取下筛子,倒出筛余物,用天平称量筛余物的质量,精确至 0.1 g。

2.7.2.3　结果计算

以筛余物的质量除以水泥试样总质量的百分数,作为试验结果。本试验以一次试验结果作为检验结果。

2.7.3　水泥标准稠度用水量检测(标准法)

2.7.3.1　主要仪器设备

水泥净浆搅拌机,由主机、搅拌叶和搅拌锅组成;维卡仪,主要由试杆和盛装水泥净浆的试模两部分组成,如图 2-3 所示;天平、铲子、小刀、平板玻璃底板、量筒等。

2.7.3.2　试验步骤

(1)调整维卡仪并检查水泥净浆搅拌机,使得维卡仪上的金属棒能自由滑动,并调整至试杆(见图 2-3(c))接触玻璃板时的指针对准零点。搅拌机运行正常,并用湿布将搅拌锅和搅拌叶片擦湿。

(2)称取水泥试样 500 g,拌和水量按经验确定并用量筒量好。

(3)将拌和水倒入搅拌锅内,然后在 5 ~ 10 s 内将水泥试样加入水中。将搅拌锅放在锅座上,升至搅拌位,启动搅拌机,先低速搅拌 120 s,停 15 s,再快速搅拌 120 s,然后停机。

(4)拌和结束后,立即将水泥净浆装入已置于玻璃底板上的试模中,用小刀插捣,轻轻振动数次排出气泡,刮去多余净浆;抹平后迅速将试模和底板移到维卡仪上,调整试杆至与水泥净浆表面接触,拧紧螺丝,然后突然放松,试杆垂直自由地沉入水泥净浆中。

(5)在试杆停止沉入或释放试杆 30 s 时记录试杆距底板之间的距离。整个操作应在搅拌后 1.5 min 内完成。

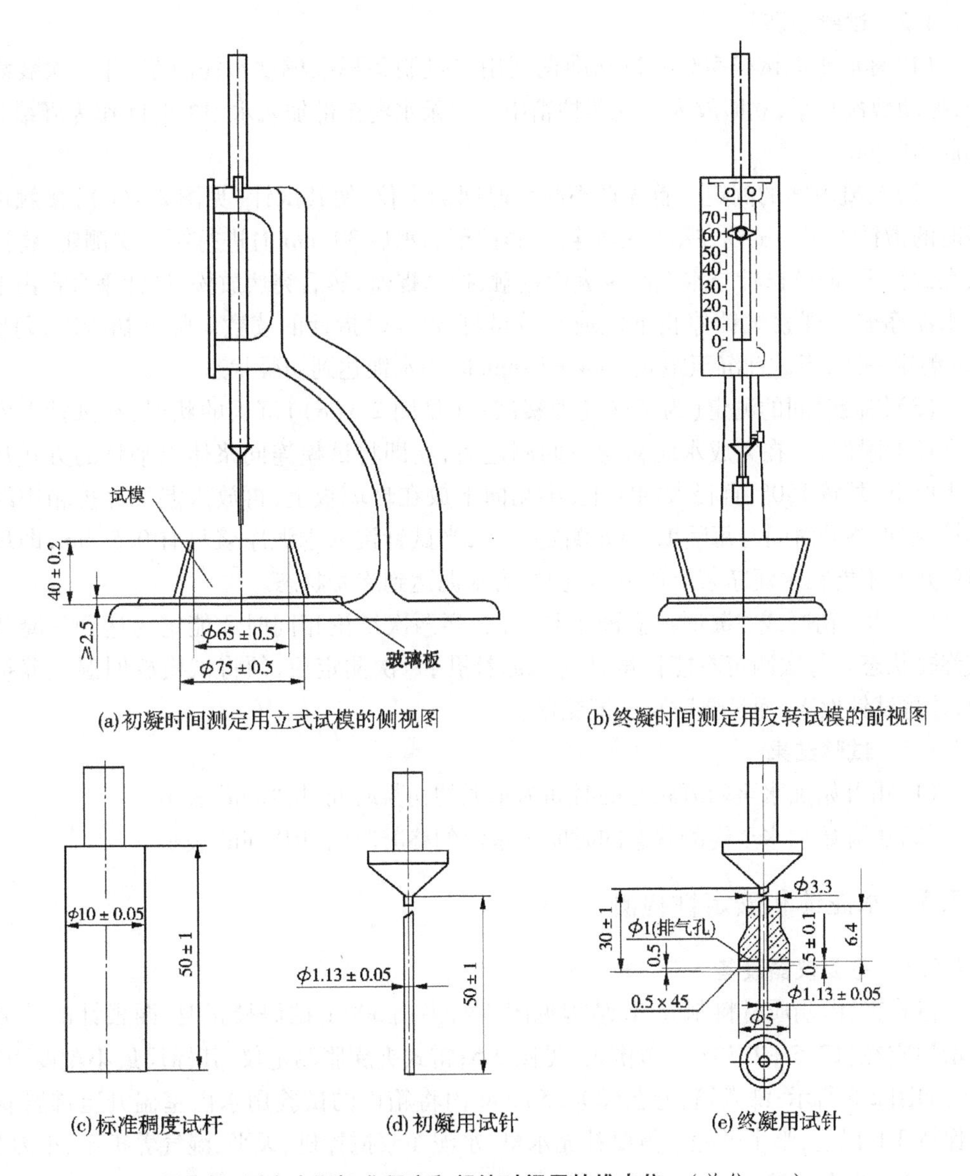

(a)初凝时间测定用立式试模的侧视图

(b)终凝时间测定用反转试模的前视图

(c)标准稠度试杆

(d)初凝用试针

(e)终凝用试针

图2-3 测定水泥标准稠度和凝结时间用的维卡仪 (单位:mm)

2.7.3.3 试验结果

以试杆沉入净浆并距底板(6 ±1)mm 的水泥净浆为标准稠度水泥净浆。标准稠度用水量(P)以拌和标准稠度水泥净浆的水量除以水泥试样总质量的百分数计。

2.7.4 水泥净浆凝结时间检测

2.7.4.1 主要仪器设备

维卡仪,将试杆更换为试针,仪器主要由试针和试模两部分组成,如图2-3所示;其他仪器设备同标准稠度测定。

2.7.4.2 **试验步骤**

(1)称取水泥试样500 g,按标准稠度用水量制备标准稠度水泥净浆,并一次装满试模,振动数次刮平,立即放入湿气养护箱中。记录水泥全部加入水中的时间作为凝结时间的起始时间。

(2)初凝时间的测定。首先调整凝结时间测定仪,使其试针(见图2-3(d))接触玻璃板时的指针为零。试模在湿气养护箱中养护至加水后30 min时进行第一次测定:将试模放在试针下,调整试针与水泥净浆表面接触,拧紧螺丝,然后突然放松,试针垂直自由地沉入水泥净浆。观察试针停止下沉或释放试杆30 s时指针的读数。临近初凝时,每隔5 min测定一次,当试针沉至距底板(4 ±1)mm时为水泥达到初凝状态。

(3)终凝时间的测定(为了准确观察试针(见图2-3(e))沉入的状况,在试针上安装一个环形附件)。在完成水泥初凝时间测定后,立即将试模连同浆体以平移的方式从玻璃板取下,翻转180°,直径大端向上,小端向下放在玻璃板上,再放入湿气养护箱中继续养护,临近终凝时间时每隔15 min测定一次,当试针沉入水泥净浆只有0.5 mm,即环形附件开始不能在水泥净浆上留下痕迹时,为水泥达到终凝状态。

(4)达到初凝或终凝时应立即重复一次,当两次结论相同时才能定为达到初凝状态或终凝状态。每次测定不能让试针落入原针孔,每次测定后,须将试模放回湿气养护箱内,并将试针擦净,而且要防止试模受振。

2.7.4.3 **试验结果**

(1)由开始加水至初凝状态的时间为水泥的初凝时间,用"min"表示。

(2)由开始加水至终凝状态的时间为水泥的终凝时间,用"min"表示。

2.7.5 水泥体积安定性检测

2.7.5.1 **主要仪器设备**

雷式夹,由铜质材料制成,其结构见图2-4,当用300 g砝码校正时,两根针的针尖距离增加应在(17.5 ±2.5)mm范围内,见图2-5;雷式夹膨胀测定仪,其标尺最小刻度为0.5 mm,如图2-6所示;沸煮箱,能在(30 ±5)min内将箱内的试验用水由室温升至沸腾状态并保持3 h以上,整个过程不需要补充水量;水泥净浆搅拌机、天平、湿气养护箱、小刀等。

2.7.5.2 **试验步骤**

(1)测定前准备工作:每个试样需成型两个试件,每个雷式夹需配备两块质量为75 ~85 g的玻璃板,一垫一盖,并先在与水泥接触的玻璃板和雷式夹表面涂一层机油。

(2)将制备好的标准稠度水泥净浆立即一次装满雷式夹,用小刀插捣数次,抹平,并盖上涂油的玻璃板,然后将试件移至湿气养护箱内养护(24 ±2)h。

(3)脱去玻璃板取下试件,先测量雷式夹指针尖的距离(A),精确至0.5 mm。然后将试件放入沸煮箱水中的试件架上,指针朝上,调好水位与水温,接通电源,在(30 ±5)min之内加热至沸腾,并保持3 h ±5 min。

(4)取出沸煮后冷却至室温的试件,用雷式夹膨胀测定仪测量试件雷式夹两指针尖的距离(C),精确至0.5 mm。

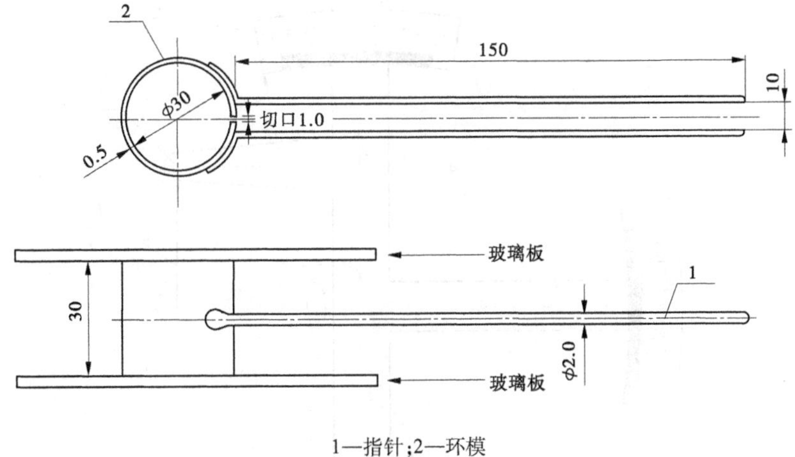

1—指针;2—环模

图2-4　雷式夹示意　(单位:mm)

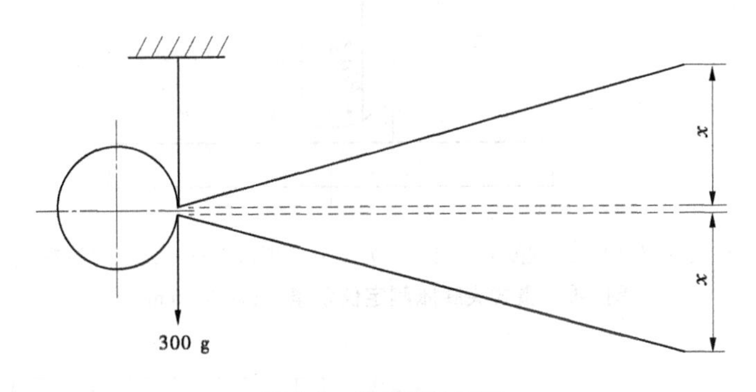

图2-5　雷式夹校正图

2.7.5.3　试验结果

当两个试件沸煮后增加的距离($C-A$)的平均值不大于5.0 mm时,即认为水泥安定性合格。当两个试件的($C-A$)值相差超过4.0 mm时,应用同一样品立即重做一次试验。试验结果仍如此,则认为该水泥安定性不合格。

2.7.6　水泥胶砂强度检测

根据国家标准《通用硅酸盐水泥》(GB 175—2007)和《水泥胶砂强度检验方法(ISO法)》(GB/T 17671—1999)的规定,测定水泥的强度,应按规定制作试件,养护,并测定其规定龄期的抗折强度和抗压强度值。

2.7.6.1　主要仪器设备

行星式胶砂搅拌机,是搅拌叶片和搅拌锅相反方向转动的搅拌设备,见图2-7;胶砂试件成型振实台;试模,可装拆的三联试模,试模内腔尺寸为40 mm×40 mm×160 mm,见图2-8;水泥电动抗折试验机;抗压试验机;抗压夹具;套模;两个播料器;刮平直尺;标准养护箱等。

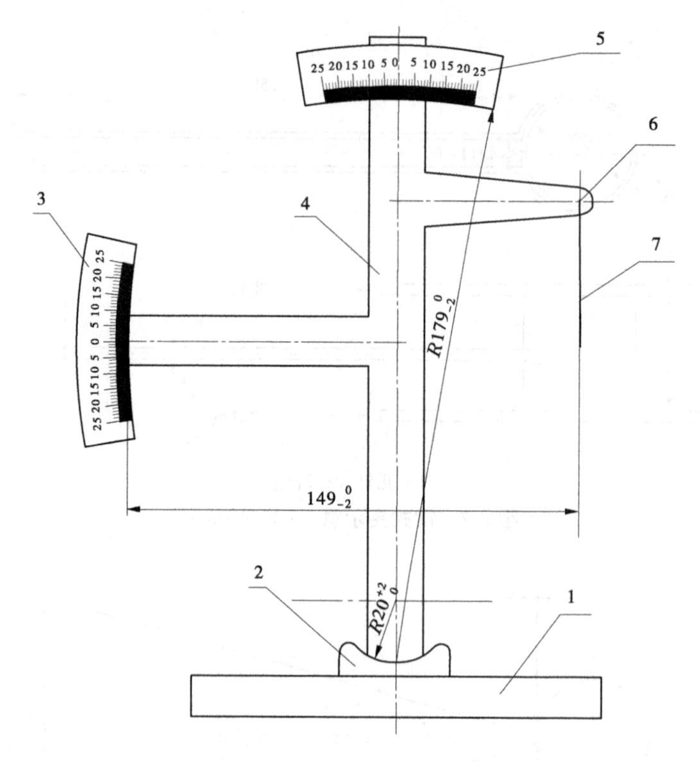

1—底座;2—模子座;3—测弹性标尺;4—立柱;5—测膨胀值标尺;6—悬臂;7—悬丝

图 2-6 雷式夹膨胀测定仪示意 (单位:mm)

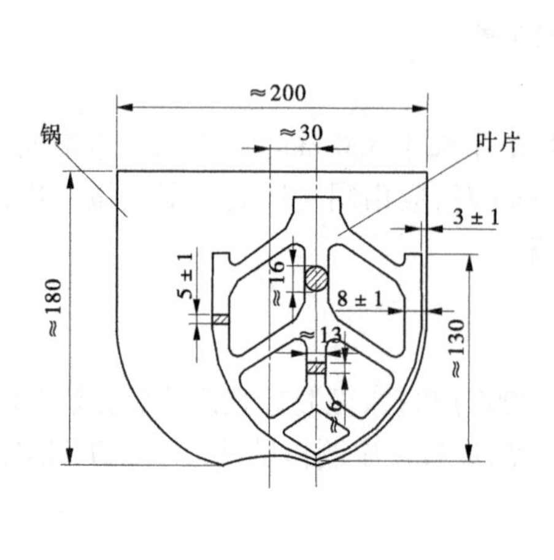

图 2-7 胶砂搅拌机示意 (单位:mm)

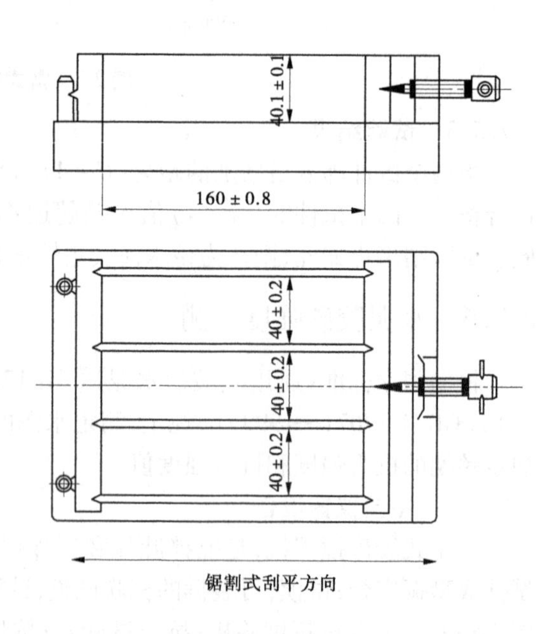

图 2-8 典型水泥试模 (单位:mm)

2.7.6.2　试验步骤

1. 制作水泥胶砂试件

(1)水泥胶砂试件是由水泥、中国 ISO 标准砂、拌和用水按 1∶3∶0.5 的比例拌制而成的。一锅胶砂可成型三条试体，每锅材料用量见表 2-7。按规定称量好各种材料。

表 2-7　每锅胶砂的材料用量

材料	水泥	中国 ISO 标准砂	水
用量(g)	450 ±2	1 350 ±5	225 ±1

(2)将水加入胶砂搅拌锅内，再加入水泥，把锅放在固定架上，升至固定位置，然后启动机器，低速搅拌 30 s，在第二个 30 s 开始时，同时均匀地加入标准砂。再高速搅拌 30 s。停 90 s，在第一个 15 s 内用一胶皮刮具将叶片上和锅壁上的胶砂刮入锅内，再调整下继续高速搅拌 60 s。胶砂搅拌完成。各阶段的搅拌时间误差应在 ±1 s 内。

(3)将试模内壁均匀涂刷一层机油，并将空试模和套模固定在振实台上。

(4)用勺子将搅拌锅内的水泥胶砂分两次装模。装第一层时，每个槽里先放入 300 g 胶砂，并用大播料器刮平，接着振动 60 次，再装第二层胶砂，用小播料器刮平，振动 60 次。

(5)移走套模，取下试模，用金属直尺以近似 90°的角度架在试模模顶一端，沿试模长度方向做锯割动作慢慢向另一端移动，一次将超过试模部分的胶砂刮去，并用同一直尺以近似水平的情况将试件表面抹平。

2. 水泥胶砂试件的养护

(1)将成型好的试件连同试模一起放入标准养护箱内，在温度(20 ±1)℃，相对湿度不低于 90% 的条件下养护。

(2)养护到 20 ~24 h 之间脱模(对于龄期为 24 h 的应在破坏试验前 20 min 内脱模)。将试件从养护箱中取出，用毛笔编号，编号时应将每个三联试模中的三条试件编在两龄期内，同时编上成型日期与测试日期。然后脱模，脱模时应防止损伤试件。对于硬化较慢的水泥允许 24 h 后脱模，但须记录脱模时间。

(3)试件脱模后立即水平或垂直放入水槽中养护，养护水温为(20 ±1)℃，水平放置时刮平面朝上，试件之间留有间隙，水面至少高出试件 5 mm，并随时加水以保持恒定水位，不允许在养护期间完全换水。

(4)水泥胶砂试件养护至各规定龄期。试件龄期是从水泥加水搅拌开始起算的。不同龄期的强度在下列时间里进行测定：24 h ±15 min，48 h ±30 min，72 h ±45 min，7 d ±2 h，>28 d ±8 h。

3. 水泥胶砂试件的强度测定

水泥胶砂试件在破坏试验前 15 min 从水中取出。揩去试件表面的沉积物，并用湿布覆盖至试验为止。先用抗折试验机以中心加荷法测定抗折强度；然后将折断的试件进行抗压强度试验测定抗压强度。

1)抗折强度试验

将试件安放在抗折夹具内，试件的侧面与试验机的支撑圆柱接触，试件长轴垂直于支撑圆柱，如图 2-9 所示。启动试验机，以(50 ±10)N/s 的速度均匀地加荷直至试体断裂。

记录最大抗折破坏荷载(N)。

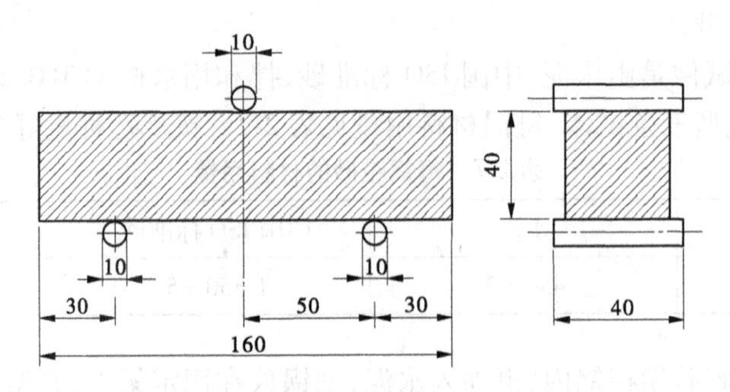

图 2-9 抗折强度测定示意 (单位:mm)

2)抗压强度试验

抗折强度试验后的 6 个断块试件应保持潮湿状态,并立即进行抗压强度试验。将断块试件放入抗压夹具内,并以试件的侧面作为受压面。启动试验机,以(2.4 ±0.2)kN/s 的速度进行加荷,直至试件破坏。记录最大抗压破坏荷载(N)。

2.7.6.3 **结果评定**

1. 抗折强度

(1)每个试件的抗折强度$f_{ce,m}$按下式计算(精确至 0.1 MPa)

$$f_{ce,m}=\frac{3FL}{2b^3}=0.002\ 34F \tag{2-19}$$

式中 F——折断时施加于棱柱体中部的荷载,N;

L——支撑圆柱体之间的距离,mm,$L=100$ mm;

b——棱柱体截面正方形的边长,mm,$b=40$ mm。

(2)以一组 3 个试件抗折强度结果的平均值作为试验结果。当 3 个强度值中有超出平均值 ±10% 时,应剔除后再取平均值作为抗折强度试验结果,试验结果精确至 0.1 MPa。

2. 抗压强度

(1)每个试件的抗压强度$f_{ce,c}$按下式计算(精确至 0.1 MPa)

$$f_{ce,c}=\frac{F}{A}=0.000\ 625F \tag{2-20}$$

式中 F——试件破坏时的最大抗压荷载,N;

A——受压部分面积,mm^2,$A=40\ mm\times 40\ mm=1\ 600\ mm^2$。

(2)以一组 3 个棱柱体上得到的 6 个抗压强度测定值的算术平均值作为试验结果。如 6 个测定值中有一个超出平均值的 ±10%,就应剔除这个结果,而以剩下 5 个的平均值作为结果。如果 5 个测定值中再有超过它们平均值 ±10% 的,则此组结果作废。试验结果精确至 0.1 MPa。

项目小结

无机胶凝材料是建筑物重要的组成材料，石灰、石膏、水玻璃、水泥等都是常见的无机胶凝材料。

石灰是一种以氧化钙为主要成分的气硬性无机胶凝材料，其保水性好、硬化慢、可塑性好，但是强度低、生石灰熟化时放出大量的热且体积膨胀，故生石灰必须充分熟化后才能使用，同时要注意防止过火石灰的危害。石灰常与黏土拌和制作三合土、灰土等，拌制砂浆，也常用作硅酸盐制品。

石膏主要化学成分为硫酸钙，其孔隙率大、保温性和吸声性好、凝结硬化快、耐水性差，常用作室内粉刷、制造石膏制品。

水玻璃俗称泡花碱，是一种水溶性硅酸盐。它黏结力强、耐热性好、耐酸能力强、耐碱性差，常用作土壤加固和配制快凝防水剂等。

硅酸盐水泥是一种水硬性胶凝材料，其基本成分为硅酸盐熟料，熟料的主要矿物成分为硅酸三钙、硅酸二钙、铝酸三钙和铁铝酸四钙。为改善水泥性能，调节水泥强度等级，增加水泥产量和降低成本，在硅酸盐水泥熟料中掺加适量的混合材，可制成各种掺混合材水泥。水泥的主要技术性质指标是细度、凝结时间、体积安定性和强度等。在建筑工程中常使用的其他品种水泥有中热硅酸盐水泥、低热矿渣硅酸盐水泥、抗硫酸盐硅酸盐水泥、快硬硅酸盐水泥、高铝水泥、膨胀水泥、石膏矿渣水泥、白色硅酸盐水泥和彩色硅酸盐水泥等。

技能考核题

一、填空题

1. 无机胶凝材料按硬化条件分为__________和__________。

2. 建筑石膏与水拌和后，最初是具有可塑性的浆体，随后浆体变稠失去可塑性，但尚无强度时的过程称为__________，以后逐渐变成具有一定强度的固体过程称为__________。

3. 从加水拌和直到浆体开始失去可塑性的过程称为__________。从加水拌和直到浆体完全失去可塑性的过程称为__________。

4. 规范对建筑石膏的技术要求有__________、__________和__________。

5. 水玻璃常用的促硬剂为__________。

6. 水泥强度等级42.5R中“R”代表__________。

7. 水泥净浆标准稠度用水量的测定方法有__________（标准法）、__________（代用法）两种。

8. 水泥安定性检验方法有__________（标准法）、__________（代用法）两种。

9. 通常以标准筛的筛余百分数或比表面积或粒度分布来表示__________，用于表示粉状物料的粗细程度。

10. 为测定水泥的凝结时间、体积安定性等性能,使其具有准确的可比性,水泥净浆以标准方法测试所达到统一规定的浆体的可塑性程度被称为________。

二、判断题

1. 石膏既耐热又耐火。 ( )
2. 石灰膏在贮液坑中存放两周以上的过程称为“淋灰”。 ( )
3. 石灰浆体的硬化按其作用分为干燥作用和碳化作用,碳化作用仅限于表面。 ( )
4. 水泥的强度等级按规定龄期的抗压强度来划分。 ( )
5. 水泥胶砂强度试验试件的龄期是从水泥加水搅拌开始试验时算起的。 ( )
6. 因为水泥是水硬性胶凝材料,所以运输和贮存时不怕受潮。 ( )
7. 生产水泥的最后阶段还要加入石膏,主要是为调整水泥的凝结时间。 ( )
8. 硅酸盐水泥初凝时间不小于45 min,终凝时间不大于390 min。 ( )
9. 凡氧化镁、三氧化硫、初凝时间、安定性中任一项不符合GB 175—2007标准规定时,均为废品。 ( )
10. 水泥试体带模养护的养护箱或雾室温度保持在(20 ± 1)℃,相对湿度不低于95%。 ( )

三、选择题

1. 下列关于灰土和三合土的描述错误的是( )。
   A. 消石灰粉与土、水泥等搅拌夯实成三合土
   B. 石灰改善了土的可塑性
   C. 石灰使三合土的强度得到改善
   D. 灰土可应用于建筑基础
2. 石灰不能单独使用的原因是硬化时( )。
   A. 体积膨化大　B. 体积收缩大　C. 放热量大　D. 耐水性差
3. 下面各项指标中,( )与建筑石膏的质量等级划分无关。
   A. 强度　B. 细度
   C. 凝结时间　D. 未消化残渣含量
4. 下列关于石膏的叙述,合理的是( )。
   A. 建筑石膏是a型半水石膏
   B. 高强石膏的晶粒较细
   C. 高强石膏掺入防水剂,可用于潮湿环境中
   D. 高强石膏调制成一定程度的浆体时需水量较多
5. ( )浆体在凝结硬化过程中,其体积发生微小膨胀。
   A. 石灰　B. 建筑石膏　C. 菱苦土　D. 水泥
6. 水泥出厂前取样时,下列不正确的取样规定是( )。
   A. 按同品种、同强度等级取样
   B. 袋装和散装水泥分别取样

C. 每一编号为一个取样单位

D. 同一生产线且不超过规定批量的水泥为一个取样单位

7. 硅酸盐水泥的基本组成材料不包括(　　)。

A. 水泥熟料　　B. 石膏　　C. 混合材　　D. 石英砂

8.《通用硅酸盐水泥》(GB 175—2007)标准中各强度等级水泥的(　　)龄期强度不得低于标准规定值。

A. 3 d　　B. 7 d　　C. 28 d　　D. 60 d

9. 水泥细度检验方法,80 μm 筛析试验称取试样(　　)。

A. 5 g　　B. 25 g　　C. 100 g　　D. 200 g

10. 硅酸盐水泥熟料中,水化速度最快的是(　　)。

A. 硅酸三钙　　B. 硅酸二钙　　C. 铝酸三钙　　D. 铁铝酸四钙

四、简答题

1. 气硬性胶凝材料与水硬性胶凝材料有何区别?

2. 何谓石灰的熟化和"陈伏"? 为什么要"陈伏"?

3. 石灰浆体是如何硬化的? 石灰有哪些特点? 其用途如何?

4. 使用石灰砂浆作为内墙粉刷材料,过了一段时间后,出现了凸出的呈放射状的裂缝,试分析原因。

5. 石膏为什么不宜用于室外?

6. 什么是水玻璃模数? 模数大的水玻璃有什么特性?

7. 什么是通用硅酸盐水泥?

8. 通用硅酸盐水泥的化学指标都包括哪些?

9. 影响凝结时间测定的因素是什么?

10. 水泥胶砂强度结果评定的原则是什么?

五、计算题

已测得某批普通水泥试件 3 d 的抗折强度和抗压强度达到 52.5 级水泥的强度等级指标要求,现测得其 28 d 的破坏荷载如下:

抗压破坏荷载:83.8 kN、84.5 kN、84.7 kN、86.8 kN、88.1 kN、89.0 kN;

抗折破坏荷载:2 960 N、3 030 N、3 640 N。

试评定该水泥的强度等级。

项目 3　水泥混凝土

知识目标

1. 了解混凝土的分类、性能特点及其发展趋势。
2. 掌握水泥混凝土各组成材料所起的作用及技术要求。
3. 掌握水泥混凝土和易性的含义和评价方法。
4. 掌握立方体抗压强度的含义、影响混凝土强度的因素及提高其强度的措施。
5. 理解混凝土耐久性能的含义及其影响因素。
6. 了解外加剂的种类与使用。

技能目标

1. 能进行砂子和石子的颗粒级配和粗细程度的检测。
2. 能按施工要求进行混凝土配合比设计及调整。
3. 能进行混凝土标准稠度的检测。
4. 能进行混凝土强度的检测。

任务 3.1　混凝土基本知识

3.1.1　混凝土的分类

混凝土简称“砼”，是指由胶凝材料、骨料和水按适当的比例配合、拌制成的混合物，经一定时间后硬化而成的人造石材。目前使用最多的是以水泥为胶凝材料的混凝土，称为水泥混凝土或普通混凝土。混凝土的种类很多，分类方法也很多。

3.1.1.1　按表观密度分类

（1）重混凝土。指表观密度大于 2 500 kg/m^3 的混凝土。常由重晶石和铁矿石配制而成，又称防辐射混凝土，主要用作核能工程的屏蔽结构材料。

（2）普通混凝土。指表观密度为 1 950 ~ 2 500 kg/m^3 的水泥混凝土。主要以砂、石子和水泥配制而成，是土木工程中最常用的混凝土品种。

（3）轻混凝土。指表观密度小于 1 950 kg/m^3 的混凝土。包括轻骨料混凝土、多孔混凝土和大孔混凝土等。主要用作轻质结构材料和绝热材料。

3.1.1.2　按胶凝材料的品种分类

混凝土通常根据主要胶凝材料的品种，并以其名称命名，如水泥混凝土、石膏混凝土、水玻璃混凝土、硅酸盐混凝土、沥青混凝土、聚合物混凝土等。有时也以加入的特种改性材料命名,如水泥混凝土中掺入钢纤维时,称为钢纤维混凝土;水泥混凝土中掺大量粉煤灰时则称为粉煤灰混凝土等。

3.1.1.3 按用途分类

混凝土按使用部位、功能和特性不同可分为结构混凝土、道路混凝土、水工混凝土、大体积混凝土、耐热混凝土、耐酸混凝土、防辐射混凝土、补偿收缩混凝土、防水混凝土、装饰混凝土及膨胀混凝土等。

3.1.1.4 按生产和施工方法分类

混凝土按生产和施工方法不同可分为泵送混凝土、喷射混凝土、碾压混凝土、挤压混凝土、压力灌浆混凝土、预拌混凝土、自密实混凝土等。

3.1.1.5 按抗压强度分类

混凝土按抗压强度不同可分为低强混凝土(抗压强度小于30 MPa)、中强混凝土(抗压强度30~60 MPa)、高强混凝土(抗压强度大于等于60 MPa)和超高强混凝土(抗压强度大于等于100 MPa)。

3.1.1.6 按拌和物形态分类

混凝土按拌和物形态不同可分为干硬性混凝土、半干硬性混凝土、塑性混凝土、流动性混凝土、高流动性混凝土、流态混凝土等。

3.1.1.7 按掺和料种类分类

混凝土按掺和料种类可分为粉煤灰混凝土、硅灰混凝土、矿渣混凝土、纤维混凝土等。

3.1.1.8 按每立方米水泥用量分类

混凝土按每立方米水泥用量不同可分为贫混凝土(水泥用量不超过170 kg)和富混凝土(水泥用量不小于230 kg)等。

3.1.2 普通混凝土的特点

普通混凝土是指以水泥为胶凝材料,砂子和石子为骨料,经加水搅拌、浇筑成型、凝结固化成具有一定强度的"人工石材",即水泥混凝土,是目前工程上使用量最大的混凝土品种。

3.1.2.1 普通混凝土的主要优点

(1)原材料来源丰富。混凝土中70%以上的材料是砂石料,属地方性材料,可就地取材,避免远距离运输,因而价格低廉。

(2)工程适应性强。通过调整各组成材料的品种和数量,特别是掺入不同外加剂和掺和料,可获得不同施工和易性、强度、耐久性或具有特殊性能的混凝土,满足工程上的不同要求。混凝土拌和物具有良好的流动性和可塑性,可根据工程需要浇筑成各种形状尺寸的构件及构筑物,既可现场浇筑成型,也可预制。

(3)抗压强度高。混凝土的抗压强度一般为7.5~60 MPa。当掺入高效减水剂和掺和料时，强度可达100 MPa以上。而且，混凝土与钢筋具有良好的匹配性，浇筑成钢筋混凝土后，可以有效地改善抗拉强度低的缺陷，使混凝土能够应用于各种结构部位。

（4）耐久性好。原材料选择正确、配合比合理、施工养护良好的混凝土具有优异的抗渗性、抗冻性和耐腐蚀性，且对钢筋有保护作用，可保持混凝土结构长期使用且性能稳定。

3.1.2.2 普通混凝土的主要缺点

（1）自重大。1 m^3混凝土重约2 400 kg，故结构物自重较大，对高层、超高层及大跨度建筑施工不利，导致地基处理费用增加。

（2）抗拉强度低，抗裂性差。混凝土的抗拉强度一般只有抗压强度的1/10～1/20，易开裂。

（3）收缩变形大。水泥水化凝结硬化引起的自身收缩和干燥收缩达500×10^{-6} m/m以上，易产生混凝土收缩裂缝。

（4）导热系数大，保温隔热性能较差。

（5）硬化较慢，生产周期长。

3.1.3 新型混凝土的发展

随着现代水泥工业、水泥加工工艺和施工技术的飞快发展，混凝土材料品种不断增多，因此新型混凝土材料在工程建设中的地位显得日益重要。在普通混凝土基础上，根据添加材料和施工工艺的不同，派生出名目繁多、性能各异、用途不一的新型混凝土。未来的新型混凝土一定具有比传统混凝土更高的强度和耐久性，能满足结构物力学性能、使用功能以及使用年限的要求，同时，还应具有与自然环境的协调性，减轻对地球和生态环境的负荷，实现非再生型资源可循环性使用。下面简单介绍几种常用的新型混凝土。

3.1.3.1 高性能混凝土（HPC）

高性能混凝土具有高强（60～100 MPa）和超高强（≥100 MPa）特性，可使混凝土结构尺寸大大减小，从而减轻结构自重和对地基的荷载，并减少材料用量，增加使用空间，大幅度地降低工程造价。高性能混凝土的高耐久性可增加对恶劣环境的抵御能力，延长建筑物的使用寿命，减少维修费用及对环境带来的影响，具有显著的社会效益和经济效益。

3.1.3.2 喷射混凝土

喷射混凝土是借助喷射机械，将速凝混凝土喷向岩石或结构物表面，使岩石或结构物得到加强和保护。喷射混凝土是由喷射水泥砂浆发展起来的，它主要用于矿山、竖井平巷、交通隧道、水工涵洞等地下建筑物和混凝土支护或喷锚支护，地下水池、油罐、大型管道的抗渗混凝土施工，各种工业炉衬的快速修补，混凝土构筑物的浇筑与修补等。喷射混凝土一般不用模板，有加快施工进度、强度增长快、密实性良好、施工准备简单、适应性较强等特点。

3.1.3.3　活性微粉混凝土(RPC)

活性微粉混凝土是一种超高强的混凝土,其立方体的抗压强度可达200~800 MPa,抗拉强度可达25~150 MPa,体积质量为2.5~3.0 t/m^3。制备这种混凝土使用微粉、极微粉材料,以达到最优堆积密度;添加钢纤维以改善其延性;在硬化过程中加压及加温,使其达到很高的强度。可将其设计成细长或薄壁的结构,以扩大建筑使用的自由度。

3.1.3.4　透明混凝土

透明混凝土是由匈牙利建筑师阿隆·罗索尼奇发明的,并通过展览迅速在业界传播。它由普通混凝土和玻璃纤维组成,是特殊的树脂和水泥的混合,具有高质量的透明度,可以透过光线。这种混凝土制成品极具多元化,如果使用大量颜色各异的树脂组合,可以折射出五彩斑斓的光芒,为建筑披上神奇的色彩。在瑞典的斯德哥尔摩,人们使用这种透明混凝土砖制作人行道,一般情况下,它和普通混凝土没有什么不同,到了晚上,埋设在下面的灯光透过它照射出来,有种朦胧的美感。

3.1.3.5　高性能纤维混凝土

高性能纤维混凝土具有防止或减少混凝土干固塑性形变时收缩引起的裂缝,改善混凝土长期工作性能,提高混凝土的变形能力和耐久性等特点,因此在建筑、交通、水利等方面有广泛的应用。纤维混凝土是纤维和水泥基料(水泥石、砂浆或混凝土)组成的复合材料的统称。纤维混凝土所用纤维,按其材料和性质可分为金属纤维、无机纤维、人造矿物纤维、有机纤维、植物纤维。纤维在纤维混凝土中的主要作用是提高抗拉极限强度,限制在外力作用下水泥基料中裂缝的扩展。当水泥基料发生开裂时,横跨裂缝的纤维则成为外力的主要承受者。与普通混凝土相比,纤维混凝土具有较高的抗拉极限强度与抗弯极限强度,尤以韧性的提高幅度最大。

3.1.3.6　低强混凝土

低强混凝土的抗压强度为8 MPa或更低。这种材料可用于基础、桩基的填、垫、隔离及作路基或填充孔洞,也可用于地下构造。在一些特定情况下,可用低强混凝土调整混凝土的相对密度、工作度、抗压强度、弹性模量等性能指标,而且不易产生收缩裂缝。这种混凝土可望在软土工程中得到发展应用。

3.1.3.7　轻质混凝土

利用天然轻骨料(如浮石、凝灰岩等)、工业废料轻骨料(如炉渣、粉煤灰陶粒、自燃煤矸石等)、人造轻骨料(页岩陶粒、黏土陶粒、膨胀珍珠岩等)制成的轻质混凝土,具有密度较小、相对强度高及保温、抗冻性能好等优点。利用工业废渣,如废弃锅炉煤渣、煤矿的煤矸石、火力发电站的粉煤灰等制备轻质混凝土,可降低混凝土的生产成本,并变废为宝,减少城市或厂区的污染,减少堆积废料占用的土地,对环境保护也是有利的。

3.1.3.8　自密实混凝土

自密实混凝土不需机械振捣,而依靠自重使混凝土密实。该种混凝土的流动度虽然高,但仍可以防止离析。这种混凝土的优点有:现场施工无振动噪声,可进行夜间施工,不扰民;对工人健康无害;混凝土质量均匀、耐久;钢筋布置较密或构件体型复杂时也易于浇筑;施工速度快,现场劳动量小。

3.1.3.9 再生骨料混凝土

新中国成立至今已逾60年,新中国成立前后修建的不少混凝土结构,因老化或随着经济的发展,需拆除重建,其拆除量十分巨大。在拆除的混凝土中,约有一半是粗骨料,应该考虑如何使之再生利用,以减少环境垃圾,变废为用。在荷兰的德尔夫特,一个住宅的方案中,所有的混凝土墙均利用了再生骨料,该方案下一步的计划是在混凝土楼板中也利用再生骨料。当然,在利用这些再生骨料时,需对这种混凝土的性能进行试验。

3.1.3.10 碾压混凝土

碾压混凝土近年发展较快,可用于大体积混凝土结构(如水工大坝、大型基础)、工业厂房地面、公路路面及机场跑道等。整个施工过程的机械化程度高,施工效率高,劳动条件好,可大量掺用粉煤灰。与普通混凝土相比,浇筑工期可缩短1/3~1/2,用水量可减少20%,水泥用量可减少30%~60%。碾压混凝土的层间抗剪性能是其被用来修建混凝土高坝的关键。在公路、工业厂房地面等大面积混凝土工程中,采用碾压混凝土,或者在碾压混凝土中再加入钢纤维,成为钢纤维碾压混凝土,则其力学性能及耐久性还可进一步改善。

3.1.3.11 智能混凝土

智能混凝土利用混凝土组成的改变,可克服混凝土的某些不利性质。例如,高强混凝土水泥用量多,水胶比低,加入硅灰之类的活性材料,硬化后的混凝土密实度好。但高强混凝土在硬化早期阶段,具有明显的自生收缩和孔隙率较高、易于开裂等缺点。解决这些问题的一个方法是,用掺量为25%的预湿轻骨料来替换骨料,从而在混凝土内部形成一个“蓄水器”,使混凝土得到持续的潮湿养护。这种加入“预湿骨料”的方法,可使混凝土的自生收缩大为降低,减少了微细裂缝的数量。

任务3.2 混凝土对水泥和水的要求

3.2.1 水泥的要求

3.2.1.1 水泥品种的选择

水泥品种应根据混凝土工程特点、施工条件、工程所处的环境来合理选用,如表3-1所示。在满足工程要求的前提下,可选用价格较低的水泥品种,以节约造价。

表3-1 常用水泥的选用

	混凝土工程特点或所处环境条件	优先选用	可以使用	不得使用
环境条件	在普通气候环境中的混凝土	普通硅酸盐水泥	矿渣硅酸盐水泥、火山灰质硅酸盐水泥、粉煤灰硅酸盐水泥	
	在干燥环境中的混凝土	普通硅酸盐水泥	矿渣硅酸盐水泥	火山灰质硅酸盐水泥、粉煤灰硅酸盐水泥
	在高湿度环境中或永远处在水下的混凝土	矿渣硅酸盐水泥	普通硅酸盐水泥、火山灰质硅酸盐水泥、粉煤灰硅酸盐水泥	
	严寒地区的露天混凝土、寒冷地区的处在水位升降范围内的混凝土	普通硅酸盐水泥	矿渣硅酸盐水泥	火山灰质硅酸盐水泥、粉煤灰硅酸盐水泥
	严寒地区处在水位升降范围内的混凝土	普通硅酸盐水泥		火山灰质硅酸盐水泥、粉煤灰硅酸盐水泥、矿渣硅酸盐水泥
	受侵蚀性环境水或侵蚀性气体作用的混凝土	根据侵蚀性介质的种类、浓度等具体条件按专门(或设计)规定选用		
	厚大体积的混凝土	粉煤灰硅酸盐水泥、矿渣硅酸盐水泥	普通硅酸盐水泥、火山灰质硅酸盐水泥	硅酸盐水泥、快硬硅酸盐水泥
工程特点	要求快硬的混凝土	快硬硅酸盐水泥、硅酸盐水泥	普通硅酸盐水泥	矿渣硅酸盐水泥、火山灰质硅酸盐水泥、粉煤灰硅酸盐水泥
	高强(大于C60)的混凝土	硅酸盐水泥	普通硅酸盐水泥、矿渣硅酸盐水泥	火山灰质硅酸盐水泥、粉煤灰硅酸盐水泥
	有抗渗性要求的混凝土	普通硅酸盐水泥、火山灰质硅酸盐水泥		不宜使用矿渣硅酸盐水泥
	有耐磨性要求的混凝土	硅酸盐水泥、普通硅酸盐水泥	矿渣硅酸盐水泥	火山灰质硅酸盐水泥、粉煤灰硅酸盐水泥

3.2.1.2 水泥强度等级的选择

水泥强度等级应与混凝土的设计强度等级相适应，即高强高配、低强低配。不掺减水剂和掺和料的混凝土，一般水泥强度等级为混凝土强度等级的1.5~2.0倍，配制高强度混凝土（不小于C60）时，水泥强度等级为混凝土强度等级的0.9~1.5倍。

为综合考虑混凝土强度、耐久性和经济性的要求，原则上低强度等级的水泥不能用于配制高强度等级的混凝土，否则水泥的使用量较大，硬化后将产生较大的收缩，影响混凝土的强度和经济性；高强度等级的水泥不宜用于配制低强度等级的混凝土，否则水泥的使用量小，砂浆量不足，混凝土的黏聚性差。

对于高强和超高强混凝土，由于采取了特殊的施工工艺，并使用了高效外加剂，因此强度不受上述比例限制。

3.2.2 混凝土拌和用水

混凝土拌和用水按水源可分为饮用水、地表水、地下水、海水，以及经适当处理或处置后的工业废水。

符合国家标准的生活饮用水，可不经检验拌制各种混凝土。地表水和地下水首次使用前，应按《混凝土用水标准》（JGJ 63—2006）的规定进行检验。海水可用于拌制素混凝土，但不得用于拌制钢筋混凝土和预应力混凝土。有饰面要求的混凝土不应用海水拌制。混凝土生产厂及商品混凝土厂设备的洗刷水，可用作拌和混凝土的部分用水，但要注意洗刷水所含水泥和外加剂品种对所拌和混凝土的影响，且最终拌和水中氯化物、硫酸盐及硫化物的含量应满足表3-2的要求。工业废水经检验合格后可用于拌制混凝土，否则必须予以处理，合格后方能使用。

水的pH、不溶物、可溶物、氯化物、硫酸盐、碱的含量应符合表3-2的规定。

表3-2 混凝土用水中物质含量限值

项目	预应力混凝土	钢筋混凝土	素混凝土
pH	≥5.0	≥4.5	≥4.5
不溶物(mg/L)	≤2 000	≤2 000	≤5 000
可溶物(mg/L)	≤2 000	≤5 000	≤10 000
氯化物(以 Cl^- 计)(mg/L)	≤500	≤1 000	≤3 500
硫酸盐(以 SO_4^{2-} 计)(mg/L)	≤600	≤2 000	≤2 700
碱含量(mg/L)	≤1 500	≤1 500	≤1 500

注：1. 使用钢丝或热处理钢筋的预应力混凝土中氯化物含量不得超过350 mg/L。

2. 未经处理的海水严禁用于钢筋混凝土和预应力混凝土中。

3. 当骨料具有碱活性时，混凝土用水不得采用混凝土企业生产设备洗刷水。

对水质怀疑时，对检验水与蒸馏水分别做水泥凝结时间和砂浆或混凝土强度对比试验。试验所得的水泥初凝时间差及终凝时间差均不得大于30 min，其初凝时间和终凝时间还应符合国家标准的规定。用待检验水配制的水泥砂浆或混凝土的28 d抗压强度（若有早期抗压强度要求，需增加7 d抗压强度）不得低于用蒸馏水（或符合国家标准的生活饮用水)拌制的对应砂浆或混凝土抗压强度的90%。

任务3.3 细骨料的检测

骨料又称集料,在混凝土中主要起骨架、支撑和稳定体积(减少水泥在凝结硬化时的体积变化)的作用。

骨料按粒径大小及其在混凝土中所起的作用不同可分为细骨料和粗骨料。

3.3.1 细骨料的定义和分类

水泥混凝土用细骨料是指粒径为0.16~4.75 mm的颗粒,通常指砂。混凝土用砂可分为天然砂和人工砂两类。

天然砂按产源分为河砂、湖砂、山砂、海砂。河砂、湖砂颗粒比较圆滑、质地坚硬,也比较洁净;山砂颗粒多棱角,表面粗糙,容易含较多黏土和有机质,质地较差;海砂内含有贝壳碎片及可溶性氯盐、硫酸盐等有害成分,一般情况下不直接使用。建设工程一般采用河砂作细骨料。

人工砂是由天然石料粉碎加工而成的,分为机制砂和混合砂。人工砂棱角多,片状颗粒多,且石粉多,成本也高。人工砂作为建筑用砂之一,随着生产和应用技术的成熟、环境保护的需要,将得到发展。

3.3.2 技术要求和技术指标

砂按技术要求分为Ⅰ类、Ⅱ类、Ⅲ类,各项指标应符合国家标准《建设用砂》(GB/T 14684—2011)的规定。

Ⅰ类宜用于强度等级大于C60的混凝土;Ⅱ类宜用于强度等级C30~C60及抗冻、抗渗或其他要求的混凝土;Ⅲ类宜用于强度等级小于C30的混凝土和建筑砂浆。

3.3.2.1 砂的表观密度、堆积密度和空隙率

河砂的表观密度一般为2 500~2 600 kg/m^3,表观密度越大,砂颗粒结构越密实,强度越高。

自然状态下松散干砂的堆积密度一般为1 400~1 600 kg/m^3,振实后可达1 600~1 700 kg/m^3。

天然河砂的空隙率为40%~45%,级配良好的砂的空隙率可小于40%。

3.3.2.2 有害物质及含量限制

所谓有害物质,是指在混凝土中妨碍水泥的水化、消弱骨料与水泥的黏结、与水泥的水化产物进行化学反应并产生有害膨胀的物质。细骨料中的有害物质包括泥、泥块、石粉、云母、轻物质、硫化物、硫酸盐、氯离子、贝壳及有机质等。砂中有害物质对混凝土的危害见表3-3。

表 3-3　砂中有害物质对混凝土的危害

有害物质	对混凝土的主要危害
泥、泥块	影响混凝土强度，增大干缩，降低抗冻、抗渗、耐磨性
云母	使混凝土内部出现大量未胶结的软弱面，降低混凝土强度
氯盐	腐蚀混凝土中的钢筋，导致混凝土体积膨胀，造成开裂
有机质	影响水泥的水化，降低混凝土强度尤其是早期强度
硫酸盐、硫化物	生成钙矾石，产生膨胀性破坏
轻物质	混凝土表面因膨胀而剥落破坏

《建设用砂》（GB/T 14684—2011）中对砂中含泥量、泥块含量及石粉含量的要求见表3-4，对有害物质含量的要求见表 3-5。

表 3-4　石粉含量、含泥量及泥块含量的要求（GB/T 14684—2011）

类别		Ⅰ类	Ⅱ类	Ⅲ类
含泥量（按质量计，%）		≤1.0	≤3.0	≤5.0
泥块含量（按质量计，%）		0	≤1.0	≤2.0
石粉含量（%）	MB≤1.4（合格）	≤10.0		
	MB>1.4（不合格）	≤1.0	≤3.0	≤5.0

表 3-5　砂中的有害物质含量的要求（GB/T 14684—2011）

项目	指标		
	Ⅰ类	Ⅱ类	Ⅲ类
云母含量（按质量计，%）	≤1.0	≤2.0	
轻物质含量（按质量计，%）	≤1.0		
硫化物及硫酸盐含量（折算成 SO_3 按质量计，%）	≤0.5		
有机物含量（用比色法试验）	合格		
氯化物（以氯离子质量计，%）	≤0.01	≤0.02	≤0.06
贝壳（按质量计，%）	≤3.0	≤5.0	≤8.0

注：1. 有抗冻、抗渗要求的混凝土用砂，其云母含量应≤1.0%。

2. 当砂中含有颗粒状的硫酸盐或硫化物杂质时，应进行专门检验，确认能满足混凝土耐久性要求后方可采用。

3. 贝壳含量只适用于海砂，其他品种不做要求。

3.3.2.3　坚固性

砂的坚固性是指砂在气候或其他物理化学因素作用下抵抗破坏的能力。坚固性试验用硫酸钠饱和溶液渗入砂粒缝隙后结晶检验，经 5 次干湿循环后，其质量损失应符合规定。Ⅰ类、Ⅱ类砂和有抗渗、抗冻及其他特殊要求的混凝土用砂质量损失≤8.0%，Ⅲ类≤10.0%。

3.3.2.4　砂的粗细程度及颗粒级配

1. 砂的粗细程度

砂的粗细程度指不同粒径大小的砂混合后总体砂的粗细程度，有粗砂、中砂、细砂和特细砂等。在配制混凝土时，当砂用量一定时，如果采用粗砂，其总表面积小，因此需要包裹砂颗粒表面的水泥浆量少；采用细砂时，则其总表面积增大，在混凝土中需要包裹砂粒表面的水泥浆量多，因此当混凝土拌和物的和易性一定时，用粗砂拌制混凝土所需水泥用量比用细砂节省。但是在拌制混凝土时，并不是砂子越粗越好，砂子太粗，会导致混凝土泌水、离析等现象，从而影响混凝土的和易性。所以，拌制混凝土的砂不宜过细，也不宜过粗。

2. 砂的颗粒级配

砂的颗粒级配是指不同粒径的砂粒搭配比例。在混凝土中砂粒之间的空隙由水泥浆所填充，为了达到节约水泥和提高强度的目的，就应尽量减小砂粒之间的空隙。良好的级配指粗颗粒的空隙恰好由中颗粒填充，中颗粒的空隙恰好由细颗粒填充，如此逐级填充使砂形成最致密的堆积状态，空隙率达到最小值，堆积密度达最大值。这将有利于改善拌和物的和易性和硬化体的稳定性，并节约水泥用量。

3. 粗细程度和颗粒级配的评定

在配制混凝土时，砂的粗细程度和颗粒级配应同时考虑。

砂的粗细程度和颗粒级配常用筛分析法进行测定。用级配区表示砂的级配，用细度模数表示砂的粗细。

根据《建设用砂》(GB/T 14684—2011)，筛分析是用一套孔径为9.5 mm、4.75 mm、2.36 mm、1.18 mm、600 μm、300 μm和150 μm的标准筛，将500 g干砂由粗到细依次过筛，称量各筛上的筛余量m_i(g)，计算各筛上的分计筛余百分率a_i(%)(各筛上的筛余量占砂样总质量的百分率)，再计算累计筛余百分率A_i(%)(各筛与比该筛粗的所有筛的分计筛余百分率之和)。然后按式(3-1)计算砂的细度模数。

$$M_x = \frac{(A_2 + A_3 + A_4 + A_5 + A_6) - 5A_1}{100 - A_1} \tag{3-1}$$

例：某砂样的筛析结果及细度模数如表3-6所示。

表3-6　某砂样筛析及计算结果

筛孔尺寸(mm)	分计筛余		累计筛余百分率(%)
	质量(g)	百分率(%)	
4.75	$m_1=25$	$a_1=5$	$A_1=5$
2.36	$m_2=65$	$a_2=13$	$A_2=18$
1.18	$m_3=125$	$a_3=25$	$A_3=43$
0.60	$m_4=95$	$a_4=19$	$A_4=62$
0.30	$m_5=100$	$a_5=20$	$A_5=82$
0.15	$m_6=70$	$a_6=14$	$A_6=96$
底盘	$m_{底}=20$		
总计	500		
$M_x=\frac{(18+43+62+82+96)-5\times5}{100-5}=2.91$			

细度模数越大,砂子越粗。根据细度模数 M_x 大小将砂分类:$M_x > 3.7$,为特粗砂;$M_x = 3.1 \sim 3.7$,为粗砂;$M_x = 3.0 \sim 2.3$,为中砂;$M_x = 2.2 \sim 1.6$,为细砂;$M_x = 1.5 \sim 0.7$,为特细砂。

砂的细度模数只反映砂子总体上的粗细程度,并不能反映级配的优劣。细度模数相同的砂子其级配可能有很大差别。

砂子的颗粒级配好坏直接影响堆积密度,各种粒径的砂子在量上合理搭配,可使堆积起来的砂子空隙达到最小,因此级配是否合格是砂子的一个重要技术指标。

砂的颗粒级配用级配区表示。根据0.60 mm筛孔对应的累计筛余百分率 A_4,分成Ⅰ区、Ⅱ区和Ⅲ区三个级配区,见表3-7。

表3-7　砂的颗粒级配区范围

筛孔尺寸(mm)	累计筛余百分率(%)		
	Ⅰ区	Ⅱ区	Ⅲ区
4.75	10~0	10~0	10~0
2.36	35~5	25~0	15~0
1.18	65~35	50~10	25~0
0.60	85~71	70~41	40~16
0.30	95~80	92~70	85~55
0.15	100~90	100~90	100~90

级配良好的粗砂应落在Ⅰ区;级配良好的中砂应落在Ⅱ区;级配良好的细砂则应落在Ⅲ区。实际使用的砂颗粒级配可能不完全符合要求,除了4.75 mm和0.60 mm对应的累计筛余百分率外,其余各档允许有5%的超界,当某一筛档累计筛余百分率超界5%以上时,说明砂级配很差,视作不合格。

以累计筛余百分率为纵坐标,筛孔尺寸为横坐标,根据表3-7的级配区可绘制Ⅰ、Ⅱ、Ⅲ级配区的筛分曲线,如图3-1所示。在筛分曲线上可以直观地分析砂的颗粒级配优劣。

Ⅰ区的砂子偏粗,保水能力差,适合于配"富混凝土"和低流动性混凝土;当采用Ⅰ区砂时,应提高砂率,并保持足够的水泥用量,满足混凝土的和易性。Ⅱ区砂粗细适中,级配良好,工艺性能好;配制混凝土时宜优先选用Ⅱ区砂。Ⅲ区砂偏细,配制的混凝土黏聚性大,保水性好,使用不当易增加混凝土的干缩量,产生微裂纹,当采用Ⅲ区砂时宜适当降低砂率。

当采用特细砂时,应符合相应的规定。

当砂的颗粒级配不符合要求时,可采用人工掺配的方法来改善,即将粗、细砂按适当比例进行掺和使用。

3.3.3　砂的检测

3.3.3.1　砂取样及试样处理

1.取样批的确定

(1)购料单位取样,一列火车、一批货船或一批汽车所运的产地和规格均相同的砂或

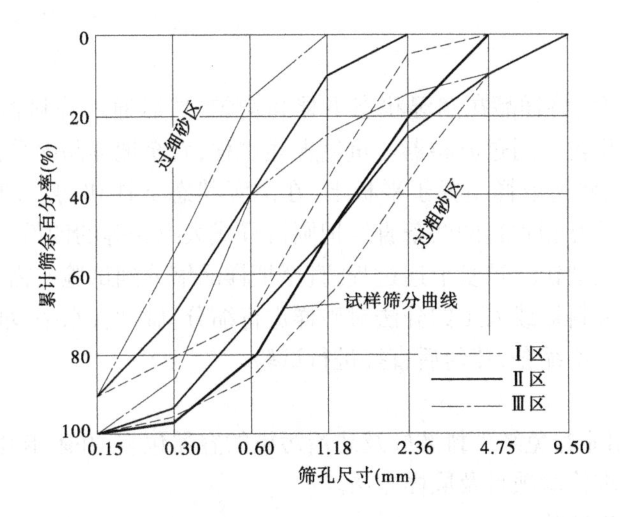

图 3-1 混凝土用砂的级配曲线

石为一批,总数不超过 400 m^3或 600 t。

(2)在料堆上取样时,一般也以 400 m^3或 600 t 为一批。

(3)以人工生产或用小型工具(如拖拉机等)运输的砂,以产地和规格均相同的 200 m^3或 300 t 为一批。

(4)每验收批至少应进行颗粒级配、含泥量、泥块含量检验。对重要工程或特殊工程应根据工程要求增加检测项目。对其他指标的合格性有怀疑时应予检验。

2. 取样方法

(1)在料堆上取样时,取样部位应均匀分布。取样前应先将取样部位的表层铲除,然后在顶部和底部各由均匀分布的四个不同部位抽取大致相等的试样 8 份,组成一个试样。

(2)在皮带运输机上取样时,应在皮带机机尾的出料处用接料器定时抽取砂 4 份组成一组样品。

(3)从火车、汽车、货船上取样时,应从不同部位和深度抽取大致相等的试样 8 份,组成一个试样。

3. 取样数量

表 3-8 为砂常规单项试验的最小取样数量。对于每一单项试验,取样数量应不少于最少取样数量。需做几项试验时,如确能保证试样经一项试验后,不至于影响另一项试验的结果,可用一组试样进行几项不同的试验,具体根据需要确定,若做全项检验,应不少于 50 kg。

表 3-8 砂常规单项试验最小取样数量

序号	试验项目	最少取样数量(kg)
1	颗粒级配	4.4
2	含泥量	4.4
3	泥块含量	20.0
4	表观密度	2.6
5	松散堆积密度与空隙率	5.0

4. 试样的处理

1)试样的缩分

(1)用分料器缩分:将样品在潮湿状态下拌和均匀,然后通过分料器,留下两个接料斗中的一份,将另一份再次通过分料器。重复上述过程,直至把样品缩分到试验所需量。

(2)人工四分法:将所取样品置于平板上,在潮湿状态下拌和均匀,并堆成厚度约为20 mm的圆饼,然后沿互相垂直的两条直线把圆饼分成大致相等的四份,取其中对角线的两份重新拌匀,再堆成圆饼。重复上述过程,直至把样品缩分到试验所需量。

试验前,可采用分料器或人工四分法对砂样进行缩分;做砂含水率、堆积密度、紧密密度试验时,所用试样可不缩分,拌匀后直接进行试验。

2)试样的包装

每组试样应采用能避免细骨料散失及防治污染的容器包装,并附卡片标明试样编号、产地、规格、质量、要求检验项目及取样方法。

3.3.3.2 砂的筛分析试验

1. 试验目的

测定砂的颗粒级配,计算砂的细度模数,以评定砂的粗细程度,为混凝土配合比设计提供依据。

2. 仪器与设备

方孔筛一套(孔径为9.5 mm、4.75 mm、2.36 mm、1.18 mm、600 μm、300 μm、150 μm的标准筛,以及筛的底盘和盖各一个)、电子天平(称量1 000 g,感量1 g)、烘箱、托盘和毛刷等。

3. 试样制备

取回试样,然后将砂样通过9.5 mm筛,并算出筛余百分率。然后称取每份不少于550 g的试样两份,分别倒入两个浅盘中,在(105 ±5)℃的温度下烘干至恒重,冷却至室温备用。

4. 试验步骤

(1)将标准筛按由上到下、筛孔按由大到小的顺序套装在筛的底盘上。

(2)准确称取烘干试样500 g,精确至1 g。倒入组装好的套筛上,盖好筛盖。

(3)将套筛装入摇筛机内固紧,筛分时间为10 min左右;然后取出套筛,再按筛孔大小顺序,在清洁的浅盘上逐个进行手筛,直至每分钟的筛出量不超过试样总量的0.1%,通过的颗粒并入下一个筛中,并和下一个筛中试样一起过筛,按这样顺序过筛,直至每个筛全部筛完。

(4)分别称取各筛筛余量(精确至1 g),试样在各号筛上的筛余量均不得超过按式(3-2)计算的量。所有各筛的分计筛余量和底盘中剩余量之和与筛分前砂样总量相比,其差值不得超过1%。

$$G = \frac{A\sqrt{d}}{200} \tag{3-2}$$

式中 G——在一个筛上的剩余量,g;

d——筛孔尺寸,mm;

A——筛的面积,mm^2。

若试样在各号筛上的筛余量超过上述计算结果,则应将该筛余试样分成两份,再次进行筛分,并以其筛余量之和作为该筛余量。

5. 试验结果计算及要求

(1)记录各号筛上筛余量(精确至1 g),并计算分计筛余百分率(各号筛的筛余量与试样总量之比)(精确至0.1%)。

(2)计算累计筛余百分率(该号筛的分计筛余百分率加上该号筛以上各分计筛余百分率之和)(精确至0.1%)。筛分后,如每号筛的筛余量与筛底的剩余量之比和同原试样质量之差超过1%,应重新试验。砂的细度模数按式(3-1)计算,精确至0.01。

(3)累计筛余百分率取两次试验结果的算术平均值,精确至1%。细度模数取两次试验结果的算术平均值作为测定值,精确至0.1。如两次试验的细度模数之差超过0.20,应重新试验。

3.3.3.3 砂的含泥量检测

1. 试验目的

混凝土用砂的含泥量对混凝土的技术性能有很大影响,故在拌制混凝土时应对建筑用砂含泥量进行试验,为普通混凝土配合比设计提供原材料参数。

试验依据为国家标准《建设用砂》(GB/T 14684—2011)和建设部行业标准《普通混凝土用砂、石质量及检验方法标准》(JGJ 52—2006)。

2. 仪器设备

(1)天平:称量1 kg,感量0.1 g。

(2)烘箱:能使温度控制在(105±5)℃。

(3)筛:孔径75 μm和1.18 mm的筛各一个。

(4)洗砂用的容器及烘干用的浅盘、毛刷等。

3. 试样制备

按规定取样,并将试样用四分法缩分至约1 100 g,置于温度为(105±5)℃的烘箱中烘干至恒重。冷却至室温,分为大致相等的两份备用。

4. 试验步骤

(1)滤洗:称取试样500 g。置于容器中,注入清水,使水面约高出试样面150 mm。充分拌匀后,浸泡2 h。然后用手在水中淘洗砂样,使尘屑、淤泥和黏土与砂粒分离并使之悬浮或溶于水中。将筛子用水湿润,将1.18 mm的筛套在75 μm的筛子上,将浑浊液缓缓倒入套筛,滤去粒径小于75 μm的颗粒。在整个过程中严防砂粒丢失,再次向筒中加水,重复淘洗过滤,直到筒内洗出的水清澈为止。

(2)烘干称量:用水冲洗留在筛上的细粒,将75 μm的筛放在水中,使水面略高出砂粒表面,来回摇动,以充分洗除粒径小于0.080 mm的颗粒。仔细取下筛余的颗粒,与筒内已洗净的试样一并装入浅盘。置于温度为(105±5)℃的烘箱中烘干至恒重。冷却至室温后,称其质量(m_1),精确至0.1 g。

5. 试验结果计算及要求

(1)砂的含泥量按式(3-3)计算,精确至0.1%。

$$Q_n = \frac{m_0 - m_1}{m_0} \times 100\% \tag{3-3}$$

式中　Q_n——砂的含泥量(%)；

m_0——试验前的烘干试样质量，g；

m_1——试验后的烘干试样质量，g。

(2)以两次试验结果的算术平均值作为测定值，如两次试验结果的差值超过0.5%，结果无效，须重做试验。

3.3.3.4　砂的泥块含量测定

1. 试验目的

测定混凝土用砂的泥块含量。试验依据为国家标准《建设用砂》(GB/T 14684—2011)和建设部行业标准《普通混凝土用砂、石质量及检验方法标准》(JGJ 52—2006)。

2. 仪器设备

(1)天平：称量1 kg，感量0.1 g。

(2)烘箱：能使温度控制在(105 ±5)℃。

(3)筛：孔径600 μm和1.18 mm筛各一只。

(4)洗砂用的容器及烘干用的浅盘、毛刷等。

3. 试样制备

按规定取样，并将试样缩分至约5 000 g，置于温度在(105 ±5)℃的烘箱中烘干至恒重。冷却至室温，筛除粒径小于1.18 mm的颗粒，分为大致相等的两份备用。

4. 试验步骤

(1)称取试样200 g，精确至0.1 g。将试样倒入淘洗容器中，注入清水，使水面高于试样表面约150 mm，充分搅拌均匀后，浸泡24 h。然后在水中用手碾碎泥块，再把试样放在600 μm筛上，用水淘洗，直至容器内的水目测清澈。

(2)将保留下来的试样小心地从筛中取出，装入浅盘后，放在干燥箱中于(105 ±5)℃下烘干至恒量，待冷却至室温后，称出其质量(m_1)，精确至0.1 g。

5. 试验结果计算及要求

(1)砂的泥块含量按式(3-4)计算，精确至0.1%。

$$Q_m = \frac{m_0 - m_1}{m_0} \times 100\% \tag{3-4}$$

式中　Q_m——砂的泥块含量(%)；

m_0——试样在孔径为1.18 mm筛的筛余质量，g；

m_1——试验后的烘干试样质量，g。

(2)以两次试验结果的算术平均值作为测定值，精确至0.1%。

任务3.4　粗骨料的检测

3.4.1　粗骨料的定义和分类

水泥混凝土用的粗骨料是指粒径大于4.75 mm的岩石颗粒。常用的粗骨料有碎石及卵石两种。碎石是天然岩石、卵石或矿山废石经机械破碎、筛分制成,粒径大于4.75 mm的岩石颗粒。卵石是由自然风化、水流搬运和分选、堆积而成,粒径大于4.75 mm的岩石颗粒。卵石按产源可分为河卵石、海卵石、山卵石等,其中河卵石应用较多。

与卵石相比,碎石颗粒多棱角且表面粗糙,在水胶比相同的条件下,用碎石拌制的混凝土流动性较小,但碎石与水泥的黏结强度较高,制得的混凝土强度较高。因此,配制高强度混凝土时通常都采用碎石。

卵石与碎石各具特点,应根据就地取材的原则选用。在卵石储量大、质量好的地区,应优先考虑使用卵石;在缺少卵石的地区或要求混凝土等级较高时,宜采用碎石。

3.4.2　技术要求和技术指标

《建设用卵石、碎石》(GB/T 14685—2011)将卵石、碎石分为Ⅰ类、Ⅱ类和Ⅲ类。Ⅰ类用于强度等级大于C60的混凝土;Ⅱ类用于强度等级C30～C60的混凝土;Ⅲ类用于强度等级小于C30的混凝土。卵石、砌石对水泥混凝土用粗骨料的主要技术要求和技术指标做了具体规定,见表3-9。

表3-9　卵石、碎石质量控制指标(GB/T 14685—2011)

项目	指标		
	Ⅰ类	Ⅱ类	Ⅲ类
含泥量(按质量计,%),<	0.5	1.0	1.5
泥块含量(按质量计,%),<	0	0.5	0.7
针、片状颗粒(按质量计,%),<	5	15	25
有机物	合格	合格	合格
硫化物及硫酸盐(按SO_3质量计,%),<	0.5	1.0	1.0
坚固性指标,质量损失(%),<	5	8	12
碎石压碎指标(%),<	10	20	30
卵石压碎指标(%),<	12	16	16

3.4.2.1　含泥量和泥块含量

粗骨料中含泥量是指粒径小于75 μm的颗粒含量百分数,泥块含量指粒径大于4.75 mm经水浸洗、手捏后粒径小于2.36 mm的颗粒含量百分数。其含量应符合标准要求。

3.4.2.2　有害物质含量

粗骨料中的有害物质主要指有机物、硫酸盐及硫化物,它们对混凝土技术性质的影响与细骨料的情况基本相同,其含量应符合标准要求。另外,粗骨料中严禁混入煅烧过的白云石或石灰石块。对重要工程的混凝土所使用的石子,还应进行碱活性检验。

3.4.2.3　表面状态与颗粒形状

水泥混凝土用粗骨料一方面要求表面粗糙、接近球形或立方体形状,在水泥用量与用水量相同的情况下,碎石混凝土比卵石混凝土的强度高10%左右;另一方面要严格限制针状、片状颗粒含量。

卵石和碎石颗粒的长度大于该颗粒所属相应粒级平均粒径2.4倍者为针状颗粒；厚度小于平均粒径0.4倍者为片状颗粒（平均粒径指该粒级上、下限粒径的平均值）。针状、片状颗粒在受力时易折断，影响混凝土强度，增大骨料间空隙率，使混凝土拌和物的和易性变差。卵石和碎石的针状、片状含量应符合标准要求。

3.4.2.4 骨料的强度

为了保证粗骨料在混凝土中的骨架和支撑作用，粗骨料颗粒本身必须具有足够的强度。碎石的强度可用岩石抗压强度和压碎值两种方法表示；卵石的强度可用压碎值表示。

（1）岩石抗压强度。将待测岩石制成50 mm×50 mm×50 mm的立方体或ϕ50 mm×50 mm的圆柱体试件，在水饱和状态下，测定其极限抗压强度值。抗压强度，岩浆岩应不小于80 MPa，变质岩应不小于60 MPa，沉积岩应不小于30 MPa。

（2）压碎值指标。压碎值是指将一定质量的规定粒级的风干试样，在压力机上按规定的方法加荷，测定被压碎试样的质量占其总质量的百分比。压碎值越小，表示石子抗压碎能力越强。压碎值应符合标准要求。

3.4.2.5 骨料的坚固性

坚固性是指卵石或碎石在自然风化和其他外界物理化学因素作用下抵抗破裂的能力。对于有抗冻要求的混凝土所用的粗骨料，必须测定其坚固性。

坚固性采用硫酸钠溶液法进行试验，试样经5次循环后，其质量损失应符合标准要求。

3.4.3 粗骨料最大粒径及颗粒级配

3.4.3.1 最大粒径

粗骨料中公称粒级的上限称为该粒级的最大粒径。例如，当采用5～40 mm的粗骨料时，此骨料的最大粒径为40 mm。骨料的粒径越大，其总表面积越小，包裹其表面所需的水泥浆量减少，可节约水泥；在和易性和水泥用量一定的条件下，能减少用水量而提高强度和耐久性。

正确合理地选用粗骨料的最大粒径，要综合考虑结构物的种类、构件截面尺寸、钢筋最小净距和施工条件等因素。《混凝土质量控制标准》（GB 50164—2011）规定，混凝土粗骨料的最大公称粒径不得大于构件截面最小尺寸的1/4，同时不得大于钢筋间最小净距的3/4。对于混凝土实心板，最大粒径不宜超过板厚的1/3且不得大于40 mm。对于大体积混凝土，粗骨料的最大公称粒径不宜小于31.5 mm；高强混凝土最大公称粒径不宜大于25 mm；对于泵送混凝土，碎石的最大粒径与输送管内径之比，不宜大于1∶3，卵石不宜大于1∶2.5。粒径过大，对运输和搅拌都不方便，容易造成混凝土离析、分层等质量问题。

3.4.3.2 颗粒级配

粗骨料的颗粒级配决定混凝土粗、细骨料的整体级配，对混凝土的和易性、强度和耐久性起决定性作用。特别是拌制高强度混凝土时，粗骨料级配更为重要。

粗骨料的级配同样采用筛分法确定，所用标准方孔筛筛孔边长分别为2.36 mm、4.75 mm、9.50 mm、16.0 mm、19.0 mm、26.5 mm、31.5 mm、37.5 mm、53.0 mm、63.0 mm、75.0

mm 及 90.0 mm 12 个筛子。分计筛余百分率和累计筛百分率计算均与砂的相同。

粗骨料的级配分为连续级配和间断级配两种。采石场按供应方式不同,将石子分为连续粒级和单粒级两种。《建设用卵石、碎石》(GB/T 14685—2011)对碎石或卵石的颗粒级配规定见表 3-10。

表 3-10　碎石或卵石的颗粒级配范围(GB/T 14685—2011)

级配情况	公称粒级(mm)	累计筛余百分率(按质量计,%)											
		筛孔尺寸(方孔筛,mm)											
		2.36	4.75	9.50	16.0	19.0	26.5	31.5	37.5	53.0	63.0	75.0	90.0
连续级配	5~10	95~100	80~100	0~15	0	—	—	—	—	—	—	—	—
	5~16	95~100	85~100	30~60	0~10	0	—	—	—	—	—	—	—
	5~20	95~100	90~100	40~80	—	0~10	0	—	—	—	—	—	—
	5~25	95~100	90~100	—	30~70	—	0~5	0	—	—	—	—	—
	5~31.5	95~100	90~100	70~90	—	15~45	—	0~5	0	—	—	—	—
	5~40	—	95~100	75~90	—	30~65	—	—	0~5	0	—	—	—
单粒级配	10~20	—	95~100	85~100	—	0~15	0	—	—	—	—	—	—
	16~31.5	—	95~100	—	85~100	—	—	0~10	0	—	—	—	—
	20~40	—	—	95~100	—	80~100	—	—	0~10	0	—	—	—
	31.5~63	—	—	—	95~100	—	—	75~100	45~75	—	0~10	—	
	40~80	—	—	—	—	95~100	—	—	70~100	—	30~60	0~10	0

连续级配是按颗粒尺寸由小到大,每级骨料都占有一定的比例。连续级配颗粒级差小,配制混凝土拌和物和易性好,不易发生离析,应用较广泛。间断级配是人为剔除某些粒级颗粒,大颗粒的空隙之间由比它小得多的颗粒去填充,可最大限度地发挥骨料的骨架作用,减少水泥用量,但混凝土拌和物易产生离析现象,增加施工困难,一般工程中应用较少。单粒级配一般不单独使用,主要用于组合成满足要求的连续级配。

3.4.4　粗骨料检测

3.4.4.1　石子取样及试样处理

1. 取样批的确定

(1)购料单位取样,一列火车、一批货船或一批汽车所运的产地和规格均相同的砂或石为一批,总数不超过 400 m³或 600 t。

(2)在料堆上取样时,一般也以 400 m³或 600 t 为一批。

(3)以人工生产或用小型工具(如拖拉机等)运输的石子,以产地和规格均相同的 200 m³或 300 t 为一批。

(4)每验收批至少应进行颗粒级配、含泥量、泥块含量,以及针、片状颗粒含量检验。对重要工程或特殊工程,应根据工程要求增加检测项目。对其他指标的合格性有怀疑时应予检验。

2. 取样方法

(1)在料堆上取样时,取样部位应均匀分布。取样前应先将取样部位的表层铲除,然后在顶部和底部各由均匀分布的四个不同部位抽取大致相等的试样16份,组成一个试样。

(2)在皮带运输机上取样时,应在皮带机机尾的出料处用接料器定时抽取石子8份,组成一组样品。

(3)从火车、汽车、货船上取样时,应从不同部位和深度抽取大致相等的试样16份,组成一个试样。

3. 取样数量

碎石和卵石常规单项试验的最少取样数量见表3-11。对于每一单项试验,应不小于最少取样的数量。需做几项试验时,如确能保证试样经一项试验后,不致影响另一项试验的结果,可用一组试样进行几项不同的试验。根据需要确定,若做全项检验,应不少于50 kg。

表3-11 碎石或卵石的常规单项试验的最少取样数量 (单位:kg)

试验项目	最大粒径(mm)							
	10	16	20	25	31.5	40	63	80
筛分析	10	15	20	20	30	40	60	80
表观密度	8	8	8	8	12	16	24	24
堆积密度、紧密密度	40	40	40	40	80	80	120	120
含泥量	8	8	24	24	40	40	80	80
泥块含量	8	8	24	24	40	40	80	80
含水率	2	2	2	2	3	3	4	6
吸水率	8	8	16	16	16	24	24	32
针、片状含量	1.2	4	8	8	20	40	—	—

注:压碎指标、坚固性及有机物含量检验,应按试验要求的粒级及数量取样。

4. 试样的处理

(1)试样的缩分。将每组样品置于平板上,在自然状态下拌混均匀,并堆成锥体,然后沿互相垂直的两条直径把锥体分成大致相等的四份,取其对角的两份重新拌匀,再堆成锥体,重复上述过程,直至缩分后的材料量略多于进行试验所必需的量。

碎石或卵石的含水率、堆积密度、紧密密度检验所用的试样,不经缩分,拌匀后直接进行试验。

(2)试样的包装。每组试样应采用能避免骨料散失及防止污染的容器包装,并附卡片标明试样编号、产地、规格、质量、要求检验项目及取样方法。

3.4.4.2 碎石或卵石的压碎指标值试验

1.试验目的

本试验用于测定碎石或卵石抵抗压碎的能力,以间接地推测其相应的强度。

2.测定前的准备工作

标准试样一律应采用10~20 mm的颗粒,并在气干状态下进行试验。试验前,先将试样筛去10 mm以下及20 mm以上的颗粒,再用针状规准仪和片状规准仪剔除其针状和片状颗粒,然后称取每份3 kg的试样3份备用。

3.试验步骤

(1)置圆筒于底盘上,取试样1份,分2层装入筒内。每装完1层试样后,在底盘下面垫放一直径为10 mm的圆钢筋,将筒按住,左右交替颠击地面各25下。第2层颠实后,试样表面距盘底的高度应控制在100 mm左右。

(2)整平筒内试验表面,把加压头装好(注意应使加压头保持平正),放到试验机上,在160~300 s内均匀地加荷到200 kN,稳定5 s,然后卸荷,取出测定筒。倒出筒中的试样并称其质量(m_0),用孔径为2.50 mm的筛筛除被压碎的细粒,称量剩留在筛上的试样质量(m_1)。

4.结果评定

碎石或卵石的压碎指标值δ_a,应按下式计算(精确至0.1%)

$$\delta_a = \frac{m_0 - m_1}{m_0} \times 100\% \tag{3-5}$$

式中 δ_a——压碎值指标(%);

m_0——试样的质量,g;

m_1——压碎试验后筛余的试样质量,g。

3.4.4.3 碎石或卵石中针状和片状颗粒的总含量试验

1.试验目的

测定粒径大于4.75 mm的碎石或卵石中针、片状颗粒的总含量,用于评价粗骨料的形状,推测抗压碎能力,以评定其工程性质。

2.主要仪器与设备

(1)水泥混凝土骨料针状规准仪和片状规准仪。

(2)天平:感量不大于称量值的0.1%。

(3)台秤:称量10 kg,感量10 g。

(4)标准套筛:孔径分别为4.75 mm、9.5 mm、16 mm、19 mm、26.5 mm、31.5 mm、37.5 mm的标准筛。

3.试样制备

试验前,将来样在室内风干至表面干燥,并用四分法缩分至规定的数量(见表3-12),称量(m_0),然后筛分成规定的粒级备用。

表 3-12　碎石或卵石针、片状试验所需的试样最少质量

最大粒径(mm)	10.0	16.0	20.0	25.0	31.5	40.0 以上
试样最少质量(kg)	0.3	1	2	3	5	10

4. 试验步骤

(1)按规定的粒级选用规准仪,孔宽或间距见表 3-13。逐粒对试样进行鉴定,凡颗粒长度大于针状规准仪上相对应间距者,为针状颗粒。厚度小于片状规准仪上相应孔宽者,为片状颗粒。

表 3-13　针、片状试验的粒级划分及其相应的规准仪孔宽或间距

粒级(mm)	5～10	10～16	16～20	20～25	25～31.5	31.5～40
片状规准仪上相对应的孔宽(mm)	3	5.2	7.2	9	11.3	14.3
针状规准仪上相对应的间距(mm)	18	31.2	43.2	54	67.8	85.8

(2)粒径大于 40 mm 的碎石或卵石可用卡尺鉴定其针、片状颗粒,卡尺卡口的设定宽度应符合表 3-14 的规定。

表 3-14　粒径大于 40 mm 粒级颗粒卡尺卡口的设定宽度

粒级(mm)	40～63	63～80
鉴定片状颗粒的卡口宽度(mm)	20.6	28.6
鉴定针状颗粒的卡口宽度(mm)	123.6	171.6

(3)称量由各粒级挑出的针状颗粒和片状颗粒的总质量(m_1)。

5. 试验结果计算及要求

水泥混凝土用碎石或卵石中针、片状颗粒含量计算公式为

$$Q_e = \frac{m_1}{m_0} \times 100\% \qquad (3\text{-}6)$$

式中　Q_e——试样针、片状颗粒含量(%);

m_1——试样中针、片状颗粒的总质量,g;

m_0——试样总质量,g。

任务 3.5　混凝土的外加剂

混凝土外加剂是一种在混凝土搅拌之前或拌制过程中加入的、用以改善新拌混凝土

和硬化混凝土性能的材料，有粉状和液体两种形态，是有机、无机或复合的混合物，掺量一般不大于水泥质量的5%。其特性是用量少，但性质改变量大。

3.5.1　外加剂的分类

混凝土外加剂按其主要使用功能分为以下四类，其中减水剂是混凝土外加剂中最主要的品种：

(1)改善混凝土拌和物流变性能的外加剂，品种包括减水剂(高性能减水剂、高效减水剂、普通减水剂)、泵送剂等。

(2)调节混凝土凝结时间、硬化性能的外加剂，品种包括缓凝剂、促凝剂、速凝剂、早强剂等。

(3)改善混凝土耐久性的外加剂，品种包括引气剂、防水剂、阻锈剂和矿物外加剂等。

(4)改善混凝土其他性能的外加剂，品种包括膨胀剂、防冻剂、着色剂、絮凝剂等。

3.5.2　外加剂作用

混凝土外加剂是水泥混凝土组分中除水泥、砂、石、掺和料、水以外的第六种组成部分。随着建筑工程向高层化、大荷载、大跨度、大体积、快速、经济、节能及绿色方向发展，外加剂已经成为现代混凝土不可缺少的组成部分，掺加优质外加剂已成为混凝土配制的一条必经技术途径。

外加剂除能提高混凝土质量和施工工艺水平外，应用不同类型外加剂，可起到如下一种或几种作用：

(1)改善混凝土或砂浆拌和物的施工和易性，满足施工需要。用于提高混凝土流动性，延缓混凝土凝结，减少拌和物离析，改善混凝土泵送性能，减少混凝土坍落度损失，解决商品混凝土远距离运输的需要。

(2)提高混凝土的强度及其他物理力学性能，满足设计要求。在混凝土配制中，用低强度等级水泥配制高强度的混凝土。

(3)节约水泥或代替特种水泥。

(4)加速混凝土早期强度的发展，加快施工进度，缩短工期。

(5)缩短热养护时间或降低热养护温度，节省能源。

(6)调节混凝土的凝结硬化速度。

(7)调节混凝土的含气量，改善混凝土的内部毛细孔结构，提高抗渗性能、耐久性能、可泵送性，改善泌水性。

(8)降低混凝土初期水化热或延缓水化放热，满足大体积混凝土等的施工需要。

(9)改善混凝土拌和物泌水性。

(10)防止新拌混凝土的冻害，促使负温下混凝土强度增长，满足冬期混凝土施工的需要。

(11)提高混凝土耐侵蚀性盐类的腐蚀。如氯盐、硫酸盐对硬化混凝土的侵蚀。

(12)减弱或抑制碱－骨料反应。降低或防止碱－骨料反应对硬化混凝土的破坏。

(13)减少或补偿混凝土收缩，提高混凝土抗裂性。配制微膨胀混凝土、大体积混凝土、膨胀带混凝土、后浇带混凝土、防水混凝土。

(14)提高混凝土中钢筋的抗锈蚀能力。

(15)改善混凝土泵送性能,提高可泵性。

(16)提高骨料与砂浆界面的黏结力,提高钢筋与混凝土的握裹力。

(17)改变混凝土的颜色,配制彩色混凝土。

3.5.3 常用外加剂

不同种类的外加剂在混凝土中有不同的作用机制,主要对水泥水化产生不同作用。以混凝土主要使用的减水剂类外加剂为主体的多数混凝土外加剂属于表面活性剂,在混凝土拌和物中起到改变表面张力、湿润渗透、分散、乳化、增容、起泡等基本作用。几类典型外加剂的作用机制如下。

3.5.3.1 减水剂

1. 概念

减水剂是使混凝土拌和物达到同样坍落度时,用水量明显减少的外加剂,又可称为塑化剂。

2. 常用减水剂

(1)木质素磺酸盐减水剂:木钙(M型减水剂)、木钠、木镁。

(2)多环芳香族磺酸盐系减水剂(萘系):萘或萘的同系物的磺酸盐与甲醛的缩合物。

(3)水溶性树脂系减水剂。

3. 减水机制

减水剂是一种表面活性剂,其分子由亲水基团和憎水基团两部分组成,它加入水溶液中后,其分子中的亲水基团指向溶液,憎水基团指向空气、固体或非极性液体并作定向排列,形成定向吸附膜,降低水的表面张力和两相间的界面张力。水泥加水后,由于水泥颗粒间分子凝聚力等因素,形成絮凝结构(见图3-2(a))。当水泥浆体中加入减水剂后,其憎水基团定向吸附于水泥质点表面,亲水基团指向水溶液,在水泥颗粒表面形成单分子或多分子吸附膜,并使之带有相同的电荷,在静电斥力作用下,使絮凝结构解体(图3-2(b)),被束缚在絮凝结构中的游离水释放出来,由于减水剂分子吸附产生的分散作用,使混凝土的流动性显著增加。减水剂还使水泥颗粒表面的溶剂化层增厚(见图3-2(c)),在水泥颗粒间起到润滑作用。

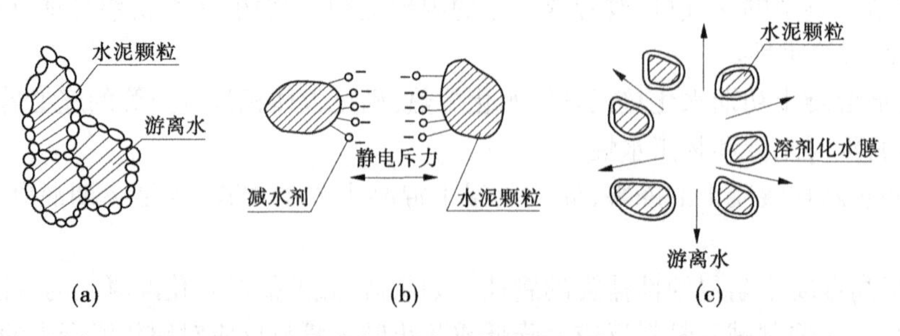

图3-2 减水剂的作用机制

4.减水剂的作用

(1)改善性能(工作性、耐久性):在保持用水量不变的情况下,掺减水剂可使混凝土坍落度增大10~20 cm,使困难的浇筑变得方便容易。

(2)提高强度:在保持和易性不变的情况下,掺减水剂可使混凝土的单位用水量减少5%~30%,这意味着有效地降低了水胶比,从而可能较大幅度地提高混凝土的早期或后期强度,也提高了混凝土的密度性和耐久性。

(3)节约水泥:在保持混凝土强度不变以及和易性不变的情况下,掺减水剂在减少用水量的同时按水胶比不变的原则,减少水泥用量,从而节约水泥。一般可以节约水泥5%~20%。

3.5.3.2 早强剂

能加速混凝土早期强度(1 d、3 d、7 d)的发展,并对后期强度无显著影响的外加剂,称为早强剂。

早强剂可加速混凝土硬化,缩短养护周期,加快施工进度,提高模板周转率。多用于冬季施工或紧急抢修工程,使混凝土在短时间内即能达到要求的强度。

常用的早强剂有氯盐类、硫酸盐类、有机胺类和复合早强剂。为防止氯化钙对钢筋锈蚀,在混凝土结构中应限制其掺量,不得在预应力混凝土结构,以及直接接触酸、碱或其他侵蚀性介质的混凝土结构工程中使用。在实际使用中,早强剂复合掺加比单独掺加效果好。因此,应用较多的是由多种组分配成的复合早强剂,尤其是早强剂与减水剂复合使用效果最好。

3.5.3.3 缓凝剂

缓凝剂是能延长混凝土凝结时间的外加剂。

常用缓凝剂的主要种类有:羟基羧酸及其盐类;含糖碳水化合物类,如糖蜜、葡萄糖、蔗糖等;无机盐类,如硼酸盐、磷酸盐、锌盐等;木质素磺酸盐类,如木钙、木钠等。

缓凝剂的使用:缓凝剂主要用于高温季节混凝土、大体积混凝土、泵送混凝土施工以及远距离运输的商品混凝土。缓凝剂不宜用于日最低气温5 ℃以下施工的混凝土,也不宜用于有早强要求的混凝土和蒸养混凝土。

3.5.3.4 速凝剂

速凝剂是掺入混凝土中能使混凝土迅速凝结硬化的外加剂。它们的作用是加速水泥的水化硬化,在很短的时间内形成足够的强度,以保证特殊施工的要求。其掺用量仅占混凝土中水泥用量的2%~5%,却能使混凝土在5 min内初凝,10 min内终凝,1 h就可产生强度,1 d强度提高2~3倍,但后期强度会下降,28 d强度为不掺时的80%~90%。速凝剂主要有无机盐类和有机物类两类。我国常用的速凝剂是无机盐类,主要型号有红星Ⅰ型、7Ⅱ、728型、8604型等。速凝剂的速凝早强作用机制是使水泥中的石膏变成Na_2SO_4,失去缓凝作用,从而促使C_3A迅速水化,并在溶液中析出其水化产物晶体,导致水泥浆迅速凝固。速凝剂主要应用于矿山井巷、铁路隧道、引水涵洞、地下工程的喷射混凝土。

3.5.3.5 引气剂

引气剂是指在搅拌混凝土过程中能引入大量均匀分布、稳定而封闭的微小气泡的外加剂。主要有松香热聚物、松香皂和烷基苯磺酸盐等。

引气剂的掺量虽然很小,但对混凝土性能影响很大。其主要有以下影响:

(1)改善混凝土拌和物的和易性。

(2)显著提高混凝土的抗渗性、抗冻性。

(3)降低混凝土强度。

引气剂常应用于抗渗、抗冻、抗硫酸盐侵蚀的混凝土,泌水严重的混凝土,轻混凝土及有饰面要求的混凝土,但不应用预应力混凝土及蒸养混凝土。

3.5.3.6 防水剂

防水剂是指能提高硬化混凝土在静水压力下的不透水性能的外加剂。主要类型有减水类、引气类、三乙醇胺类、有机质类、无机质类(三氯化铁、水玻璃、硅质粉末)和复合类等。复合类防水剂多组分共同作用,优势互补,使混凝土抗渗防水能力得到提高。

3.5.3.7 膨胀剂

膨胀剂是指能使混凝土产生体积微膨胀的外加剂,用于防水混凝土、补偿收缩混凝土、接缝、地脚螺栓灌浆及自应力混凝土。主要类型有硫铝酸钙类和石灰类。

3.5.3.8 防冻剂

防冻剂是指在规定温度下,能显著降低混凝土冰点,使混凝土的液相在较低温度下不冻结或仅轻微冻结,保证胶凝材料水化,加速混凝土硬化,使之在规定时间内和养护条件下达到预期强度的外加剂。目前,工程上使用较多的是复合防冻剂,即同时兼具了防冻、早强、引气、减水等多种性能,以提高防冻剂的防冻效果,并不影响或降低混凝土的其他性能。

3.5.3.9 泵送剂

泵送剂对混凝土具有增塑、缓凝、减水、引气、增强的作用,减少新拌混凝土坍落时的损失作用。泵送剂能显著提高混凝土拌和物的和易性,在常压和压力条件下也有较高的稳定性。掺用泵送剂能大幅提高混凝土的流动性、黏聚性,降低黏滞性,减小混凝土与输送管道壁的摩阻力,使其顺利通过输送管而不阻塞、不离析、不泌水,有利于长距离运输和高程高温泵送施工。

3.5.4 外加剂的选择和使用

混凝土外加剂是在混凝土拌和过程中掺入的,并能按要求改善混凝土性能的材料。外加剂品种的选择,应根据使用外加剂的主要目的,通过技术经济比较确定。外加剂的掺量应按其品种并根据使用要求、施工条件、混凝土原材料等因素通过试验确定。外加剂的掺量(按固体计算)应以水泥质量的百分率表示,称量误差不应超过规定计量的2%。所用的粗、细骨料,应符合国家现行有关标准的规定。掺用外加剂混凝土的制作和使用,还应符合国家现行的混凝土外加剂质量标准,以及有关的标准、规范的规定。

在混凝土搅拌过程中,外加剂的掺加方法对外加剂的使用效果影响较大,也影响了外加剂的掺量。如减水剂掺加方法大体分为先掺法(在拌和水之前掺入)、同掺法(与拌和水同时掺入)、滞水法(在搅拌过程中减水剂滞后于水2~3 min加入)、后掺法(在拌和后经过一定时间才按1次或几次加入到具有一定含量的混凝土拌和物中,再经2次或多次搅拌)。使用萘系高效减水剂用后掺法为好;使用木钙类减水剂用同掺法为好。根据不同的掺加法，经试拌确定外加剂的掺量。

任务3.6 混凝土拌和物的技术性质

混凝土的各种组成材料按一定的比例配合、搅拌而成的尚未凝固的材料，称为混凝土拌和物，又称新拌混凝土。混凝土拌和物的主要技术性质是和易性，具备良好和易性的混凝土拌和物，有利于施工和获得均匀而密实的混凝土，从而保证混凝土的强度和耐久性。

3.6.1 和易性的概念

和易性是指混凝土拌和物在各工序（搅拌、运输、浇筑、捣实）施工中易于操作，能保持其组成成分均匀，不发生分层离析、泌水等现象，并能获得质量均匀、密实的混凝土的性能。和易性是一项综合技术性能，包括流动性、黏聚性和保水性三个方面。

3.6.1.1 流动性

流动性指混凝土拌和物在自重或机械振捣力的作用下，能产生流动并均匀密实地充满模板的性能。流动性的大小反映拌和物的稀稠程度，直接影响着浇捣施工的难易和混凝土的质量。

（1）拌和物太稠，难以振捣，易造成内部孔隙。

（2）拌和物过稀，会分层离析，影响混凝土的均匀性。

3.6.1.2 黏聚性

黏聚性指混凝土拌和物内部组分间具有一定的黏聚力，在运输和浇筑过程中不致发生离析分层现象，而使混凝土能保持整体均匀的性能。黏聚性差的混凝土拌和物，易发生分层离析，硬化后产生“蜂窝”“空洞”等缺陷，影响混凝土的强度和耐久性。

3.6.1.3 保水性

保水性指混凝土拌和物具有一定的保持内部水分的能力，在施工过程中不致产生严重的泌水现象。保水性差的混凝土拌和物，在施工过程中，一部分水从内部析出至表面，在混凝土内部形成泌水通道，使混凝土密实性变差，降低混凝土的强度和耐久性，其内部固体颗粒下沉，影响水泥水化。

混凝土的和易性是一项由流动性、黏聚性、保水性构成的综合性能，各性能之间互相关联又互相矛盾。流动性很大时，往往黏聚性和保水性差；反之亦然。黏聚性好，一般保水性较好。因此，所谓的拌和物和易性良好，就是使这三方面的性能，在某种具体条件下得到统一，达到均为良好的状况。

3.6.2 和易性的评价

混凝土拌和物的和易性难以用一种简单的测定方法和指标来全面恰当地表达。根据我国现行标准《普通混凝土拌合物性能试验方法标准》（GB/T 50080—2011）规定，用坍落度与坍落扩展度和维勃稠度来测定混凝土拌和物的流动性，并辅以直观经验来评定黏聚性和保水性，进而评定和易性。

3.6.2.1 坍落度法

坍落度法适用于骨料最大公称粒径不大于 40 mm,坍落度值不小于 10 mm 的塑性混凝土流动性的测定。如图 3-3 所示,将混凝土拌和物按规定的试验方法装入坍落筒内,然后按规定方法在 5 ~10 s 内垂直提起坍落筒,测量筒高与坍落后混凝土试体最高点之间的高差,即为新拌混凝土的坍落度,以 mm 为单位(精确至 5 mm)。

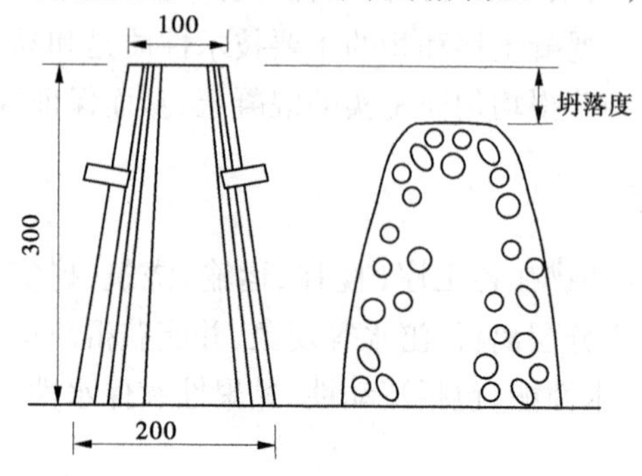

图 3-3 坍落度的测定 (单位:mm)

坍落度越大,流动性越好。根据混凝土拌和物坍落度的级别,按表 3-15 将混凝土进行分级。

表 3-15 混凝土拌和物坍落度等级划分(GB 50164—2011)

级别	名称	坍落度(mm)
S_1	低塑性混凝土	10 ~ 40
S_2	塑性混凝土	50 ~ 90
S_3	流动性混凝土	100 ~ 150
S_4	大流动性混凝土	160 ~ 210
S_5	超流动性混凝土	≥220

在测定坍落度的同时,辅以直观定性评价的方法评价黏聚性和保水性。

(1)黏聚性评价。用捣棒在已坍落的拌和物锥体侧面轻轻敲打,如果锥体逐步下沉,表示黏聚性良好;如果突然倒塌,部分崩裂或石子离析,则为黏聚性不好。

(2)保水性评价。当提起坍落度筒后如有较多的稀浆从底部析出,锥体部分的拌和物也因失浆而骨料外露,则表明保水性不好。如坍落度筒提起后无稀浆或稀浆较少,则表明保水性良好。

3.6.2.2 坍落扩展度法

坍落扩展度法适用于骨料最大公称粒径不大于 40 mm,坍落度值大于 220 mm 的大流动性混凝土的稠度测定。

坍落扩展度试验是在坍落度试验的基础上,用钢尺测量混凝土扩展后最终的最大直径和最小直径,在这两个直径之差小于 50 mm 的条件下,用其算术平均值作为坍落扩展度值;否则,此次试验无效。

如果发现粗骨料在中央集堆或边缘有水泥浆析出,表示此混凝土拌和物抗离析性不好,应予记录。

3.6.2.3 **维勃稠度法**

维勃稠度法适用于骨料最大公称粒径不大于 40 mm,坍落度值小于 10 mm 的干硬性混凝土流动性的测定。

将坍落度筒放在直径为 40 mm、高度为 200 mm 的圆筒中,圆筒安装在专用的振动台上,按坍落度试验的方法将新拌混凝土装入坍落度筒内后再拔去坍落度筒,并在新拌混凝土顶上置一透明圆盘。开动振动台并记录时间,从开始振动至透明圆盘底面被水泥浆布满瞬间止,所经历的时间,即为新拌混凝土的维勃稠度值,以 s 计(精确至 1 s)维勃稠度仪见图 3-4。

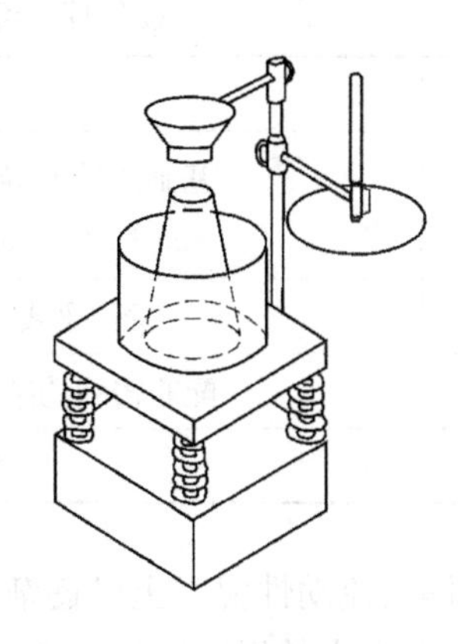

图 3-4 维勃稠度仪

根据混凝土拌和物维勃稠度值的大小,混凝土可按表 3-16 进行分级。

表 3-16 混凝土拌和物维勃稠度等级划分(GB 50164—2011)

等级	维勃时间(s)	名称
V_0	≥31	超干硬性混凝土
V_1	30~21	特干硬性混凝土
V_2	20~11	干硬性混凝土
V_3	10~6	半干硬性混凝土
V_4	5~3	低干硬性混凝土

3.6.3 流动性的选择

混凝土拌和物流动性的选择原则是在保证施工条件及混凝土浇筑质量的前提下,尽可能采用较小的流动性,以节约水泥并获得均匀密实的高质量混凝土。具体可按以下情况选用:

(1)结构构件类型及截面尺寸大小。构件截面尺寸较大时,选用较小的坍落度。

(2)结构构件的配筋疏密。钢筋较疏时,选用较小的坍落度。

(3)输送方式及施工捣实方法。机械振捣时,选用较小的坍落度;人工振捣时,选用较大的坍落度。

根据《混凝土结构工程施工质量验收规范》(GB 50204—2015)的规定,混凝土浇筑的坍落度宜按表 3-17 选用。

表 3-17　混凝土浇筑时的坍落度(GB 50204—2015)　　(单位:mm)

序号	结构种类	坍落度
1	基础或地面等的垫层、无配筋的大体积结构(挡土墙、基础等)或配筋稀疏的结构	10～30
2	板、梁或大型及中型截面的柱子等	30～50
3	配筋密列的结构(薄壁、斗仓、筒仓、细柱等)	50～70
4	配筋特密的结构	70～90

目前,流动性混凝土已逐渐被施工单位接受并取得了较好的施工效果。一般情况下,流动性混凝土的坍落度为 100～150 mm,泵送高度较大以及在炎热气候下施工可采用的混凝土坍落度为 150～180 mm 或更大一些。

3.6.4　影响新拌混凝土和易性的因素

影响混凝土拌和物和易性的因素很多,归结起来主要包括组成材料的性质、材料用量比例、环境条件及施工工艺等四个方面。

3.6.4.1　组成材料性质的影响

1. 水泥品种的影响

水泥对和易性的影响主要表现在水泥的需水性上。水泥品种不同,其标准稠度用水量也不同,对混凝土流动性影响也不同。不同水泥拌制的混凝土的和易性由好至坏依次为粉煤灰水泥—普通水泥、硅酸盐水泥—矿渣水泥(流动性大,但黏聚性差)—火山灰水泥(流动性差,但黏聚性和保水性好)。

同种水泥当其用量一定时,水泥颗粒越细,其总表面积越大;相同条件下,混凝土的黏聚性和保水性好,流动性就差。

2. 骨料性质的影响

骨料对混凝土拌和物和易性的影响包括骨料的种类、粗细程度和颗粒级配。河砂和卵石表面光滑无棱角,拌制的混凝土拌和物流动性比碎石拌制的好。采用最大粒径较大、级配良好的骨料,可以减少包裹骨料表面和填充骨料空隙所需的水泥浆量,提高混凝土拌和物的流动性。

3. 外加剂和掺和料的影响

外加剂(如减水剂、引气剂等)对混凝土的和易性有很大的影响。少量的外加剂能使混凝土拌和物在不增加水泥用量的条件下,获得良好的和易性。不仅流动性显著增加,而且还有效地改善拌和物的黏聚性和保水性。掺入硅灰等矿物掺和料,可以节约水泥,减少用水量,改善拌和物的和易性。

3.6.4.2　组成材料用量比例的影响

1. 水泥浆数量的影响

水泥浆的作用为填充骨料空隙,包裹骨料形成润滑层,增加流动性。

混凝土拌和物在保持水胶比不变的情况下,水泥浆用量越多,流动性越大;反之越小。

但水泥浆用量过多，黏聚性及保水性变差，对强度及耐久性产生不利影响。水泥浆用量过小，黏聚性差。因此，水泥浆不能用量太少，但也不能太多，以满足拌和物流动性、黏聚性、保水性要求为宜。

2. 水胶比

当水泥浆用量一定时，水泥浆的稠度取决于水胶比大小。水胶比（W/B）为用水量与胶凝材料质量之比。当水胶比过小时，水泥浆干稠，拌和物流动性过低，给施工造成困难。水胶比过大，水泥浆稀使拌和物的黏聚性和保水性变差，产生流浆及离析现象，并严重影响混凝土的强度。因此，水胶比大小应根据混凝土强度和耐久性要求合理选用，取值范围为0.40～0.75。

无论是水泥浆的数量还是水泥浆的稠度，实际上对混凝土拌和物流动性起决定作用的是单位体积用水量的多少。在配制混凝土时，若所用粗、细骨料种类及比例一定，水胶比在一定范围内（0.4～0.8）变动时，为获得要求的流动性，所需拌和用水量基本是一定的。即骨料一定时，混凝土的坍落度只与单位用水量有关。

3. 砂率

砂率是指混凝土中砂的质量占砂、石总质量的百分率。砂率的改变会使骨料的总表面积和总空隙率都有显著的变化。砂率过大，空隙率及总表面积大，拌和物干稠，流动性小；砂率过小，砂浆数量不足，流动性降低，且影响黏聚性和保水性，故砂率大小影响拌和物的工作性及水泥用量。

当砂率适宜时，砂不但能填满石子的空隙，而且还能保证粗骨料间有一定厚度的砂浆层，以减小粗骨料的滑动阻力，使拌和物有较好的流动性，这个适宜的砂率称为合理砂率。

当采用合理砂率时，在用水量及水泥用量一定的情况下，能使混凝土拌和物获得最大的流动性，且能保持黏聚性及保水性良好；或者在保证混凝土拌和物获得所要求的流动性及良好的黏聚性及保水性时，水泥用量为最少，如图3-5所示。

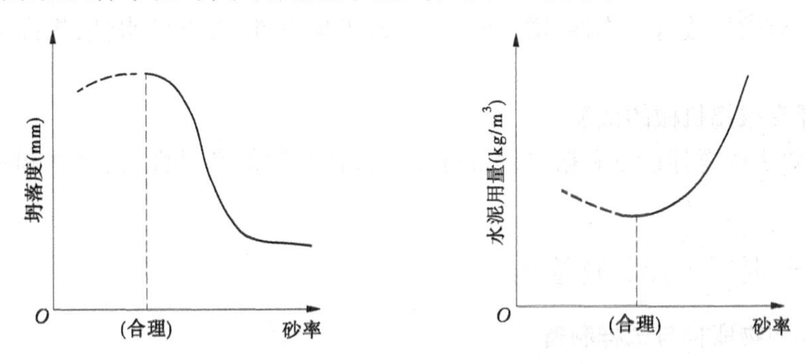

图3-5 砂率与坍落度和水泥用量的关系

3.6.4.3 环境条件

（1）温度。拌和物的流动性随温度的升高而减小。因为温度升高，水分蒸发及水化反应加快，相应坍落度下降。因此，夏季施工必须采取相应的保湿措施，避免拌和物坍落度大幅度损失而影响混凝土的施工工作性。

（2）风速和湿度。风速和大气湿度会影响拌和物水分的蒸发速率，因而影响拌和物的坍落度。风速越大,大气湿度越小,拌和物坍落度的损失越快。时间延长,水分蒸发,坍落度下降。

(3)时间。拌和物的流动性随着时间的延长而逐渐减小的现象称作坍落度的损失。产生坍落度损失的主要原因是拌和物中一部分水参与了胶凝材料的水化反应,另一部分水被骨料表面吸收,还有部分水蒸发了。

3.6.4.4 施工工艺

(1)搅拌方式。混凝土的搅拌分机械搅拌和人工搅拌两种形式。在较短的时间内,搅拌得越完全越彻底,混凝土拌和物的和易性越好。混凝土施工通常宜采用强制式搅拌机搅拌。同样的配合比设计,机械搅拌比人工搅拌效果好。

(2)搅拌时间。实际施工中,搅拌时间不足,拌和物的工作性就差,质量也不均匀;适当延长搅拌时间,可以获得较好的和易性;但搅拌时间过长,会有坍落度损失,流动性反而降低。严重时会影响混凝土的浇筑和捣实。

3.6.5 改善新拌混凝土和易性的措施

3.6.5.1 调节混凝土的材料组成

(1)采用适宜的水泥品种和掺和料。

(2)改善砂、石(特别是石子)的级配,尽量采用总表面积和空隙率均较小的良好级配。

(3)采用合理砂率,并尽可能使用较低的砂率,提高混凝土质量和节约水泥。

(4)当拌和物坍落度太小时,保持水胶比不变,增加适量的水泥浆;当拌和物坍落度太大时,保持砂率不变,增加适量的砂、石用量。

3.6.5.2 掺加各种外加剂

在拌和物中加入少量外加剂(如减水剂、引气剂等),能使拌和物在不增加水泥浆用量的条件下,有效地改善工作性,增大流动性,改善黏聚性,降低泌水性,提高混凝土的耐久性。

3.6.5.3 提高振捣机械的效能

采用高效率的搅拌设备和振捣设备可以改善拌和物的和易性,提高拌和物的浇捣质量。

3.6.6 普通混凝土拌和物检测

3.6.6.1 拌和物取样与试样制备

1.取样

(1)混凝土拌和物试验用料取样应根据不同要求,从同一盘搅拌或同一车运送的混凝土中取出;取样量应多于试验所需的量的1.5倍,且不小于20 L。

(2)混凝土拌和物的取样应具有代表性,宜采用多次采样的方法。一般在同一盘混凝土或同一车混凝土中的约1/4处、1/2处和3/4处之间分别取样,从第一次取样到最后一次取样不宜超过15 min,然后人工搅拌均匀。

(3)从取样完毕到开始做各项性能试验不宜超过5 min。

2. 试样的制备

(1)在实验室制备混凝土拌和物时,拌和时实验室的温度应保持在(20±5)℃,所用材料的温度应与实验室温度保持一致。需要模拟施工条件下所用的混凝土时,所用原材料的温度宜与施工现场保持一致。

(2)实验室拌和混凝土时,材料用量应以质量计。称量精度:骨料为±1%,水、水泥、掺和料、外加剂均为±0.5%。

(3)混凝土拌和物的制备应符合《普通混凝土配合比设计规定》(JGJ 55—2011)中的有关规定。

(4)从试样制备完毕到开始做各项性能试验不宜超过5 min。

3.6.6.2　混凝土拌和物的和易性试验——坍落度法

通常采用测定混凝土拌和物的流动性,辅以直观经验评定黏聚性和保水性来确定和易性。测定混凝土拌和物的流动性,应按《普通混凝土拌合物性能试验方法》(GB/T 50080—2011)进行。流动性大小用“坍落度”或“维勃稠度”指标表示。

1. 试验目的

本测定用以判断混凝土拌和物的流动性,主要适用于坍落度值不小于10~220 mm的塑性和流动性混凝土拌和物的稠度测定,骨料最大粒径不应大于40 mm。

2. 仪器与设备

(1)坍落度筒:为薄钢板制成的截头圆锥筒,其内壁应光滑、无凸凹部位。底面和顶面应互相平行并与锥体的轴线垂直。在坍落度筒外2/3高度处安两个手把,下端应焊脚踏板。筒的内部尺寸为:底部直径(200±2)mm,顶部直径(100±2)mm,高度(300±2)mm,筒壁厚度不小于1.5 mm。

(2)金属捣棒:直径16 mm,长650 mm,端部为弹头形。

(3)钢板:尺寸600 mm×600 mm,厚度3~5 mm,表面平整。

(4)钢尺和直尺:300~500 mm,最小刻度1 mm。

(5)小铁铲、抹刀等。

3. 拌和方法

拌和方法为人工拌和法,具体步骤如下:

(1)将称好的砂料与水泥放在清洁、表面湿润的钢板上,用铁铲将水泥和砂料翻拌均匀,然后加入称好的粗骨料(石子),再将全部拌和均匀。

(2)将拌和均匀的拌和物堆成圆锥形,在中心做一个凹坑,将称量好的水(约1/2)倒入凹坑中,勿使水溢出,小心拌和均匀。再将材料堆成圆锥形,做一凹坑,倒入剩余的水,继续拌和。每翻一次,用铁铲在全部拌和物面上压切一次,翻拌一般不少于6次。

(3)拌和时间(从加水算起)随拌和物体积不同,宜按如下规定控制:拌和物体积在30 L以下时,拌和4~5 min;体积为30~50 L时,拌和5~9 min;体积超过50 L时,拌和9~12 min。混凝土拌和物体积超过50 L时,应特别注意拌和物的均匀性。

(4)拌好后,根据试验要求,立即做坍落度测定或试件成型,从加水时算起,全部操作必须在30 min内完成。

4. 试验步骤

(1)湿润坍落度筒及其他用具,并把坍落度筒放在已准备好的面积为 600 mm×600 mm 的刚性铁板上,用脚踩住两边的脚踏板上,使坍落度筒在装料时保持在固定位置。

(2)把按要求取得的混凝土试样用小铁铲分三层均匀地装入筒内,使捣实后每层高度为筒高的 1/3 左右。每层用捣棒沿螺旋方向由外向中心插捣 25 次,各次插捣应在截面上均匀分布。插捣筒边混凝土时,捣棒可以稍稍倾斜。插捣底层时,捣棒应贯穿整个深度,插捣第二层和顶层时,捣棒应插透本层至下层的表面。插捣顶层过程中,如混凝土沉落到低于筒口,则应随时添加,捣完后刮去多余的混凝土,并用抹刀抹平。

(3)清除筒边底板上的混凝土后,垂直平稳地在 5~10 s 内提起坍落度筒。从开始装料到提坍落度筒的整个过程应不间断地进行,并应在 150 s 内完成。

(4)提起坍落度筒后,测量筒高与坍落后混凝土试体最高点之间的高度差,即为该混凝土拌和物的坍落度值。坍落度筒提离后,如混凝土发生崩坍或一边剪坏现象,则应重新取样另行测定。如第二次试验仍出现上述现象,则表示该混凝土和易性不好,应予记录备查。

(5)观察坍落后的混凝土拌和物试体的黏聚性与保水性:黏聚性的检查方法是用捣棒在已坍落的混凝土拌和物截锥体侧面轻轻敲打,此时如截锥体试体逐渐下沉(或保持原状),则表示黏聚性良好,如果倒坍、部分崩裂或出现离析现象,则表示黏聚性不好。保水性以混凝土拌和物中稀浆析出的程度来评定,坍落度筒提起后如有较多稀浆从底部析出,锥体部分的混凝土拌和物也因失浆而骨料外露,则表明其保水性不好。如坍落度筒提起后无稀浆或仅有少量稀浆自底部析出,则表示其保水性良好。混凝土拌和物坍落度以 mm 表示,精确至 5 mm。

3.6.6.3 混凝土拌和物的和易性试验——维勃稠度法

1. 试验目的

本方法适用于骨料最大粒径不大于 40 mm,维勃稠度在 5~30 s 的混凝土拌和物稠度测定。

2. 仪器与设备

(1)维勃稠度仪。维勃稠度仪由以下部分组成:

①振动台:台面长为 380 mm,宽为 260 mm,支撑在 4 个减振器上。台面底部安有频率为(50±3)Hz 的振动器。装有空容器时台面的振幅为(0.5±0.1)mm。

②容器:由钢板制成,内径为(240±5)mm,高为(200±2)mm,筒壁厚为 3 mm,筒底厚为 7.5 mm。

③坍落度筒:其内部尺寸,底部直径为(200±2)mm,顶部直径为(100±2)mm,高度为(300±2)mm。

④旋转架:旋转架与测杆及喂料斗相连。测杆下部安装有透明且水平的圆盘,并用测杆螺丝把测杆固定在套管中。旋转架安装在支柱上,通过十字凹槽来固定方向,并用定位螺丝来固定其位置。就位后测杆或喂料斗的轴线均应与容器的轴线重合。透明圆盘直径为(230±2)mm,厚度为(10±2)mm。荷重块直接固定在圆盘上。由测杆、圆盘及荷重块组成的滑动部分质量应为(2 750±50)g。

（2）捣棒：捣棒直径为16 mm，长为600 mm，端部呈弹头形。

3. 试验步骤

（1）把维勃稠度仪放置在坚实水平的底面上，用湿布把容器、坍落度筒、喂料斗内壁及其他用具湿润。

（2）将喂料斗提到坍落度筒上方扣紧，校正容器位置，使其中心与喂料中心重合，然后拧紧固定螺丝。

（3）把按要求取得的混凝土试样用小铲分三层经喂料斗均匀地装入筒内，装料及插捣方法应符合要求（与坍落度测定装料方法相同）。

（4）把喂料斗转离，垂直地提起坍落度筒，此时应注意不使混凝土拌和物试体产生横向扭动。

（5）把透明圆盘转到混凝土圆台体顶面，放松测杆螺丝，降下圆盘，使其轻轻接触到混凝土顶面。

（6）拧紧定位螺丝，并检查测杆螺丝是否已经完全放松。

（7）在开启振动台的同时用秒表计时，当振动到透明圆盘的底面被水泥浆布满的瞬间停表计时，并关闭振动台。

4. 试验结果

由秒表读出的时间（s）即为该混凝土拌和物的维勃稠度值，精确至1 s。

任务3.7　硬化混凝土的技术性质

3.7.1　混凝土的强度

强度是硬化后混凝土最重要的力学性质，通常用于评定和控制混凝土的质量。

混凝土的强度包括抗压强度、抗拉强度、抗折强度以及混凝土与钢筋的握裹强度等，其中以抗压强度最大，抗拉强度最小。在结构工程中，混凝土主要用于承受压力，并且可以根据抗压强度的大小估算其他强度值。因此，混凝土的抗压强度是最重要的一项性能指标，它常作为结构设计的主要参数，也常用来作为一般评定混凝土质量的指标。

3.7.1.1　混凝土的抗压强度及强度等级

1. 立方体抗压强度

按照国家标准《普通混凝土力学性能试验方法标准》（GB/T 50081—2002）规定的方法，制作边长为150 mm的立方体试件，在标准条件下（温度（20 ± 2）℃，相对湿度在95%以上）养护到28 d龄期，测得的抗压强度值为混凝土立方体抗压强度值，以f_{cu}表示，单位为MPa。

采用标准试验方法测定其强度，是为了使混凝土的质量有对比性。混凝土工程施工时，其养护条件（温度、湿度）不可能与标准养护条件一样，为了能说明工程中混凝土实际达到的强度，常将混凝土试件放在与工程相同的条件下进行养护，然后按所需要的龄期进行试验，测得立方体试件抗压强度值，作为工程混凝土质量控制和质量评定的主要依据。

测定混凝土立方体抗压强度时，可以根据混凝土中粗骨料最大粒径选用不同尺寸的试块,再将检测结果换算成相当于标准试件的强度值。边长为 100 mm 的立方体试件,换算系数为 0.95;边长为 200 mm 的立方体试件,换算系数为 1.05。

2. 立方体抗压强度标准值和强度等级

混凝土立方体抗压强度标准值指按标准规定方法制作的边长为 150 mm 的立方体试件,在标准条件下养护到 28 d 龄期,所测得具有 95% 保证率的抗压强度,用 $f_{cu,k}$ 表示。

混凝土强度等级根据立方体抗压强度的标准值划分,单位为 MPa。如 C20 表示混凝土立方体抗压强度标准值为 20 MPa,在该等级的混凝土立方体抗压强度大于 20 MPa 的占 95% 以上。

现行规范《混凝土质量控制标准》(GB 50164—2011)规定:普通混凝土按其立方体抗压强度的标准值共划分为 19 个等级,依次是 C10、C15、C20、C25、C30、C35、C40、C45、C50、C55、C60、C65、C70、C75、C80、C85、C90、C95 和 C100。不同的工程或用于工程不同部位的混凝土,其强度等级要求也不相同。

(1)C10 ~ C15——用于垫层、基础、地坪及受力不大的结构。

(2)C20 ~ C25——用于梁、板、柱、楼梯、屋架等普通钢筋混凝土结构。

(3)C25 ~ C30——用于大跨度结构、要求耐久性高的结构、预制构件等。

(4)C40 ~ C45——用于预应力钢筋混凝土构件、吊车梁及特种结构和 25 ~ 30 层的高层建筑结构。

(5)C50 ~ C60——用于 30 ~ 60 层以上的高层建筑。

(6)C60 ~ C80——用于高层建筑,采用高性能混凝土。

(7)C80 ~ C100——用于高层建筑。

将来可能推广使用高达 C130 以上的混凝土。

3. 轴心抗压强度

在实际工程中,钢筋混凝土结构大部分是棱柱体或圆柱体的结构型式,采用棱柱体试件比立方体试件能更好地反映混凝土在受压构件中的实际受压情况。在钢筋混凝土结构计算中,计算轴心受压构件时,都采用轴心抗压强度 f_{cp} 作为依据。目前,我国采用 150 mm × 150 mm × 300 mm 的棱柱体作为轴心抗压强度的标准试件。试验表明,棱柱体试件抗压强度与立方体试件抗压强度之比为 0.7 ~ 0.8。

4. 抗拉强度

混凝土的抗拉强度只有抗压强度的 1/10 ~ 1/20,且随着强度等级的提高其比值变小。抗拉强度值可作为抗裂度的指标,也可间接衡量混凝土与钢筋间的黏结强度。

抗拉强度的检测方法有轴向拉伸试验和劈裂抗拉强度试验。

3.7.1.2 影响混凝土强度的因素

混凝土的强度主要取决于水泥石强度及其与骨料的黏结强度,主要受水泥强度等级、水胶比、骨料的性质、施工质量、养护条件及龄期的影响。

1. 水泥强度等级和水胶比

普通混凝土的受力破坏,主要出现在水泥石与骨料的分界面上,以及水泥石中。原因是这些部位往往存在孔隙、水隙和潜在微裂缝等结构缺陷,是混凝土中的薄弱环节。所以,混凝土的强度主要取决于水泥石的强度及其与骨料间的黏结力。而水泥石的强度及

其与骨料间的黏结力又取决于水泥的强度等级及水胶比的大小，因此水泥强度等级和水胶比是影响混凝土强度的最主要因素。在水胶比不变时，水泥强度等级越高，则硬化水泥石强度越大，对骨料的黏结力就越强，配制成的混凝土强度也就越高。在水泥强度等级相同的条件下，混凝土的强度主要取决于水胶比。因为水泥水化时所需的结合水，一般只占水泥质量的 23% 左右，但在拌制混凝土拌和物时，为了获得必要的流动性常需要较多的水，即较大的水胶比。当混凝土硬化后，多余的水分就残留在混凝土中形成水泡或蒸发后形成气孔，大大地减小了混凝土抵抗荷载的实际有效断面，而且可能在孔隙周围产生应力集中。因此可以认为，在水泥强度等级相同的情况下，水胶比越小，水泥石的强度越高，与骨料黏结力也越大，混凝土的强度就越高。但应注意，如果水胶比太小，拌和物过于干硬，在一定的捣实成型条件下，无法保证浇筑质量，混凝土中将出现较多的蜂窝、孔洞，强度也将下降。

试验证明，在材料相同的情况下，混凝土强度随水胶比的增大而降低的规律呈曲线关系，如图 3-6(a)所示；而混凝土强度与胶水比(水胶比的倒数)的关系，则呈直线关系，如图 3-6(b)所示。

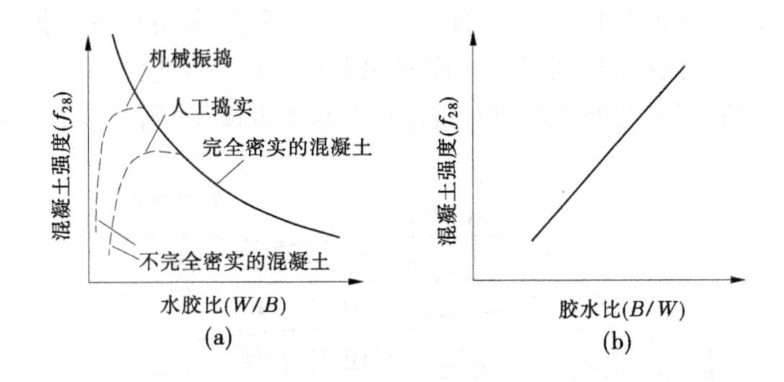

图 3-6　混凝土强度与水胶比和胶水比的关系

根据大量试验结果及工程实践经验得出，混凝土强度与胶水比、水泥实际强度等因素之间保持近似恒定的关系，通常采用的经验公式为

$$f_{cu} = \alpha_a f_{ce}\left(\frac{B}{W} - \alpha_b\right) \tag{3-7}$$

式中　f_{cu}——混凝土 28 d 抗压强度，MPa；

f_{ce}——水泥的实际强度，MPa，在无法取得水泥实际强度数据时，可用式 $f_{ce} = \gamma_c f_{ce,g}$ 计算，其中 $f_{ce,g}$ 为水泥强度等级，γ_c 为水泥的富裕系数；

B/W——胶水比；

α_a、α_b——经验系数，与骨料的品种、水泥品种等因素有关，当采用碎石时 $\alpha_a = 0.53$、$\alpha_b = 0.20$，采用卵石时 $\alpha_a = 0.49$、$\alpha_b = 0.13$。

以上经验公式，一般只适用于混凝土强度等级小于 C60 的流动性混凝土和塑性混凝土，对干硬性混凝土不适用。

利用上述经验公式，可以初步解决以下两个问题：当所采用的水泥强度等级已定，欲配制某种强度的混凝土时，可以估计应采用的水胶比值；当已知所采用的水泥强度等级及水胶比时，可以估计混凝土 28 d 可能达到的强度。

2. 骨料性能

骨料强度的影响：一般骨料强度越高，所配制的混凝土强度越高，这在低水胶比和配制高强度混凝土时，特别明显。

骨料级配的影响：当级配良好、砂率适当时，由于组成了坚强密实的骨架，有利于混凝土强度提高。

骨料形状的影响：表面粗糙并富有棱角的骨料，与水泥石的黏结力较强，对混凝土的强度有利，故在相同水泥强度等级及相同水胶比的条件下，碎石混凝土的强度较卵石混凝土高。

当骨料中含有的杂质较多，品质低劣时，也会降低混凝土的强度。

3. 养护条件

混凝土浇捣完毕后，必须保持适当的温度和足够的湿度，使水泥充分地水化，以保证混凝土强度的不断发展。

1）湿度

在干燥环境中，混凝土强度的发展会随水分的逐渐蒸发而停止，并容易引起干缩裂缝。图 3-7 为混凝土强度与保湿养护的关系。一般规定，采用自然养护时，对硅酸盐水泥、普通水泥和矿渣水泥拌制的混凝土，浇水保湿的养护时间应不少于 7 d，对火山灰水泥、粉煤灰水泥、掺有缓凝型外加剂或有抗渗性要求的混凝土，则不得少于 14 d。

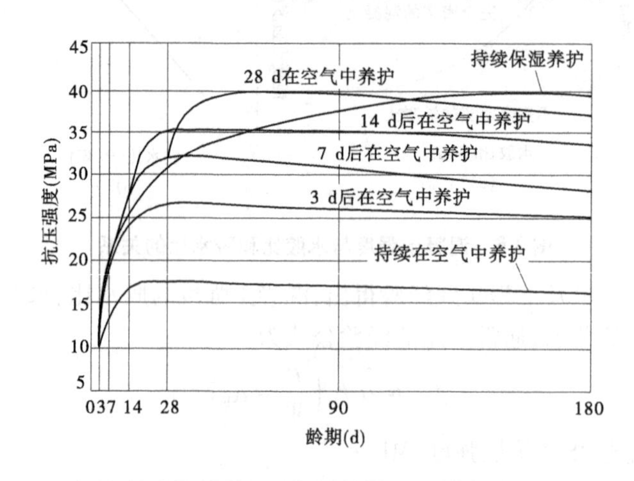

图 3-7　混凝土强度与保湿养护的关系

2）温度

养护温度对混凝土强度的发展有很大的影响。温度较高时，混凝土的强度发展较快，故在混凝土预制品工厂中，经常采用蒸汽养护的方法来加速预制构件的硬化，提高其早期强度。温度较低时，强度发展比较缓慢，当温度低于冰点时，混凝土强度停止发展，且有冰冻破坏的危险，故冬季施工时，应采取一定的保温措施。由图 3-8 可以看到，养护温度对混凝土强度发展的影响。温度大致在 4 ℃以下混凝土强度增长率急剧降低。

3）龄期

龄期是指混凝土在正常养护条件下经历的时间。在正常养护条件下，混凝土的强度

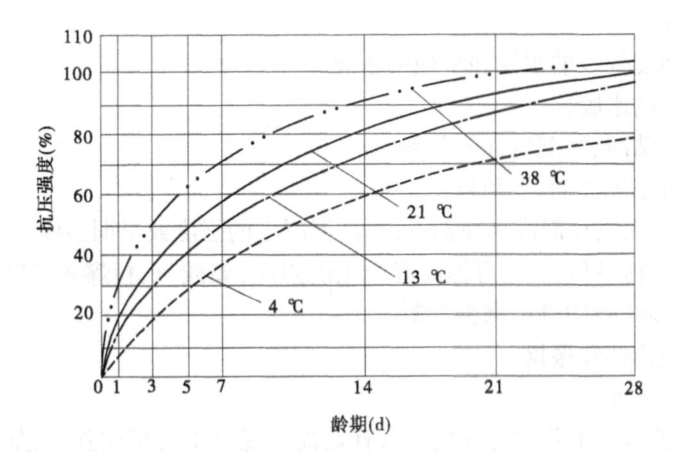

图3-8 温度对混凝土早期强度的影响

将随着龄期的增加而不断发展,最初7~14 d内增加较快,以后便逐渐缓慢,28 d以后更慢,但强度的增长过程可延续数十年之久。在标准养护条件下的混凝土强度大致与其龄期的对数成正比,工程中常利用这一关系,根据混凝土的早期强度,估算其后期强度。

$$\frac{f_{cu,n}}{\lg n}=\frac{f_{cu,28}}{\lg 28} \tag{3-8}$$

式中 $f_{cu,28}$——混凝土在标准条件下养护28 d的抗压强度,MPa;

$f_{cu,n}$——混凝土 n d龄期抗压强度,MPa;

n——龄期,d,$n\geqslant 3$ d。

4.施工质量

混凝土的施工过程包括搅拌、运输、浇筑、振捣、现场养护等多个环节,受到各种不确定性随机因素的影响。配料的准确、振捣密实程度、拌和物的离析、现场养护条件的控制,以及施工单位的技术和管理水平等,都会造成混凝土强度的变化。因此,必须采取严格有效的控制措施和手段,以保证施工质量。

5.试验条件

有时混凝土的原材料、施工工艺和养护条件等完全相同,但试验条件不同,所得结果也会有很大的不同。

(1)试件尺寸:试件尺寸越小,测得的强度越高。试件尺寸越大,内部孔隙、缺陷等出现的概率越大,导致有效受力面积的减小及应力集中,从而引起强度降低。

(2)试件形状:当试件受压面积相同时,高宽比越大,抗压强度越小。这是由于试件受压时,试件受压面与试件承压板之间的摩擦力,对试件的横向膨胀起着约束作用,有利于强度的提高,该作用称为环箍效应。

(3)表面状态:受压表面加润滑剂时,环箍效应减小,测出强度值较低。

(4)加荷速度:加荷速度越快,测得强度值越高。这是因为加荷速度较快时,材料变形滞后于荷载的增加。

3.7.1.3 提高混凝土强度的措施

实际施工中为了加快施工进度,提高模板的周转率,常需提高混凝土的早期强度。一般采取以下措施：

（1）采用高强度等级的水泥和早强型水泥。

（2）采用较小的水胶比。

（3）采用坚实洁净、级配良好的骨料。

（4）掺入混凝土外加剂、掺和料。

在混凝土中掺入减水剂或早强剂，可提高混凝土的强度或早期强度。另外，在混凝土中掺入某些磨细矿物掺和料，也可提高混凝土的强度，如硅灰、粉煤灰、磨细矿渣等，可配制出强度等级为 C60～C100 的高强混凝土。

（5）采用机械搅拌和振捣。

（6）强化混凝土养护。

采用蒸汽养护和蒸压养护的方式可以有效提高混凝土的早期强度，加速水泥的水化和硬化。

3.7.2 混凝土的变形性能

混凝土在硬化和使用中，因受各种因素的影响会产生变形，这些变形是使混凝土产生裂缝的重要原因之一，从而影响混凝土的强度与耐久性。因此，必须对这些变形性质的基本规律和影响因素有所了解。

3.7.2.1 化学收缩

由于混凝土中的水泥水化后生成物的体积比反应前物质的总体积小，从而使混凝土收缩，这种收缩称为化学收缩。化学收缩是不能恢复的，其收缩量随混凝土硬化龄期的延长而增加，一般在混凝土成型后 40 多 d 内增加较快，以后就渐趋稳定。

3.7.2.2 湿胀干缩变形

混凝土的湿胀干缩变形取决于周围环境的湿度变化。当混凝土在水中硬化时，会产生微小的膨胀。当混凝土在空气中硬化时，混凝土产生收缩。这种收缩在混凝土再次吸水变湿时，可大部分消失。混凝土的湿胀变形量很小，一般没有破坏作用。但干缩变形对混凝土的危害较大，可使混凝土表面出现较大的拉应力，引起表面开裂，使混凝土的耐久性严重降低。

混凝土干缩变形主要是由混凝土中水泥石的干缩所引起，骨料对干缩具有制约作用。故混凝土中水泥浆含量越多，混凝土的干缩率越大。塑性混凝土的干缩率较干硬性混凝土大得多。因此，混凝土单位用水量的大小，是影响干缩率大小的重要因素。当骨料最大粒径较大、级配较好时，由于能减少用水量，故混凝土干缩率较小。

混凝土中所用水泥的品种及细度对干缩率有很大影响。如火山灰水泥的干缩率最大，粉煤灰水泥的干缩率较小。水泥的细度越细，干缩率越大。

骨料的种类对干缩率也有影响。使用弹性模量较大的骨料，混凝土干缩率较小。使用吸水性大的骨料，其干缩率一般较大。当骨料中含泥量较多时，会增大混凝土的干缩。

延长潮湿养护时间，可推迟干缩的发生和发展，但对混凝土的最终干缩率并无显著影响。采用湿热处理可减小混凝土的干缩率。

3.7.2.3　碳化收缩

碳化收缩是由于空气中的二氧化碳与水泥石中的水化产物氢氧化钙的不断作用，而引起混凝土体积收缩。碳化收缩的程度与空气的相对湿度有关，当相对湿度为30%～50%时，收缩值最大。碳化收缩过程常伴随着干缩收缩，在混凝土表面产生拉应力，导致混凝土表面产生微细裂缝。

3.7.2.4　温度变形

混凝土的温度变形表现为热胀冷缩。混凝土的温度膨胀系数随骨料种类及配合比的不同而有差别。

温度变形对大体积混凝土非常不利。在混凝土硬化初期，水泥水化放出较多的热量，混凝土是热的不良导体，散热缓慢，使混凝土内部温度较外部为高，产生较大的内外温差，在外表混凝土中将产生很大的拉应力，严重时使混凝土产生裂缝。因此，对大体积混凝土工程，必须设法减少混凝土发热量，如采用低热水泥、减少水泥用量、人工降温等措施。

对纵向较长的钢筋混凝土结构物，应采取每隔一段长度设置伸缩缝以及在结构物中设置温度钢筋等措施减小温度变形。

3.7.2.5　荷载作用下的变形

混凝土在荷载作用下的变形包括短期荷载作用下的变形和长期荷载作用下的变形。

(1)短期荷载作用下的变形——弹塑性变形。混凝土内部是一种不匀质的材料，它不是一种完全的弹性体，而是一种弹塑性体。受力既产生可以恢复的弹性变形，又产生不可恢复的塑性变形。应力与应变之间的关系不是直线，而是曲线。

(2)长期荷载作用下的变形——徐变。混凝土在长期荷载作用下除了产生瞬间的弹性变形和塑性变形外，还会产生随着时间而增长的非弹性变形，称为徐变，也称蠕变。徐变变形的增长，在加荷初期较快，然后逐渐减慢。一般要延续2～3年才逐渐趋于稳定。

混凝土不论是受压、受拉或受弯，均有徐变现象。徐变对钢筋混凝土构件来说，能消除钢筋混凝土内的应力集中，使应力较均匀地重新分布；对于大体积混凝土，则能消除一部分由于温度变形所产生的破坏应力。但是在预应力钢筋混凝土结构中，徐变将使钢筋的预加应力受到损失，而降低结构的承载能力。影响混凝土徐变的因素主要有以下几个方面：

①应力。应力是影响混凝土徐变的主要因素，应力值越大，徐变量越大。

②水泥用量。水泥用量越多，水胶比越大，徐变量越大。

③养护条件。养护温度越高、养护环境湿度越大、养护龄期越长，混凝土的徐变量越小。

④加载龄期。混凝土受荷时龄期越短，徐变量越大。加强养护使混凝土尽早凝结硬化或采用蒸汽养护，均可减小混凝土的徐变量。

⑤水泥品种。用普通水泥比用矿渣水泥、火山灰水泥制作的混凝土徐变量相对要大。

3.7.3　混凝土的耐久性

混凝土的耐久性是指混凝土所具有的承受周围使用环境介质侵袭破坏的能力，主要包括抗冻性、抗渗性、抗化学腐蚀性以及预防碱－骨料反应等。

3.7.3.1 混凝土的抗冻性

混凝土的抗冻性是指混凝土在饱和水状态下,能经受多次冻融循环作用而不破坏,同时也不严重降低强度的性能。在寒冷地区以及承受干湿作用的混凝土工程,要求具有较高的抗冻性能。

混凝土的抗冻性,常用抗冻等级来表示。抗冻等级是以标准养护条件28 d龄期的混凝土试件,在规定试验条件下达到规定的抗冻融循环次数,同时满足强度损失不超过25%、质量损失不超过5%的抗冻性指标要求。根据《水工混凝土结构设计规范》(SL 191—2008)的规定,水利建筑工程混凝土的抗冻等级分为F50、F100、F150、F200、F250、F300、F400共7个等级。

混凝土的密实度、孔隙构造和数量、孔隙的充水程度是决定抗冻性的重要因素。实际工程中,提高混凝土抗冻性的关键是提高混凝土的密实度和改善混凝土的孔隙特征,尤其要防止混凝土早期受冻。

3.7.3.2 混凝土的抗渗性

混凝土的抗渗性是指混凝土抵抗压力水、油等液体渗透的能力。

混凝土的抗渗性用抗渗等级表示。抗渗等级是以28 d龄期的标准试件,按标准试验方法进行试验时所能承受的最大水压力来确定的。根据混凝土试件在抗渗试验时所能承受的最大水压力,混凝土的抗渗等级划分为W2、W4、W6、W8、W10、W12等6个等级,相应表示能抵抗0.2 MPa、0.4 MPa、0.6 MPa、0.8 MPa、1.0 MPa及1.2 MPa的静水压力而不渗水。抗渗等级≥W6的混凝土为抗渗混凝土。

混凝土渗水的原因主要是内部的孔隙形成了连通的渗水孔道。这些孔道主要来源于水泥浆中多余水分蒸发而留下的气孔、水泥浆泌水所形成的毛细管孔道,以及骨料下部界面聚集的水隙。另外,施工振捣不密实或由于其他一些因素引起的裂缝,也是使混凝土抗渗性下降的原因。

抗渗性是混凝土的一项重要性质,它直接影响混凝土的抗冻性和抗侵蚀性。当混凝土的抗渗性较差时,不但容易透水,而且由于水分渗入内部,当有冰冻作用或环境水中含侵蚀性介质时,混凝土就容易受到冰冻或侵蚀作用而破坏。对钢筋混凝土还可能引起钢筋的锈蚀和保护层的开裂和剥落。

提高混凝土抗渗性,应通过合理选择水泥品种,降低水胶比,提高混凝土密实度和改善孔隙结构等措施实现。

3.7.3.3 混凝土抗侵蚀性

当混凝土所处的环境中含有酸、碱、盐等侵蚀性介质时,混凝土便会受到侵蚀。

混凝土的抗侵蚀性与所用水泥品种、混凝土的密实度和孔隙特征等有关。结构密实和孔隙封闭的混凝土,环境水不易侵入,抗侵蚀能力强。

用于地下工程、海岸与海洋工程等恶劣环境中的混凝土,对抗侵蚀性有着更高的要求,提高混凝土抗侵蚀性的主要措施是合理选择水泥品种,降低水胶比,提高混凝土密实度和改善孔隙结构。

3.7.3.4 混凝土的碳化

混凝土的碳化作用是空气中的二氧化碳与水泥石中的氢氧化钙发生化学作用,生成

碳酸钙和水。碳化过程是二氧化碳由表及里向混凝土内部逐渐扩散的过程。碳化对混凝土最主要的影响是使混凝土的碱度降低,减弱了对钢筋的保护作用,可能导致钢筋锈蚀。碳化还会引起混凝土收缩,容易使混凝土的表面产生微细裂缝。

混凝土的碳化深度随着时间的延续而增大,但增大的速率逐渐减慢。影响碳化速度的环境因素是二氧化碳浓度及环境湿度等。试验证明,碳化速度随空气中二氧化碳浓度的增高而加快。在相对湿度50%左右的环境中,碳化速度最快,当相对湿度达100%或相对湿度小于25%时,碳化作用停止进行。

为了减少碳化作用对钢筋混凝土结构的不利影响,采取的措施有合理选择水泥品种,使用减水剂改善混凝土和易性,加强施工质量,提高混凝土的密实度,在混凝土表面涂刷保护层等。

3.7.3.5　混凝土的碱－骨料反应

混凝土碱－骨料反应是指在有水的条件下,水泥中过量的碱性氧化物(Na_2O、K_2O)与骨料中的活性SiO_2发生的反应,生成碱－硅酸凝胶,该凝胶吸水膨胀,造成混凝土膨胀开裂,使混凝土的耐久性严重下降的现象。

解决碱－骨料反应的技术措施主要有:选用低碱度水泥;选用非活性骨料;在水泥中掺活性混合料以吸收水泥中的钠、钾离子;掺引气剂,释放碱－硅酸凝胶的膨胀压力等。

3.7.3.6　提高混凝土耐久性的主要措施

混凝土在受到压力水、冰冻或化学侵蚀作用时所处的环境和使用条件常常是不同的,因此要求的耐久性也有较大差别,但对提高混凝土的耐久性措施来说,却有很多共同之处。总的来说,混凝土的耐久性,主要决定于组成材料的品质与混凝土本身的密实度。

提高混凝土耐久性的措施主要有以下几方面:

(1)根据混凝土工程的特点和所处环境条件,选用合适的水泥品种。

(2)选用质量良好、级配合格的砂石骨料,使用合理砂率配制混凝土。

(3)控制混凝土的最大水胶比和最小胶凝材料用量。水胶比的大小直接影响混凝土的密实度,控制最小胶凝材料的用量,确保骨料颗粒间的黏结强度。在混凝土配合比设计中,对设计使用年限为50年的混凝土结构,最大水胶比和最小胶凝材料用量必须严格按现行行业标准《混凝土结构设计规范》(JGJ 55—2011)的规定确定。

(4)掺外加剂和高活性的矿物掺和料。使用减水剂和引气型的减水剂,降低了混凝土的水胶比,改善了混凝土内部的孔隙构造。掺加硅灰、粉煤灰等高活性矿物材料,增大混凝土的密实性和强度。

(5)加强施工振捣。尽量采用机械振捣,保证振捣均匀、密实,提高混凝土施工质量,减少硬化混凝土中的孔隙、空洞,提高混凝土结构密实性,确保硬化混凝土的结构质量。

(6)用涂料、防水砂浆、瓷砖、沥青等进行表面防护,防止混凝土的腐蚀和碳化。

3.7.4　混凝土抗压强度试验

3.7.4.1　取样与试样制备

1.取样

(1)混凝土的取样应符合《普通混凝土拌合物性能试验方法标准》(GB/T 50080—

2011）中的有关规定。

（2）混凝土力学性能试验应以三个试件为一组，每组试件所用的拌和物根据不同要求应从同一盘搅拌或同一车运送的混凝土中取出，或在实验室用机械或人工单独拌制。

2. 试件制作与养护

（1）混凝土力学性能试验应以三个试件为一组。

（2）采用实验室拌制的混凝土制作试件时，其材料用量应以质量计，称量的精度为：水泥、水和外加剂均为 ±0.5%，骨料为 ±1%。

（3）所有试件应在取样后立即制作，试件的成型方法应根据混凝土的稠度而定。坍落度不大于 70 mm 的混凝土，宜用振动台振实；大于 70 mm 的宜用捣棒人工捣实。

（4）制作试件用的试模由铸铁或钢制成，应具有足够的刚度并拆装方便。试模的内表面应机械加工，其不平度应为每 100 mm 不超过 0.05 mm。组装后各相邻面的不垂直度不应超过 ±0.5°。

制作试件前应将试模清擦干净并在其内壁涂上一层矿物油脂或其他脱膜剂。

（5）采用振动台成型时，应将混凝土拌和物一次装入试模，装料时应用抹刀沿试模内壁略加插捣并使混凝土拌和物高出试模上口。振动时应防止试模在振动台上自由跳动。振动应持续到混凝土表面出浆，刮除多余的混凝土，并用抹刀抹平。

（6）人工插捣时，混凝土拌和物应分两层装入试模，每层的装料厚度大致相等。插捣用的钢制捣棒长为 600 mm，直径为 16 mm，端部应磨圆。插捣应按螺旋方向从边缘向中心均匀进行，插捣底层时，捣棒应达到试模表面，插捣上层时，捣棒应穿入下层深度为 20 ~ 30 mm，插捣时捣棒应保持垂直，不得倾斜。同时，还应用抹刀沿试模内壁插入数次，每层的插捣次数应根据试件的截面而定，一般每 100 cm^2 截面面积不应少于 12 次。插捣完后，刮除多余的混凝土，并用抹刀抹平。

（7）确定混凝土强度等级时，应采用标准养护；检验现浇混凝土工程或预制构件中混凝土强度时，试件应采用同条件养护。

试件一般养护到 28 d 龄期进行试验，但也可以按要求养护到所需的龄期。

（8）采用标准养护的试件成型后应覆盖表面，以防止水分蒸发，并应在温度为（20 ± 5）℃下静置一昼夜至两昼夜，然后编号拆模。

拆模后的试件应立即放在温度为（20 ±3）℃、湿度为 90% 以上的标准养护室中养护。在标准养护室内试件应放在架上，彼此间隔为 10 ~20 mm，并应避免用水直接冲淋试件。

当无标准养护室时，混凝土试件可在温度为（20 ±3）℃的不流动水中养护。水的 pH 不应小于 7。

同条件养护的试件成型后应覆盖表面。试件的拆模时间可与实际构件的拆模时间相同，拆模后，试件仍需保持同条件养护。

3.7.4.2 立方体抗压强度试验

1. 试验目的

测定混凝土立方体试件的抗压强度。

2. 试件尺寸

混凝土试件的尺寸应根据混凝土中骨料的最大粒径选定。最大粒径为 30 mm，选用边长为100 mm的立方体试件；最大粒径为40 mm，选用边长为150 mm的立方体试件；最大粒径为60 mm，选用边长为200 mm的立方体试件。

3. 仪器与设备

混凝土立方体抗压强度试验所采用试验机的精度（示值的相对误差）至少应为±2%，其量程应能使试件的预期破坏荷载值不小于全量程的20%，也不大于全量程的80%。

试验机上、下压板及试件之间可各垫以钢垫板，钢垫板的两承压面均应机械加工。

与试件接触的压板或垫板的尺寸应大于试件的承压面，其不平度应为每100 mm不超过0.02 mm。

4. 试验步骤

试件从养护地点取出后，应尽快进行试验，以免试件内部的温、湿度发生显著变化。混凝土立方体抗压强度试验应按下列步骤进行：

(1)将试件擦拭干净，测量尺寸，并检查其外观。试件尺寸测量精确至1 mm，并据此计算试件的承压面积。如实测尺寸与公称尺寸之差不超过1 mm，可按公称尺寸进行计算。

试件承压面的不平度应为每100 mm不超过0.05 mm，承压面与相邻面的不垂直度不应超过±1°。

(2)将试件安放在试验机的下压板上，试件的承压面应与成型时的顶面垂直。试件的中心应与试验机下压板中心对准。开动试验机，当上压板与试件接近时，调整球座，使接触均衡。

(3)混凝土试件的试验应连续而均匀地加荷，加荷速度应为：混凝土强度等级低于C30（相当于原300号）时，取每秒0.3~0.5 MPa；混凝土强度等级高于或等于C30（相当于原300号）时，取每秒0.5~0.8 MPa。当试件接近破坏而开始迅速变形时，停止调整试验机油门，直至试件破坏。然后记录破坏荷载。

(4)混凝土立方体试件抗压强度应按下式计算

$$f_{cu} = F/A \tag{3-9}$$

式中　f_{cu}——混凝土立方体试件抗压强度，MPa；

F——破坏荷载，N；

A——试件承压面积，mm^2。

混凝土立方体抗压强度计算应精确至0.1 MPa。以3个试件测值的算术平均值作为该组试件的抗压强度值。3个测值中的最大值或最小值中如有一个与中间值的差值超过中间值的15%，则把最大值及最小值一并舍弃，取中间值作为该组试件的抗压强度值。如有两个测值与中间值的差均超过中间值的15%，则该组试件的试验结果无效。

取150 mm×150 mm×150 mm试件的抗压强度为标准值，用其他尺寸试件测得的强度值均应乘以尺寸换算系数，其值对200 mm×200 mm×200 mm试件为1.05，对100 mm×100 mm×100 mm试件为0.95。

任务3.8　混凝土的质量控制和强度评定

混凝土的质量控制是工程建设的重要环节,控制的目的是确保所生产的混凝土能满足设计和使用要求。混凝土的质量是影响钢筋混凝土结构可靠性的一个重要因素,为保证结构安全可靠,必须对混凝土的生产和合格性进行控制。生产控制是对混凝土生产过程的各个环节进行有效的质量控制,以保证产品质量的可靠。

3.8.1　混凝土生产的质量控制

混凝土施工过程中,各种材料的性质、配合比、施工工艺等都有可能影响混凝土的质量,因此应通过以下几个方面进行混凝土质量控制。

3.8.1.1　对原材料的质量控制

混凝土是由多种材料混合制作而成的,任何一种组成材料的质量偏差或不稳定都会造成混凝土整体质量的波动。水泥要严格按其技术质量标准进行检验,并按有关条件合理选用水泥品种,特别要注意水泥的有效期;粗、细骨料应检测其杂质和有害物质的含量,不符合国家标准规定的,应经处理并检验合格后方可使用;采用天然水现场进行拌和的混凝土,对拌和用水的质量应按标准进行检验。水泥、砂、石和外加剂等主要材料应检查产品合格证、出厂检验报告或进行复验。掺和料进场时,必须具有质量证明书,按不同品种、等级分别存储在专用的仓罐内,并做好明显标记,防止受潮和环境污染。

3.8.1.2　混凝土配合比的质量控制

混凝土的配合比应根据设计的混凝土强度等级、耐久性、坍落度的要求,按《普通混凝土配合比设计规程》(JGJ 55—2011)经过试配确定,不得使用经验配合比。设计出合理的配合比后,要测定现场砂、石含水率,将设计配合比换算为施工配合比。实验室应结合原材料实际情况,确定一个既满足设计强度要求,又满足施工和易性要求,同时经济合理的混凝土配合比。当原材料变更时会影响混凝土强度时,需根据原材料的变化,及时调整混凝土的配合比。生产时应检验配合比设计资料、试件强度试验报告、骨料含水率测试结果和施工配合比通知单。首次使用混凝土配合比应进行开盘鉴定,其工作性能应满足设计配合比的要求。开始生产时应至少留一组标准养护试件作为检验配合比的依据。

3.8.1.3　混凝土生产施工工艺质量的控制

混凝土的原材料必须称量准确,根据《混凝土结构工程施工质量验收规范》(GB 50204—2002)的规定,每盘称量的允许偏差应控制在水泥、掺和料 ±2%,粗、细骨料 ±3%,拌和用水、外加剂 ±2%。每工作班抽查不少于一次,各种衡器应定期检验。

混凝土的运输、浇筑及间歇的全部时间不应超过混凝土的初凝时间。要及时观察、检查混凝土的施工记录。在运输、浇筑过程中要防止离析、泌水、流浆等不良现象发生,并分层按顺序振捣,严防漏振。

混凝土浇筑完毕后,应按施工技术方案及时采取有效的养护措施,随时观察并检查混凝土施工记录。

3.8.2　普通混凝土强度的评定方法

混凝土的质量是通过性能检验的结果来表达的 。在施工中,虽然尽力想保证混凝土所要求的性能,并且保持其质量的稳定性,但实际上,由于受多种因素的影响,混凝土的质量是不均匀的。原材料的影响有:质量和计量的波动(用水量或骨料含水率的变化会引起水灰比的波动)、施工及养护条件的波动、气温变化等,另外还有试验条件的影响。因此可以说,混凝土质量的波动客观存在,是必然出现的。

混凝土强度评定可分统计方法及非统计方法两种。

3.8.2.1　统计方法的基本概念

在混凝土的正常连续生产中,可用数理统计方法来检验混凝土强度或其他技术指标是否达到质量要求。综合评定混凝土质量可用统计方法的几个参数进行,它们是算术平均值、标准差、变异系数和保证率等。下面以混凝土强度为例来说明统计方法的一些基本概念。

1. 混凝土强度的波动规律——正态分布

在正常施工的情况下,对混凝土材料来说许多因素都是随机的,所以混凝土强度的变化也是随机的。测定其强度时,若以混凝土强度为横坐标,以某一强度出现的概率为纵坐标,绘出的强度概率密度分布曲线一般符合正态分布曲线(见图3-9)。

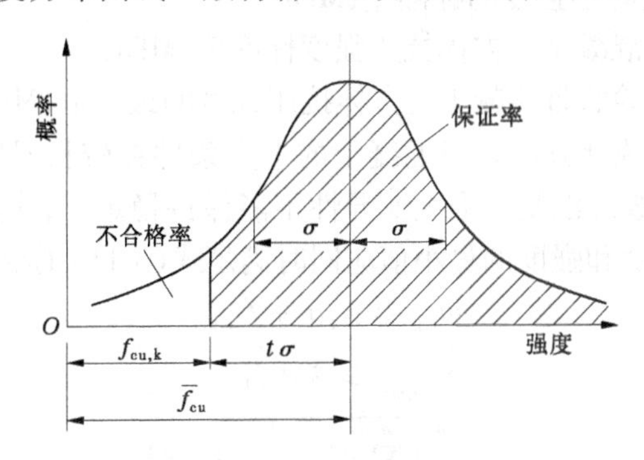

图3-9　混凝土强度保证率

正态分布曲线高峰为混凝土平均强度的概率。以平均强度为对称轴,左右两边曲线是对称的。距对称轴愈远,出现的概率就愈小,并逐渐趋于零。曲线和横坐标之间的面积为概率的总和,等于100%。

正态分布曲线愈矮而宽,表示强度数据的离散程度愈大,说明施工控制水平愈差。曲线窄而高,说明强度测定值比较集中,波动较小,混凝土的均匀性好,施工水平较高。

2. 混凝土强度平均值、标准差、变异系数

混凝土强度平均值 $\overline{R}$,为所有试件组强度的算术平均值,可以反映混凝土总体强度平均水平,但不能反映强度的波动情况。

混凝土强度标准差(又称均方差) σ ,是强度分布曲线上拐点离开强度平均值的距离。σ 值愈大,则强度分布曲线愈宽而矮,说明强度的离散程度愈大,混凝土的质量愈不均匀。

变异系数 C_v ,又称离差系数或标准差系数,是标准差与平均强度的比值。C_v 值愈小,

说明混凝土质量愈稳定。

标准差σ或变异系数C_v都是评定混凝土均匀性的指标，都可用作评定混凝土生产质量水平的指标。

3. 混凝土的强度保证率

混凝土的强度保证率是指混凝土强度分布整体中，大于设计强度等级的概率，以正态分布曲线上的阴影部分来表示（见图 3-9）。在进行混凝土配合比设计时，规范规定强度保证率不应小于 95%。

3.8.2.2 统计方法评定

（1）标准差已知的统计方法。这种方法适用于混凝土的生产条件在较长时间内保持一致，且同一品种、同一强度等级的混凝土的强度变异性保持稳定，一个验收批的样本容量为连续的 3 组试件（每组 3 个试件应由同一盘或同一车的混凝土中取样制作），其强度应同时符合式(3-10)的要求。

$$\left.\begin{aligned} m_{f_{cu}} &\geq f_{cu,k} + 0.7\sigma \\ m_{f_{cu,min}} &\geq f_{cu,k} - 0.7\sigma \\ m_{f_{cu,min}} &\geq 0.85 f_{cu,k} \end{aligned}\right\} \tag{3-10}$$

式中 $m_{f_{cu}}$——同一验收批混凝土立方体抗压强度的平均值，MPa；

σ——验收批混凝土强度的标准差，MPa；

$f_{cu,k}$——设计的混凝土立方体抗压强度标准值，MPa；

$m_{f_{cu,min}}$——同一验收批混凝土立方体抗压强度的最小值，MPa。

（2）标准差未知的统计方法。当混凝土的生产条件在较长时间内不能保持一致，且同一品种、同一强度等级的混凝土强度变异性不能保持稳定时，应由不少于 10 组的试件组成验收批，其平均强度和强度的最小值应同时满足式(3-11)的要求。

$$\left.\begin{aligned} m_{f_{cu}} &\geq \lambda_1\sigma + f_{cu,k} \\ m_{f_{cu,min}} &\geq \lambda_2 f_{cu,k} \end{aligned}\right\} \tag{3-11}$$

$$\sigma = \sqrt{\frac{\sum_{i=1}^{n} f_{cu,i}^{2} - n \times mf_{cu}^{2}}{n-1}} \tag{3-12}$$

式中 σ——同一验收批混凝土立方体抗压强度标准差，MPa，按式(3-12)计算，计算值小于 2.5 时取 2.5；

$f_{cu,i}$——第 i 组混凝土试件抗压强度标准值，MPa；

n——本验收批的样本容量；

λ_1、λ_2——合格判定系数，按表 3-18 取值。

表 3-18 合格判定系数

合格判定系数	试块组数		
	10～14	15～24	≥25
λ_1	1.70	1.65	1.60
λ_2	0.90	0.85	

3.8.2.3　非统计方法评定

当用于评定的样本容量小于10组时，应采用非统计方法，按式(3-13)评定混凝土强度。

$$\left.\begin{aligned} m_{f_{cu}} &\geqslant \lambda_3 f_{cu,k} \\ m_{f_{cu,min}} &\geqslant \lambda_4 f_{cu,k} \end{aligned}\right\} \tag{3-13}$$

式中　λ_3、λ_4——合格判定系数，当混凝土强度等级小于C60时，λ_3为1.15，不小于C60时，λ_3为1.10，λ_4为0.95。

3.8.2.4　混凝土强度合格性判定

(1)当检验结果满足合格条件时，则该批混凝土强度判定为合格；否则为不合格。

(2)对于评定为不合格批的混凝土，可按国家现行有关标准进行处理。

任务3.9　普通混凝土的配合比设计

3.9.1　配合比设计基本知识

3.9.1.1　配合比及配合比设计

混凝土的配合比是指混凝土的各组成材料数量之间的质量比例关系。

确定比例关系的过程叫配合比设计。普通混凝土配合比，应根据原材料性能及对混凝土的技术要求进行计算，并经实验室试配、调整后确定。普通混凝土的组成材料主要包括水泥、粗骨料、细骨料和水，随着混凝土技术的发展，外加剂和掺和料的应用日益普遍，因此其掺量也是配合比设计时需选定的。

3.9.1.2　配合比的表示方法

(1)单位用量表示法。以1 m^3混凝土中各项材料的质量表示，混凝土中的水泥、水、粗骨料、细骨料的实际用量按顺序表达，如水泥300 kg、水182 kg、砂680 kg、石子1 310 kg。

(2)相对质量表示法。以水泥、水、砂、石之间的相对质量比及水灰比表达，如前例可表示为1:2.26:4.37，$W/C=0.61$。

3.9.1.3　混凝土配合比设计的基本要求

配合比设计的任务，就是根据原材料的技术性能及施工条件，确定出能满足工程所要求的技术经济指标的各项组成材料的用量。其基本要求是：

(1)达到混凝土结构设计要求的强度等级。

(2)满足混凝土施工所要求的和易性要求。

(3)满足工程所处环境和使用条件对混凝土耐久性的要求。

(4)符合经济原则，节约水泥，降低成本。

3.9.1.4　混凝土配合比设计基本资料

在进行混凝土的配合比设计前，需确定和了解的基本资料，即设计的前提条件，主要有以下几个方面：

(1)混凝土设计强度等级和强度的标准差，以确定混凝土的配制强度。

(2)材料的基本情况;包括水泥品种、强度等级、实际强度、密度;掺和料的种类和掺量;砂的种类、表观密度、细度模数、含水率;石子种类、表观密度、含水率;是否掺外加剂,外加剂种类。

(3)混凝土的施工方法,以便选择坍落度指标。

(4)工程所处环境对混凝土耐久性的要求,以便确定混凝土的最大水胶比和最小胶凝材料用量。

(5)结构构件几何尺寸及钢筋配筋情况,以便确定粗骨料的最大粒径。

3.9.1.5 确定三个基本参数

混凝土的配合比设计,实质上就是确定单位体积混凝土拌和物中水、胶凝材料、砂和石子这4项组成材料之间的三个比例关系,即水和胶凝材料用量之间的比例——水胶比;砂与砂和石子总量的比例——砂率;骨料与水泥浆之间的比例——单位用水量。在配合比设计中能正确确定这三个基本参数,就能使混凝土满足配合比设计的四项基本要求。

确定这三个参数的基本原则是:在满足混凝土的强度和耐久性的基础上,确定水胶比;在满足混凝土施工要求和易性要求的基础上,根据粗骨料的种类和规格确定混凝土的单位用水量;砂的数量应以填充石子空隙后略有富余的原则来确定砂率。

3.9.1.6 混凝土配合比设计的步骤

混凝土的配合比设计是一个计算、试配、调整的复杂过程,共分四个步骤,共需确定四个配合比:

(1)按照原材料性能和混凝土的技术要求,计算出初步配合比。

(2)按照初步配合比,拌制混凝土,并测定和调整和易性,得到满足和易性要求的基准配合比。

(3)在基准配合比的基础上,成型混凝土试件,养护至规定龄期后测定强度,确定满足设计和施工强度要求的比较经济的实验室配合比。

(4)根据施工现场的砂、石实际含水率对实验室配合比进行调整,求出施工配合比。

3.9.2 初步配合比的确定

《普通混凝土配合比设计规程》(JGJ 55—2011)规定,初步配合比按以下步骤和方法通过计算的方式确定。

3.9.2.1 确定混凝土配制强度($f_{cu,0}$)

在工程中配制混凝土时,如果所配制的混凝土的强度$f_{cu,0}$等于设计强度$f_{cu,k}$,这时混凝土的强度保证率只有50%。因此,为了保证工程混凝土具有设计所要求的95%的强度保证率,在混凝土配合比设计时,必须使配制强度大于设计强度。根据《普通混凝土配合比设计规程》(JGJ 55—2011)的规定,当混凝土的设计强度等级不小于C60时,配制强度可按式(3-14)计算:

$$f_{cu,0} \geqslant 1.15f_{cu,k} \tag{3-14}$$

当混凝土的设计强度等级小于C60时,配制强度可按式(3-15)计算:

$$f_{cu,0} \geqslant f_{cu,k} + 1.645\sigma \tag{3-15}$$

式中 $f_{cu,0}$——混凝土配制强度,MPa;

$f_{cu,k}$——混凝土立方体抗压强度标准值，即混凝土的设计强度，MPa；

σ——混凝土强度标准差，MPa。

标准差确定方法如下：施工单位有统计资料时，可根据同类混凝土的强度资料确定。对C20和C25级的混凝土，其强度标准差下限值取2.5 MPa；对大于或等于C30级的混凝土，其强度标准差的下限值取3.0 MPa。当施工单位无历史统计资料时，可按表3-19取值。

表3-19 混凝土强度标准差 σ 取值

混凝土的强度等级	小于C20	C20～C35	大于C35
σ(MPa)	4.0	5.0	6.0

3.9.2.2 确定水胶比 W/B

1. 计算水胶比

当混凝土的设计强度等级小于C60时，混凝土水胶比按式(3-16)计算

$$\frac{W}{B} = \frac{\alpha_a f_b}{f_{cu,0} + \alpha_a \alpha_b f_b} \tag{3-16}$$

式中 $f_{cu,0}$——混凝土配制强度，MPa；

B——每立方米混凝土中胶凝材料的用量，kg；

W——每立方米混凝土中水的用量，kg；

α_a、α_b——回归系数，与骨料的品种、水泥品种等因素有关，可通过试验建立的水胶比与混凝土强度关系式确定，当不具备上述统计资料，采用碎石时 $\alpha_a = 0.53$、$\alpha_b = 0.20$，采用卵石时 $\alpha_a = 0.49$、$\alpha_b = 0.13$。

f_b——胶凝材料28 d胶砂抗压强度，MPa，可实测，且试验方法应按现行国家标准《水泥胶砂强度检验方法(ISO法)》(GB/T 17671—1999)执行。当 f_b 无实测值时，可按式(3-17)计算。

$$f_b = \gamma_f \gamma_s f_{ce} \tag{3-17}$$

式中 γ_f——粉煤灰影响系数；

γ_s——粒化高炉矿渣粉影响系数，可按表3-20选用。

f_{ce}——水泥的实际强度，MPa，在无法取得水泥实际强度数据时，可用式(3-18)计算。

表3-20 粉煤灰影响系数(γ_f)和粒化高炉矿渣粉影响系数(γ_s)

种类掺量(%)	粉煤灰影响系数 γ_f	粒化高炉矿渣粉影响系数 γ_s
0	1.00	1.00
10	0.85～0.95	1.00
20	0.75～0.85	0.95～1.00
30	0.65～0.75	0.90～1.00
40	0.55～0.65	0.80～0.90
50	—	0.70～0.85

注：1. 采用Ⅰ级粉煤灰宜取上限值。

2. 采用S75级粒化高炉矿渣粉宜取下限值，采用S95级粒化高炉矿渣粉宜取上限值，采用S105级粒化高炉矿渣粉可取上限值加0.05。

3. 当超出表中的掺量时，粉煤灰和粒化高炉矿渣粉影响系数应经试验确定。

$$f_{ce} = \gamma_c f_{ce,g} \tag{3-18}$$

式中 $f_{ce,g}$——水泥强度等级；

γ_c——水泥的富裕系数，可按实际统计资料确定，当缺乏统计资料时，也可按表3-21选用。

表3-21 水泥强度等级值的富裕系数

水泥强度等级	32.5	42.5	52.5
富裕系数 γ_c	1.12	1.16	1.10

2. 按耐久性校核水胶比

对于设计使用年限为50年的混凝土结构，应按表3-22中规定的最大水胶比进行耐久性校核。

表3-22 混凝土的最大水胶比和最小胶凝材料用量(JGJ 55—2011)

环境类别	环境条件	最大水胶比	最低强度等级	最大氯离子含量(%)	最小胶凝材料用量(kg)		
					素混凝土	钢筋混凝土	预应力混凝土
一	室内干燥环境； 无侵蚀性静水浸没环境	0.6	C20	0.30	250	280	300
二a	室内潮湿环境； 非严寒和非寒冷地区的露天环境； 非严寒和非寒冷地区与无侵蚀性的水和土壤直接接触的环境； 严寒和寒冷地区的冰冻线以下与无侵蚀性的水和土壤直接接触的环境	0.55	C25	0.20	280	300	300
二b	干湿交替环境； 水位频繁变动环境； 严寒和寒冷地区的露天环境； 严寒和寒冷地区的冰冻线以上与无侵蚀性的水和土壤直接接触的环境	0.50 (0.50)	C30 (C25)	0.15	320		
三a	严寒和寒冷地区冬季水位变动区环境； 寒风环境	0.45 (0.50)	C35 (C30)	0.15	330		
三b	盐渍土环境； 受除冰盐作用环境； 海岸环境	0.40	C40	0.10	330		

注：1. 氯离子含量是指其占胶凝材料总量的百分比。

2. 处于严寒和寒冷地区二b、三a环境中的混凝土应使用引气剂，并可采用括号中的参数。

3.9.2.3 确定用水量和外加剂用量

1. 用水量的确定

用水量根据施工要求的混凝土拌和物的坍落度、所用骨料的种类及最大粒径查

表3-23得到。水灰比小于0.40的混凝土及采用特殊成型工艺的混凝土的用水量应通过试验确定。流动性和大流动性混凝土的用水量可以查表中坍落度为90 mm的用水量为基础，按坍落度每增大20 mm，用水量增加5 kg，计算出用水量。

表3-23 塑性混凝土用水量(JGJ 55—2011) (单位：kg/m^3)

拌和物稠度		卵石最大粒径(mm)				碎石最大粒径(mm)			
项目	指标	10	20	31.5	40	16	20	31.5	40
坍落度(mm)	10~30	190	170	160	150	200	185	175	165
	35~50	200	180	170	160	210	195	185	175
	55~70	210	190	180	170	220	205	195	185
	75~90	215	195	185	175	230	215	205	195

注：1. 本表用水量是采用中砂时的平均取值。采用细砂时，每立方米混凝土用水量增加5~10 kg；采用粗砂时，则可减少5~10 kg。

2. 采用各种外加剂或掺和料时，用水量应相应调整。

掺外加剂时的用水量可按式(3-19)计算

$$m_{w0}=m'_{w0}(1-\beta) \tag{3-19}$$

式中 m_{w0}——掺外加剂时每立方米混凝土的用水量，kg；

m'_{w0}——未掺外加剂时的每立方米混凝土的用水量，kg；

β——外加剂的减水率(%)，经试验确定。

2. 外加剂用量的确定

每立方米混凝土中外加剂的用量 m_{a0} 可按式(3-20)计算

$$m_{a0}=m_{b0}\beta_a \tag{3-20}$$

式中 m_{a0}——计算配合比中每立方米混凝土的外加剂用量，kg；

m_{b0}——计算配合比中每立方米混凝土的胶凝材料用量，kg；

β_a——外加剂的掺量(%)，经试验确定。

3.9.2.4 确定胶凝材料、矿物掺和料和水泥用量

1. 确定胶凝材料用量

(1)计算胶凝材料用量。每立方米混凝土胶凝材料用量(m_{b0})(包括水泥和矿物掺和料总量)，可根据已选定的混凝土用水量 m_{w0} 和水胶比(W/B)按式(3-21)求出

$$m_{b0}=\frac{m_{w0}}{W/B} \tag{3-21}$$

(2)按耐久性要求校核胶凝材料用量。对于设计使用年限为50年的混凝土结构，应按表3-22中规定的最大水胶比进行耐久性校核。为保证混凝土的耐久性，由以上计算得出的胶凝材料用量还要满足有关规定的最小胶凝材料用量的要求，如算得的胶凝材料用量小于规定的最小胶凝材料用量，则应取规定的最小胶凝材料用量值。

2. 确定矿物掺和料用量

每立方米混凝土矿物掺和料用量 m_{f0} 按式(3-22)计算

$$m_{f0}=m_{b0}\beta_f \tag{3-22}$$

式中 β_f——矿物掺和料掺量(%),矿物掺和料在混凝土中的掺量应通过试验确定,采用硅酸盐水泥或普通硅酸盐水泥时,钢筋混凝土和预应力混凝土中矿物掺和料最大掺量应符合相关规定。

3. 确定水泥用量

每立方米混凝土水泥用量(m_{c0})按式(3-23)计算

$$m_{c0} = m_{b0} - m_{f0} \tag{3-23}$$

式中 m_{c0}——每立方米混凝土的水泥用量,kg。

3.9.2.5 确定砂率(β_s)

砂率可由试验或历史经验资料选取。如无历史资料,坍落度为10~60 mm的混凝土的砂率可根据粗骨料品种、最大粒径及水胶比按表3-24选取。坍落度大于60 mm的混凝土的砂率,可经试验确定,也可在表3-24的基础上,按坍落度每增大20 mm,砂率增大1%的幅度予以调整。坍落度小于10 mm的混凝土,其砂率应经试验确定。

表3-24 混凝土的砂率(JGJ 55—2011) (%)

水胶比	卵石最大粒径(mm)			碎石最大粒径(mm)		
(W/B)	10	20	40	16	20	40
0.40	26~32	25~31	24~30	30~35	29~34	37~32
0.50	30~35	29~34	28~33	33~38	32~37	30~35
0.60	33~38	32~37	31~36	36~41	35~40	33~38
0.70	36~41	35~40	34~39	39~44	38~43	36~41

注:1. 本表数值系中砂的选用砂率,对细砂或粗砂,可相应地减小或增大砂率。

2. 只用一个单粒级粗骨料配制混凝土时,砂率应适当增大。

3. 采用人工砂时,砂率可适当增大。

3.9.2.6 计算粗、细骨料用量(m_{g0},m_{s0})

1. 质量法

质量法又称假定表观密度法,是指假定一个混凝土拌和物的表观密度值,联立已确定的砂率,可得式(3-24)所示的方程组,进一步计算可求得1 m^{3}混凝土拌和物中粗、细骨料用量。

$$\left.\begin{aligned} m_{c0} + m_{f0} + m_{g0} + m_{s0} + m_{w0} = m_{cp} \\ \beta_s = \frac{m_{s0}}{m_{s0} + m_{g0}} \times 100\% \end{aligned}\right\} \tag{3-24}$$

式中 m_{c0}——每立方米混凝土的水泥用量,kg;

m_{f0}——每立方米混凝土的矿物掺和料用量,kg;

m_{g0}——每立方米混凝土的粗骨料用量,kg;

m_{s0}——每立方米混凝土的细骨料用量,kg;

m_{w0}——每立方米混凝土的用水量,kg;

m_{cp}——每立方米混凝土拌和物的假定质量,kg,其值可取2 350~2 450 kg;

β_s——砂率(%)。

2. 体积法

体积法是假定混凝土拌和物的体积等于各组成材料的绝对体积与拌和物中所含空气

的体积之和。联立 1 m^3混凝土拌和物的体积和混凝土的砂率两个方程,可得式(3-25)所示的方程组,从而求得 1 m^3混凝土拌和物中粗、细骨料用量。

$$\left.\begin{aligned} &\frac{m_{c0}}{\rho_c}+\frac{m_{f0}}{\rho_f}+\frac{m_{g0}}{\rho'_g}+\frac{m_{s0}}{\rho'_s}+\frac{m_{w0}}{\rho_w}+0.01\alpha=1 \\ &\beta_s=\frac{m_{s0}}{m_{s0}+m_{g0}}\times 100\% \end{aligned}\right\} \tag{3-25}$$

式中 ρ_c——水泥密度,kg/m^3,可取 2 900 ~ 3 100 kg/m^3;

ρ_f——矿物掺和料密度,kg/m^3;

ρ'_g——粗骨料的表观密度,kg/m^3;

ρ'_s——细骨料的表观密度,kg/m^3;

ρ_w——水的密度,kg/m^3,可取 1 000 kg/m^3;

α——混凝土的含气量百分数(在不使用引气型外加剂时,α 可取 1)。

3.9.3 基准配合比的确定

3.9.3.1 基准配合比的含义及确定思路

由于在计算初步配合比过程中,使用了一些经验公式和经验数据,所以按初步配合比的结果拌制的混凝土,其和易性不一定能够完全符合施工要求。

为此,确定基准配合比的思路是先按照初步配合比拌制一定量的混凝土,然后检验其和易性,必要时进行和易性调整,直至和易性满足设计要求时,各种材料的用量比即为基准配合比。

3.9.3.2 基准配合比的确定

(1)试配混凝土拌和物。试配时,骨料最大粒径不大于 31.5 mm 时,混凝土的最小搅拌量为 20 L,骨料最大粒径为 40 mm 时,混凝土的最小搅拌量为 25 L。当采用机械搅拌时,其搅拌不应小于搅拌机额定搅拌量的 1/4。

(2)检验和易性。混凝土搅拌均匀后即要检测混凝土拌和物的和易性。根据流动性、黏聚性和保水性的测评结果,综合判断和易性是否满足要求。若不符合设计要求,则要保持初步配合比中的水胶比不变,进行其他有关材料的用量的调整,具体调整方法参考表 3-25。

表 3-25 新拌混凝土和易性调整方法

试配混凝土的实测情况	调整方法
混凝土较稀,实测坍落度大于设计要求	保持砂率不变的前提下,增加砂、石用量;或保持水胶比不变,减少水和水泥用量
混凝土较稠,实测坍落度小于设计要求	保持水胶比不变,增加水泥浆用量。每增大 10 mm 坍落度值,需增加水泥浆 5% ~8%
由于砂浆过度,引起坍落度过大	降低砂率
砂浆不足以包裹石子,黏聚性、保水性不良	单独加砂,增大砂率

需要注意的是，每次调整材料用量后，都须重新拌制混凝土并再次测定流动性，观察评价黏聚性和保水性，直到流动性、黏聚性和保水性均满足设计要求时，混凝土拌和物的和易性才算合格。

(3)计算基准配合比。

①计算调整至和易性满足要求后混凝土拌和物的总质量 $= C_{拌} + S_{拌} + G_{拌} + W_{拌}$。

②测定混凝土拌和物的实际表观密度 ρ_{ct} (kg/m^3)。

③按式(3-26)计算混凝土基准配合比，以 1 m^3混凝土各材料用量计。

$$\left.\begin{aligned} C_{基} &= \frac{C_{拌}}{C_{拌}+S_{拌}+G_{拌}+W_{拌}}\rho_{ct} \\ S_{基} &= \frac{S_{拌}}{C_{拌}+S_{拌}+G_{拌}+W_{拌}}\rho_{ct} \\ G_{基} &= \frac{G_{拌}}{C_{拌}+S_{拌}+G_{拌}+W_{拌}}\rho_{ct} \\ W_{基} &= \frac{W_{拌}}{C_{拌}+S_{拌}+G_{拌}+W_{拌}}\rho_{ct} \end{aligned}\right\} \tag{3-26}$$

则基准配合比为 $1:\frac{S_{基}}{C_{基}}:\frac{G_{基}}{C_{基}}:\frac{W_{基}}{C_{基}}$，其中 C 表示水泥，S 表示砂，G 表示石子，W 表示水。

3.9.4 实验室配合比的确定

3.9.4.1 实验室配合比的含义及确定思路

实验室配合比是同时满足和易性和强度要求的混凝土各组成材料的用量之比。

经调整后的基准配合比虽工作性已满足要求，但其硬化后的强度是否真正满足设计要求还需要通过强度试验检验。实验室配合比确定思路是在按基准配合比拌制混凝土、制作标准试块、标准养护到规定龄期后，测定混凝土试块的强度，若强度不合格则须调整，直至强度满足要求后，得到的混凝土各组成材料的质量之比即为混凝土的实验室配合比。

3.9.4.2 制作标准试块

采用 3 个不同的配合比分别制作 3 组混凝土标准试块(每组 3 块)，其中一组为基准配合比，另外两个组较基准配合比的水胶比分别增加和减少 0.05。其用水量应与基准配合比的用水量相同，砂率可分别增加和减少 1%。

若有耐久性等指标要求，相应增加制作试块的组数。制作混凝土强度试验试件时，每组试件的拌和物均要测定流动性、黏聚性、保水性，直至合格后再测定及拌和物的表观密度。当不同水胶比的混凝土拌和物稠度与要求值差值超过允许值时，可采取增减用水量的措施进行调整。

3.9.4.3 测定强度，确定水胶比

将 3 组试块置于标准条件下养护至 28 d 龄期或达到设计规定的龄期，分别测定每组试块的抗压强度。绘制 28 d 抗压强度与其相对应的胶水比(B/W)关系曲线，用作图法或计算法求出与混凝土配制强度相对应的胶水比，进一步换算成水胶比。

3.9.4.4 确定用水量

混凝土的用水量可以在基准配合比的基础上，根据制作强度试件时测得的流动性进行调整确定，或者是取基准配合比的用水量。

3.9.4.5 确定其他材料用量

胶凝材料用量应以用水量乘以选定的胶水比计算确定。外加剂的用量直接取基准配合比的用量。粗、细骨料用量应取基准配合比的粗、细骨料用量，或是按选定的水胶比进行调整后确定。

3.9.4.6 表观密度的计算和实验室配合比的确定

(1)配合比调整后的表观密度($\rho_{c,c}$)，应按式(3-27)进行计算。

$$\rho_{c,c} = m_c + m_f + m_g + m_s + m_w \tag{3-27}$$

式中 m_c——每立方米混凝土的水泥用量，kg；

m_f——每立方米混凝土的矿物掺和料用量，kg；

m_g——每立方米混凝土的粗骨料用量，kg；

m_s——每立方米混凝土的细骨料用量，kg；

m_w——每立方米混凝土的用水量，kg。

(2)混凝土配合比校正系数。实测混凝土的表观密度($\rho_{c,t}$)后，按式(3-28)计算配合比的校正系数。

$$\delta = \frac{\rho_{c,t}}{\rho_{c,c}} \tag{3-28}$$

式中 δ——混凝土配合比校正系数；

$\rho_{c,t}$——混凝土表观密度实测值，kg/m^3；

$\rho_{c,c}$——混凝土表观密度计算值，kg/m^3。

当混凝土表观密度实测值与计算值之差的绝对值不超过计算值的2%时，以前的配合比即为确定的实验室配合比；当二者之差超过2%时，应将配合比中每项材料用量均乘以校正系数，即为最终确定的实验室配合比。

3.9.5 施工配合比的确定

3.9.5.1 施工配合比的含义

设计配合比是以干燥材料为基准的，而工地存放的砂、石都含有一定的水分，且随着气候的变化而经常变化。所以，现场材料的实际称量应按施工现场砂、石的含水情况进行修正，修正后的配合比称为施工配合比。

3.9.5.2 施工配合比的换算

换算施工配合比的原则：胶凝材料用量不变，从计算的加水量中扣除湿骨料拌和物中的水量。

假定工地存放的砂的含水率为$a\%$，石子的含水率为$b\%$，则实验室配合比换算为施工配合比，按式(3-29)计算

$$\left.\begin{aligned} m'_c &= m_c \\ m'_s &= m_s(1+a\%) \\ m'_g &= m_g(1+b\%) \\ m'_f &= m_f \\ m'_w &= m_w - m_s a\% - m_g b\% \end{aligned}\right\} \tag{3-29}$$

式中　m'_c、m'_s、m'_g、m'_f、m'_w——1 m^3混凝土拌和物中，施工时用的水泥、砂、石子、矿物掺和料和水的质量，kg。

3.9.6　普通混凝土配合比设计工程应用案例

【例3-1】　某框架结构钢筋混凝土梁强度等级为C30，设计使用年限为50年，结构位于寒冷地区，施工要求坍落度为35～50 mm，施工单位混凝土强度标准差σ取5.0 MPa。所用的原材料情况如下：

(1)水泥：42.5级普通水泥，密度是3.05 g/cm^3，强度富裕系数为1.16。

(2)砂：级配合格的中砂，表观密度2 650 kg/m^3。

(3)石子：5～20 mm的碎石，表观密度2 700 kg/m^3。

(4)拌和及养护用水：饮用水。

(5)掺和料为粒化高炉矿渣粉，掺量为40%，密度2.8 g/cm^3。

施工方式为机械搅拌、机械振捣。

试求：

(1)按初步配合比在实验室进行材料调整，得出实验室配合比。

(2)若施工现场中砂含水率为4%，卵石含水率为1.5%，求施工配合比。

解：1. 计算混凝土的设计配合比

(1)确定混凝土配制强度$f_{cu,0}$。

$$f_{cu,0} = f_{cu,k} + 1.645\sigma = 30 + 1.645 \times 5.0 = 38.2(\text{MPa})$$

(2)计算水胶比(W/B)。

①按强度要求计算水胶比。

计算水泥实际强度。

$$f_{ce} = \gamma_c f_{ce,k} = 1.16 \times 42.5 = 49.3(\text{MPa})$$

计算水胶比。

当采用碎石时$\alpha_a = 0.53$、$\alpha_b = 0.20$，查表3-20粒化高炉矿渣粉掺量为40%，γ_f取1.00，γ_s取0.90。$f_b = \gamma_f \gamma_s f_{ce} = 1.00 \times 0.90 \times 49.3 = 44.37(\text{MPa})$。

$$W/B = \frac{\alpha_a f_b}{f_{cu,0} + \alpha_a \alpha_b f_b} = \frac{0.53 \times 44.37}{38.2 + 0.53 \times 0.20 \times 44.37} = 0.55$$

②按耐久性校核水胶比。由于混凝土结构处于寒冷地区，且设计使用年限为50年，故须按耐久性要求校核水胶比。查表3-22，可得允许最大水胶比为0.50。按强度计算的水胶比大于规范要求的最大值，不符合耐久性要求，故采用水胶比为0.50，继续下面的计算。

(3)确定单位用水量(m_w)。

根据题目,混凝土拌和物坍落度为35~50 mm,碎石最大粒径为20 mm,查表3-23,用水量取$m_w=195\ kg/m^3$。

(4)计算胶凝材料用量(m_b)。

①按强度计算单位混凝土的胶凝材料用量。已知混凝土单位用水量为195 kg/m^3,水胶比为0.50,单位胶凝材料用量为

$$m_b=\frac{m_w}{W/B}=\frac{195}{0.50}=390(kg/m^3)$$

②按耐久性校核单位胶凝材料用量。根据混凝土所处环境条件属寒冷地区的钢筋混凝土,查表3-22,最小胶凝材料用量不低于320 kg/m^3,按强度计算单位混凝土的胶凝材料用量满足耐久性要求,故取单位胶凝材料用量为390 kg。

其中,矿渣粉用量:$m_f=390\times40\%=156(kg/m^3)$

水泥用量:$m_c=390\times60\%=234(kg/m^3)$

(5)选定砂率(β_s)。

按已知骨料最大粒径20 mm,水胶比0.5,查表3-24,选取砂率为35%。

(6)计算砂、石用量(m_s、m_g)。

①按质量法计算。本例假定混凝土拌和物的密度为2 450 kg/m^3,将粒化高炉矿渣粉、水泥和用水量和砂率的数据代入式(3-24)计算。

$$\left.\begin{aligned}&234+156+m_{g0}+m_{s0}+195=2\ 450\\&35\%=\frac{m_{s0}}{m_{s0}+m_{g0}}\times100\%\end{aligned}\right\}$$

解得:$m_{s0}=653\ kg/m^3$,$m_{g0}=1\ 212\ kg/m^3$。

按质量法计算的初步配合比,可以表示如下:

1 m^3混凝土各种组成材料用量:$m_{b0}=390$ kg,$m_{s0}=653$ kg,$m_{g0}=1\ 212$ kg,$m_{w0}=195$ kg。

换算成按比例法表示的形式为$m_{b0}:m_{s0}:m_{g0}:m_{w0}=1:1.67:3.11:0.5$。

②按体积法计算。

将已知数据代入式(3-24)计算如下

$$\left.\begin{aligned}&\frac{234}{3\ 050}+\frac{156}{2\ 800}+\frac{m_{s0}}{2\ 650}+\frac{m_{g0}}{2\ 700}+\frac{195}{1\ 000}+0.01\times1=1\\&35\%=\frac{m_{s0}}{m_{s0}+m_{g0}}\times100\%\end{aligned}\right\}$$

解得:$m_{s0}=622\ kg/m^3$,$m_{g0}=1\ 157\ kg/m^3$。

按体积法计算的初步配合比,可以表示如下:

1 m^3混凝土各种组成材料用量:$m_{b0}=390$ kg,$m_{s0}=622$ kg,$m_{g0}=1\ 157$ kg,$m_{w0}=195$ kg。

换算成按比例法表示的形式为$m_{b0}:m_{s0}:m_{g0}:m_{w0}=1:1.59:2.97:0.5$

由上面的计算可知,分别用体积法和质量法计算出的配合比结果稍有差别,但这种差

别在工程上通常是允许的。在配合比计算时,可任选一种方法进行设计,不用同时用两种方法计算。

2. 调整工作性,提出基准配合比

(1)计算试拌材料用量。依据粗骨料的最大粒径为 20 mm,确定拌和物的最少搅拌量为 20 L。按体积法计算的初步配合比,计算试拌 20 L 拌和物时各种材料用量。

水泥用量　　$234\times0.02=4.68(\text{kg})$

矿渣粉用量　　$1\ 56\times0.02=3.12(\text{kg})$

水用量　　$195\times0.02=3.9(\text{kg})$

砂用量　　$622\times0.02=12.44(\text{kg})$

碎石用量　　$1\ 157\times0.02=23.14(\text{kg})$

(2)拌制混凝土,测定和易性,确定基准配合比。称取各种材料,按要求拌制混凝土,测定其坍落度为 20 mm,小于设计要求的 35~50 mm 的坍落度值。为此保持水胶比不变,增加5%的水胶浆,即将水泥用量提高到 4.91 kg,矿渣粉用量提高到 3.28 kg,水用量提高到 4.10 kg,再次拌和并测定坍落度值为 40 mm,黏聚性和保水性均良好,满足施工和易性要求。此时测得的混凝土拌和物的表观密度为 2 460 kg/m³,经过调整后各种材料的用量分别是:水泥为 4.91 kg,矿渣粉为 3.28 kg,水为 4.10 kg,砂为 12.44 kg,碎石为 23.14 kg。

根据实测的混凝土拌和物的表观密度,计算出 1 m³ 混凝土各种材料用量,即得出混凝土的基准配合比。

$$\text{水泥}\quad m_c=\frac{4.91}{4.91+3.28+4.10+12.44+23.14}\times2\ 460=\frac{4.91}{47.87}\times2\ 460=252(\text{kg/m}^3)$$

$$\text{矿渣粉}\quad m_f=\frac{3.28}{4.91+3.28+4.10+12.44+23.14}\times2\ 460=\frac{3.28}{47.87}\times2\ 460=169(\text{kg/m}^3)$$

$$\text{水}\quad m_w=\frac{4.10}{4.91+3.28+4.10+12.44+23.14}\times2\ 460=\frac{4.10}{47.87}\times2\ 460=211(\text{kg/m}^3)$$

$$\text{砂}\quad m_s=\frac{12.44}{4.91+3.28+4.10+12.44+23.14}\times2\ 460=\frac{12.44}{47.87}\times2\ 460=642(\text{kg/m}^3)$$

$$\text{石}\quad m_g=\frac{23.14}{4.91+3.28+4.10+12.44+23.14}\times2\ 460=\frac{23.14}{47.87}\times2\ 460=1\ 187(\text{kg/m}^3)$$

则混凝土 1 m³ 混凝土各种组成材料用量:$m_b=252+169=421(\text{kg})$,$m_s=642$ kg,$m_g=1\ 189$ kg,$m_w=211$ kg。

换算成按比例法表示的形式为 $m_b:m_s:m_g:m_w=1:1.52:2.82:0.5$。

3. 求施工配合比

将设计配合比换算成现场施工配合比,用水量应扣除砂、石所含水量,而砂、石则应增加砂、石的含水率。施工配合比计算如下

$$m'_c=m_c=252\text{ kg}$$

$$m'_s=m_s(1+a\%)=642\times(1+4\%)=667.7(\text{kg})$$

$$m'_g=m_g(1+b\%)=1\ 187\times(1+1.5\%)=1\ 204.8(\text{kg})$$

$$m'_w=m_w-m_sa\%-m_gb\%=211-642\times4\%-1\ 187\times1.5\%=167.5(\text{kg})$$

项目小结

混凝土是当今世界用量最大、用途最广的工程材料之一。水泥混凝土的基本组成材料是水泥、砂、石和水，外加剂和掺和料的使用改善了混凝土性能。混凝土原材料的质量直接影响混凝土的性能，必须满足国家有关规范、标准规定的质量要求。

混凝土拌和物的和易性包括流动性、黏聚性和保水性三个方面，常采用坍落度试验或维勃稠度试验进行判别。

混凝土的强度有抗压强度、抗拉强度、抗折强度等。混凝土强度等级采用立方体抗压强度标准值确定。

混凝土的耐久性包括抗渗性、抗冻性、抗腐蚀性、抗碳化能力、碱－骨料反应等。混凝土的耐久性与混凝土的密实度关系密切，也与水泥用量、水胶比密切相关。

混凝土配合比设计主要围绕四个基本要求进行，即满足设计强度要求、适应工程施工条件下的和易性要求、满足使用条件下的耐久性要求、最大限度地降低工程造价。配合比设计要正确确定水胶比、砂率和单位用水量三个参数，再确定各种材料的比例关系。

为了保证混凝土结构的可靠性，必须对混凝土进行质量控制，要对混凝土各个施工环节进行质量控制和检查，另外还要用数理统计方法对混凝土的强度进行检验评定。

随着现代水泥工业、水泥加工工艺和施工技术的飞快发展，混凝土材料品种不断增多，因此新型混凝土材料在工程建设中的地位显得日益重要。未来的新型混凝土一定具有比传统混凝土更高的强度和耐久性，能满足结构物力学性能、使用功能以及使用年限的要求。

技能考核题

一、填空题

1. 混凝土拌和物的和易性包括________、________和________三个方面的含义。

2. 测定混凝土拌和物和易性的方法有________法或________法。

3. 水泥混凝土的基本组成材料有________、________、________和________。

4. 混凝土配合比设计的基本要求是满足________、________、________和________。

5. 混凝土配合比设计的三大参数是________、________和________。

6. 砂子的筛分曲线表示砂子的________，砂子的细度模数表示砂子的________，配制混凝土用砂，应同时考虑________和________。

二、判断题

1. 卵石混凝土相比同条件配合比拌制的碎石混凝土的流动性好，但强度则低了一些。（　　）

2. 混凝土拌和物中水泥浆越多，和易性越好。（　　）

3. 在混凝土中掺入引气剂，则混凝土密实度降低，因而其抗冻性降低。（　　）

4. 普通水泥混凝土配合比设计计算中，可以不考虑耐久性的要求。（　　）

5. 混凝土外加剂是一种能使混凝土强度大幅度提高的填充材料。（　　）

6. 在混凝土施工中，统计得出混凝土强度标准差越大，则表明混凝土生产质量越不稳定，施工水平越差。（　）

7. 因水资源短缺，所以应尽可能采用污水和废水养护混凝土。（　）

8. 测定混凝土拌和物流动性时，坍落度法比维勃稠度法更准确。（　）

9. 水灰比在0.4~0.8范围内，且当混凝土中用水量一定时，水灰比变化对混凝土拌和物的流动性影响不大。（　）

10. 选择坍落度的原则应当是在满足施工要求的条件下，尽可能采用较小的坍落度。（　）

11. 流动性大的混凝土比流动性小的混凝土强度低。（　）

12. 在混凝土拌和物中，保持 W/C 不变，增加水泥浆量，可增大拌和物的流动性。（　）

13. 水泥石中的 $Ca(OH)_2$ 与含碱高的骨料反应，形成碱－骨料反应。（　）

14. 水泥混凝土的养护条件对其强度有显著影响，一般是指湿度、温度、龄期。（　）

15. 当混凝土坍落度达不到要求时，在施工中可适当增加用水量。（　）

三、不定项选择题

1. 坍落度小于（　）的新拌混凝土，采用维勃稠度仪测定其工作性。

A. 20 mm　B. 15 mm　C. 10 mm　D. 5 mm

2. 骨料中有害杂质包括（　）。

A. 含泥量和泥块含量　B. 硫化物和硫酸盐含量

C. 轻物质含量　D. 云母含量

3. 混凝土配合比设计时必须按耐久性要求校核（　）。

A. 砂率　B. 单位水泥用量　C. 浆集比　D. 水灰比

4. 在混凝土中掺入（　）对混凝土抗冻性有明显改善。

A. 引气剂　B. 减水剂　C. 缓凝剂　D. 早强剂

5. 加气混凝土主要用于（　）。

A. 承重结构　B. 承重结构和非承重结构

C. 非承重保温结构　D. 承重保温结构

6. 混凝土对砂子的技术要求是（　）。

A. 空隙率小　B. 总表面积小

C. 表面积小，尽可能粗　D. 空隙率小，尽可能粗

7. 影响混凝土强度的因素有（　）。

A. 水泥强度　B. 水灰比

C. 砂率　D. 骨料的品种

E. 养护条件

8. 在普通混凝土中掺入引气剂，能（　）。

A. 改善拌和物的和易性　B. 切断毛细管通道，提高混凝土抗渗性

C. 使混凝土强度有所提高　D. 提高混凝土的抗冻性

E. 用于制作预应力混凝土

9. 缓凝剂主要用于(　　)。

A. 大体积混凝土　　B. 高温季节施工的混凝土

C. 远距离运输的混凝土　　D. 喷射混凝土

E. 冬季施工工程

10. 提高混凝土耐久性的措施有(　　)。

A. 采用高强度水泥　　B. 选用质量良好的砂、石骨料

C. 适当控制混凝土水灰比　　D. 掺引气剂

E. 改善施工操作,加强养护

11. 普通混凝土配合比设计的基本要求是(　　)。

A. 达到混凝土强度等级　　B 满足施工的和易性

C. 满足耐久性要求　　D. 掺外加剂、外掺料

E. 节约水泥、降低成本

12. 测定混凝土强度的标准试件尺寸为(　　)。

A. 10 cm×10 cm×10 cm　　B. 15 cm×15 cm×15 cm

C. 20 cm×20 cm×20 cm　　D. 7.07 cm×7.07 cm×7.07 cm

13. 配制混凝土用的石子不需要测定(　　)。

A. 含泥量　　B. 泥块含量

C. 细度模数　　D. 针、片状颗粒含量

14. 下列用水,(　　)为符合规范的混凝土用水。

A. 河水　　B. 江水　　C. 海水

D. 湖水　　E. 饮用水　　F. 工业废水

G. 生活用水

15. 普通用砂的细度模数的范围一般在(　　),以其中的中砂为宜。

A. 3.7~3.1　　B. 3.0~2.3　　C. 2.2~1.6　　D. 3.7~1.6

四、计算题

1. 500 g干砂筛分试验结果如下:4.75 mm→10 g、2.36 mm→80 g、1.18 mm→100 g、0.6 mm→120 g、0.3 mm→90 g、0.15 mm→80 g。试计算此砂的细度模数,并分析该砂的粗细程度和级配情况。

2. 采用矿渣水泥、卵石和天然砂配制混凝土,制作10 cm ×10 cm ×10 cm试件三块,在标准养护条件下养护7 d后,测得破坏荷载分别为140 kN、135 kN、142 kN。预测该混凝土28 d的标准立方体抗压强度。

3. 某混凝土的实验室配合比为1∶2.1∶4.0,$W/C=0.60$,混凝土的表观密度为2 410 kg/m^3。求1 m^3混凝土各材料用量。

4. 已知混凝土经试拌调整后,各项材料用量为:水泥3.10 kg,水1.86 kg ,砂6.24 kg,碎石12.8 kg,并测得拌和物的表观密度为2 500 kg/m^3,试计算:

(1)1 m^3 混凝土各项材料的用量。

(2)如工地现场砂子含水率为2.5%,石子含水率为0.5%,求施工配合比。

项目4　建筑砂浆

知识目标

1. 掌握砌筑砂浆的分类和组成材料的技术要求。
2. 掌握砌筑砂浆的技术性质,熟悉其配合比设计的方法和步骤。
3. 了解其他几种常用砂浆的性能特点及适用条件。

技能目标

1. 能进行砂浆稠度的检测。
2. 能进行砂浆分层度的检测。

建筑砂浆是由胶凝材料、细骨料和水,有时也加入掺和料及外加剂,配制而成的建筑工程材料。建筑砂浆在建筑工程中是用量大、用途广泛的一种建筑材料。砂浆可把散粒材料、块状材料、片状材料等胶结成整体结构,也可以装饰、保护主体材料。

例如,在砌体结构中,砂浆薄层可以把单块的砖、石以及砌块等胶结起来构成砌体;大型墙板和各种构件的接缝也可用砂浆填充;墙面、地面及梁柱结构的表面都可用砂浆抹面,以便满足装饰和保护结构的要求;镶贴大理石、瓷砖等也常使用砂浆。

建筑砂浆按胶结料不同可分为水泥砂浆、石灰砂浆、石膏砂浆、聚合物砂浆和混合砂浆等;按用途不同可分为砌筑砂浆、抹面砂浆、装饰砂浆、绝热砂浆和防水砂浆等。

任务4.1　砌筑砂浆

4.1.1　砌筑砂浆的组成材料

4.1.1.1　水泥

(1)品种的选择:根据砌筑部位对耐久性的要求来合理选择。

(2)强度等级的选择:水泥的强度等级应根据设计要求进行选择。水泥砂浆采用的水泥,其强度等级不宜大于32.5级;水泥混合砂浆采用的水泥,其强度等级不宜大于42.5级。

4.1.1.2　掺和料

在砂浆中加入掺和料可以改善砂浆的和易性,节约水泥,利用工业废渣,有利于保护环境。常用的掺和料有:

(1)石灰膏:作用为塑化和改善和易性。选用时注意消除过火石灰的危害(陈伏、磨细);陈伏时防硬化、冻结、污染,不可用消石灰粉。

(2)电石膏:电石消解后经 3 mm×3 mm 的筛网过筛,经加热至 70 ℃并保持 20 min,无乙炔气味时方可使用。

(3)黏土膏:使用条件为干燥、强度低的砌筑砂浆。选用时注意:粒细、黏性好、杂质少的黏土或亚黏土经搅拌过筛化为膏状。

(4)粉煤灰:改善和易性,节约水泥。

各种膏体的使用稠度为(120±5)mm。

4.1.1.3　砂

最大粒径:小于砂浆层厚的 1/5～1/4,砖砌体用粒径小于 2.5 mm 的中砂,毛石砌体用粒径小于 5 mm 的粗砂。对面层的抹面砂浆或勾缝砂浆应采用细砂。

含泥量:对水泥砂浆和强度等级不小于 M5 的水泥混合砂浆不应超过 5%;强度等级小于 M5 的水泥混合砂浆,不应超过 10%。

4.1.1.4　水

水质应符合《混凝土拌合用水标准》(JGJ 63—2006)的规定。

4.1.1.5　外加剂

外加剂是指在拌浆过程中掺入,用来改善砂浆性能的物质。如松香皂、微沫剂等有机塑化剂,早强剂,缓凝剂,防冻剂等,应经检验和试配符合要求后,方可使用。有机塑化剂应有砌体强度的型式检验报告。

4.1.2　砂浆的技术性质

建筑砂浆的主要技术性质包括新拌砂浆的和易性,硬化后砂浆的强度、黏结性和收缩等。对于硬化后的砂浆则要求具有所需要的强度、与底面的黏结及较小的变形。

4.1.2.1　新拌砂浆的和易性

新拌砂浆的和易性:是指在搅拌运输和施工过程中不易产生分层、析水现象,并且易于在粗糙的砖、石等表面上铺成均匀的薄层的综合性能。

通常用流动性和保水性两项指标表示。

1. 流动性(稠度)

流动性是指砂浆在自重或外力作用下是否易于流动的性能。

砂浆流动性实质上反映了砂浆的稠度。流动性的大小以砂浆稠度测定仪的圆锥体沉入砂浆中深度的毫米数来表示,称为稠度(沉入度)。

砂浆流动性的选择与基底材料种类及吸水性能、施工条件、砌体的受力特点以及天气情况等有关。对于多孔吸水的砌体材料和干热的天气,则要求砂浆的流动性大一些;相反对于密实不吸水的砌体材料和湿冷的天气,要求砂浆的流动性小一些。可参考表 4-1 和表 4-2 来选择砂浆流动性。

表 4-1　砌筑砂浆流动性要求

砌体种类	砂浆稠度(mm)
烧结普通砖砌体	70～90
石砌体	30～50
轻骨料混凝土小型空心砌块砌体	60～90
烧结多孔砖、空心砖砌体	60～80
烧结普通砖平拱式过梁	50～70
空心墙，筒拱	
普通混凝土小型空心砌块砌体	
加量混凝土砌块砌体	

表 4-2　抹面砂浆流动性要求　（单位:mm）

抹灰工程	机械施工	手工操作
准备层	80～90	110～120
底层	70～80	70～80
面层	70～80	90～100
石膏浆面层	—	90～120

影响砂浆流动性的主要因素有:胶凝材料及掺和料的品种和用量,砂的粗细程度、形状及级配,用水量,外加剂品种与掺量,搅拌时间等。当其他材料确定后,流动性主要取决于用水量,施工中常用用水量的多少来控制砂浆的稠度。

2. 保水性

保水性指新拌砂浆保存水分的能力,也表示砂浆中各组成材料是否易分离的性能。

新拌砂浆在存放、运输和使用过程中,都必须保持其水分不致很快流失,才能便于施工操作且保证工程质量。如果砂浆保水性不好,在施工过程中很容易泌水、分层、离析或水分易被基面所吸收,使砂浆变得干稠,致使施工困难,同时影响胶凝材料的正常水化硬化,降低砂浆本身强度以及与基层的黏结强度。因此,砂浆要具有良好的保水性。一般来说,砂浆内胶凝材料充足,尤其是掺加了石灰膏和黏土膏等掺和料后,砂浆的保水性均较好,砂浆中掺入加气剂、微沫剂、塑化剂等也能改善砂浆的保水性和流动性。但是砌筑砂浆的保水性并非越高越好,对于不吸水基层的砌筑砂浆,保水性太高会使得砂浆内部水分早期无法蒸发释放,从而不利于砂浆强度的增长并且增大了砂浆的干缩裂缝,降低了整个砌体的整体性。

砂浆的保水性用分层度表示。砂浆合理的分层度应控制在 10～20 mm,分层度大于 20 mm 的砂浆容易离析、泌水、分层或水分流失过快,不便于施工。分层度过小,如分层度为 0 的砂浆,说明砂浆中胶凝材料用量大,干缩大,易干裂,且胶凝材料用量多,也不经济。分层度小于 10 mm 的砂浆硬化后容易产生干缩裂缝。

4.1.2.2　硬化后砂浆的强度及强度等级

1. 抗压强度与强度等级

砂浆强度等级以70.7 mm×70.7 mm×70.7 mm的3个立方体试块，按标准条件养护（水泥混合砂浆为(20±3)℃，相对湿度为90%以上）至28 d的抗压强度平均值确定。

根据《砌筑砂浆配合比设计规程》(JGJ/T 98—2010)的规定，水泥砂浆及预拌砌筑砂浆强度等级分为M5、M7.5、M10、M15、M20、M25、M30共7个等级；水泥混合砂浆的强度分为M5、M7.5、M10、M15共4个等级。

一般办公楼、教学楼等工程宜用M5～M10砂浆，检查井、雨水井可用M5砂浆，特别重要的砌体才使用M10以上砂浆。

砂浆的实际强度除与砂浆组成材料性质和用量有关外，还与基底材料的吸水性有关。当砂浆摊铺在不吸水基层材料上时，其强度主要取决于水泥强度和胶水比，即砂浆的强度与水泥强度和胶水比呈正比关系。当砂浆摊铺在多孔的、易吸水的砖砌体基底上时，其强度主要取决于水泥强度和用量，而与水灰比无关。

2. 黏结性

由于砖、石、砌块等材料是靠砂浆黏结成一个坚固整体并传递荷载的，因此要求砂浆与基材之间应有一定的黏结强度。两者黏结得越牢，则整个砌体的整体性、强度、耐久性及抗震性等越好。

一般砂浆抗压强度越高，则其与基材的黏结强度越高。此外，砂浆的黏结强度与基层材料的表面状态、清洁程度、湿润状况以及施工养护等条件有很大关系。同时还与砂浆的胶凝材料种类有很大关系，加入聚合物可使砂浆的黏结性大为提高。实际上，针对砌体这个整体来说，砂浆的黏结性较砂浆的抗压强度更为重要。

3. 变形性

砌筑砂浆在承受荷载或在温度变化时，会产生变形。如果变形过大或不均匀容易使砌体的整体性下降，产生沉陷或裂缝，影响到整个砌体的质量。抹面砂浆在空气中容易产生收缩等变形，变形过大也会使面层产生裂纹或剥离等质量问题，因此要求砂浆具有较小的变形性。

砂浆变形性的影响因素很多，如胶凝材料的种类和用量、用水量、细骨料的种类、级配和质量，以及外部环境条件等。如采用轻砂或石灰膏用量较大，砂浆的干缩变形往往较大，应采取措施防止砂浆开裂，如在抹面砂浆中，为防止产生干裂可掺入一定量的麻刀、纸筋等纤维材料。

任务4.2　砌筑砂浆配合比设计

砌筑砂浆是将砖、石、砌块等黏结成为砌体的砂浆。砌筑砂浆主要起黏结、传递应力的作用，是砌体的重要组成部分。砂浆的配合比用每立方米砂浆中各种材料的用量来表示。

砌体砂浆可根据工程类别及砌体部位的设计要求，确定砂浆的强度等级，然后选定其配合比。一般情况下，可以查阅有关手册和资料来选择配合比，但如果工程量较大、砌体部位较为重要或掺入外加剂等非常规材料时，为保证质量和降低造价，应进行配合比设计，经过计算、试配、调整，从而确定施工用的配合比。

4.2.1 现场配制砌筑砂浆的初步配合比设计

目前，常用的砌筑砂浆有水泥砂浆、石灰砂浆和水泥混合砂浆等。水泥砂浆用于潮湿及水中及强度≥5.0 MPa 的工程；石灰砂浆用于地上、强度不高的低层及临时建筑工程中，而水泥石灰混合砂浆用于强度不大于5.0 MPa 的工程。其初步配合比，按照不同的方法来确定。

4.2.1.1 水泥混合砂浆初步配合比设计

1. 确定试配强度

砂浆的试配强度可按下式确定

$$f_{m,0} = f_2 + 0.645\sigma \tag{4-1}$$

式中 $f_{m,0}$——砂浆的试配强度，精确至0.1 MPa；

f_2——砂浆设计强度，精确至0.1 MPa；

σ——砂浆现场强度标准差，精确至0.01 MPa。

当有统计资料时（统计周期内同一品种砂浆试件的组数，$N \geqslant 25$），可计算砂浆现场强度标准差 σ。当不具有近期统计资料时，砂浆现场强度标准差 σ 可按表4-3 取用。

表4-3 砂浆强度标准差 σ 选用值 （单位：MPa）

施工水平	砂浆强度等级					
	M2.5	M5.0	M7.5	M10.0	M15.0	M20.0
优良	0.50	1.00	1.50	2.00	3.00	4.00
一般	0.62	1.25	1.88	2.50	3.75	5.00
较差	0.75	1.50	2.25	3.00	4.50	6.00

2. 计算每立方米砂浆中水泥用量

$$Q_C = \frac{1\,000(f_{m,0} - B)}{Af_{ce}} \tag{4-2}$$

式中 Q_C——每立方米砂浆中的水泥用量，精确至1 kg；

$f_{m,0}$——砂浆的试配强度，精确至0.1 MPa；

f_{ce}——水泥的实测强度，精确至0.1 MPa；

A、B——砂浆的特征系数，其中 $A = 3.03$，$B = -15.09$。

在无法取得水泥的实测强度 f_{ce} 时，可按下式计算

$$f_{ce} = \gamma_c f_{ce,k} \tag{4-3}$$

式中 $f_{ce,k}$——水泥强度等级值，MPa；

γ_c——水泥强度等级值的富裕系数，该值应按实际统计资料确定，无统计资料时取 $\gamma_c = 1.0$。

3. 计算水泥混合砂浆的掺和料用量

水泥混合砂浆的掺和料应按下式计算

$$Q_D = Q_A - Q_C \tag{4-4}$$

式中 Q_D——每立方米砂浆中掺和料用量,精确至1 kg,石灰膏、黏土膏的用量,以稠度(120±5)mm为基准进行计算;

Q_C——每立方米砂浆中水泥用量,精确至1 kg;

Q_A——每立方米砂浆中水泥和掺和料的总量,精确至1 kg,宜取300~350 kg。

4.确定砂子用量

每立方米砂浆中砂子用量 Q_S,应以干燥状态(含水率小于0.5%)的堆积密度作为计算值,即1 m³的砂浆含有1 m³堆积体积的砂。

5.确定用水量

每立方米砂浆中用水量 Q_W,可根据砂浆稠度要求选用210~310 kg。

注意:混合砂浆中的用水量,不包括石灰膏或黏土膏中的水。

4.2.1.2 水泥砂浆初步配合比设计

对于水泥砂浆,如果按强度要求计算,得到的水泥用量往往不能满足和易性要求,因此水泥砂浆各种材料用量可按照表4-4选用。

表4-4 1 m³水泥砂浆材料用量 (单位:kg/m³)

<table>
<tr><th>强度等级</th><th>水泥用量</th><th>砂子用量</th><th>用水量</th></tr>
<tr><td>M5</td><td>200~230</td><td rowspan="5">1 m³干燥状态下砂的堆积密度值</td><td rowspan="5">270~330</td></tr>
<tr><td>M7.5</td><td>230~260</td></tr>
<tr><td>M10</td><td>260~290</td></tr>
<tr><td>M15</td><td>290~330</td></tr>
<tr><td>M20</td><td>340~400</td></tr>
<tr><td>M25</td><td>360~410</td><td></td><td></td></tr>
<tr><td>M30</td><td>430~480</td><td></td><td></td></tr>
</table>

注:1. M15及以下强度等级的砂浆,水泥强度等级为32.5,M15以上强度等级的砂浆,水泥强度等级为42.5。
2. 根据施工水平合理选择水泥用量。
3. 当采用细砂或粗砂时,用水量分别取上限或下限。
4. 稠度小于70 mm时,用水量可小于下限。
5. 施工现场气候炎热或干燥时,可酌量增加用水量。

4.2.2 配合比的试配、调整与确定

砂浆试配时应采用工程中实际使用的材料;搅拌采用机械搅拌,搅拌时间自投料结束后算起,水泥砂浆和水泥混合砂浆不得小于120 s,掺用粉煤灰和外加剂的砂浆不得小于180 s。

按计算或查表选用的配合比进行试拌,测定其拌和物的稠度和分层度,若不能满足要求,则应调整用水量和掺和料用量,直至符合要求。此时的配合比为砂浆基准配合比。

为了测定的砂浆强度能在设计要求范围内,试配时至少采用3个不同的配合比,其中一个为基准配合比,另外两个配合比的水泥用量按基准配合比分别增加及减少10%,在

保证稠度和分层度合格的条件下，可将用水量或掺和料用量做相应调整。按《建筑砂浆基本性能试验方法》(JGJ 70—2009)的规定成型试件，测定砂浆强度。选定符合试配强度要求且水泥用量最少的配合比作为砂浆配合比。

必须明确的是，只有当稠度、保水率和强度同时满足要求时，砌筑砂浆的技术品质才能评定为合格。

砂浆配合比以各种材料用量的比例形式表示：水泥∶掺和料∶砂∶水 = Q_C∶Q_D∶Q_S∶Q_W。

4.2.3 砂浆配合比设计实例

要求设计用于砌筑砖墙的 M7.5 等级，稠度 70 ~ 100 mm 的水泥石灰砂浆配合比。

4.2.3.1 设计资料

(1)水泥:32.5 级普通硅酸盐水泥。

(2)石灰膏：稠度 120 mm。

(3)砂：中砂，堆积密度为 1 450 kg/m^3，含水率为 2%。

(4)施工水平：一般。

4.2.3.2 设计步骤

(1)根据式(4-1)，计算试配强度 $f_{m,0}$

$$f_{m,0} = f_2 + 0.645\sigma = 7.5 + 0.645 \times 1.88 = 8.7(\text{MPa})$$

(2)根据式(4-2)，计算水泥用量 Q_C

$$f_{ce} = \gamma_a f_{ce,k} = 1.0 \times 32.5 = 32.5(\text{MPa})$$

$$Q_C = \frac{1\,000(f_{m,0} - B)}{Af_{ce}} = \frac{1\,000 \times (8.7 + 15.09)}{3.03 \times 32.5} = 242(\text{kg/m}^3)$$

式中：$A = 3.03$，$B = -15.09$。

(3)根据式(4-4)，计算石灰膏用量 Q_D

$$Q_D = Q_A - Q_C = 350 - 242 = 108(\text{kg/m}^3)$$

式中：Q_A = 350 kg/m^3(按水泥和掺和料总量规定选取)。

(4)根据砂子堆积密度和含水率，计算砂用量 Q_S

$$Q_S = 1\,450 \times (1 + 2\%) = 1\,479(\text{kg/m}^3)$$

(5)选择用水量 Q_W。

用水量根据流动性要求掺加。本例可取 300 kg。

(6)得到砂浆初步配合比。

水泥∶石灰膏∶砂∶水 = 242∶108∶1 479∶300 = 1∶0.45∶6.11∶1.24。

任务 4.3 抹面砂浆

凡涂抹在建筑物基底材料的内外表面，兼有保护基层和增加美观作用的砂浆，可统称为抹面砂浆。根据抹面砂浆功能不同，一般可将抹面砂浆分为普通抹面砂浆和装饰砂浆两种。

与砌筑砂浆相比，抹面砂浆的特点和技术要求如下：

(1)抹面层不承受荷载。

(2)抹面砂浆应具有良好的和易性,容易抹成均匀平整的薄层,便于施工。

(3)抹面层与基底层要有足够的黏结强度,使其在施工中或长期自重和环境作用下不脱落、不开裂。

(4)抹面层多为薄层,并分层涂沫,面层要求平整、光洁、细致、美观。

(5)多用于干燥环境,大面积暴露在空气中。

抹面砂浆的组成材料与砌筑砂浆基本上是相同的。但为了防止砂浆层的收缩开裂,有时需要加入一些纤维材料,或者为了使其具有某些特殊功能需要选用特殊骨料或掺和料。与砌筑砂浆不同,对抹面砂浆的主要技术要求不是抗压强度,而是和易性以及与基底材料的黏结强度。

4.3.1 普通抹面砂浆

普通抹面砂浆对建筑物和墙体起到保护作用。它可以抵抗风、雨、雪等自然环境对建筑物的侵蚀,并提高建筑物的耐久性,同时经过抹面的建筑物表面或墙面又可以达到平整、光洁、美观的效果。

常用的普通抹面砂浆有水泥砂浆、石灰砂浆、水泥混合砂浆、麻刀石灰砂浆(简称麻刀灰)、纸筋石灰砂浆(简称纸筋灰)等。

普通抹面砂浆通常分两层或三层进行施工。

4.3.1.1 底层砂浆

底层砂浆的作用是使砂浆与基底能牢固地黏结,因此要求底层砂浆具有良好的和易性、保水性和较好的黏结强度,使其在施工中或长期自重及环境作用下不脱落,不开裂。

砖墙底层抹灰多用石灰砂浆,而在容易被碰撞或有防水、防潮要求时则需用水泥抹面砂浆,如墙裙、踢脚板、地面、窗台、水井等部位。混凝土底层抹灰多用水泥砂浆或混合砂浆,混凝土梁、柱、顶板等底层多用混合砂浆或石灰浆。

4.3.1.2 中层砂浆

中层砂浆主要起找平作用,所使用的砂浆基本上与底层相同,在施工中,底层和中层砂浆可以同时施工。

4.3.1.3 面层砂浆

面层砂浆主要起装饰作用并兼有对墙体的保护及达到表面美观的效果,一般要求砂较细,易于抹平,不会出现空鼓、酥皮等现象。为确保表面不开裂,常须加入聚乙烯醇纤维等物质,增强砂浆抵抗收缩的能力。

各层抹灰面的作用和要求不同,因此每层所选用的砂浆也不一样。同时不同的基底材料和工程部位,对砂浆技术性能要求也不同,这也是选择砂浆种类的主要依据。

(1)水泥砂浆宜用于潮湿或强度要求较高的部位。

(2)混合砂浆多用于室内底层或中层或面层抹灰。

(3)石灰砂浆、麻刀灰、纸筋灰多用于室内中层抹灰或面层抹灰。

(4)水泥砂浆不得涂抹在石灰砂浆层上。

普通抹面砂浆的组成材料及配合比,可根据使用部位及基底材料的特性确定,一般情况下参考有关资料和手册选用。

4.3.2 装饰砂浆

装饰砂浆是指涂抹在建筑物内外墙表面,具有美观装饰效果的抹面砂浆。

装饰砂浆的底层抹灰和中层抹灰与普通抹面砂浆基本相同,但是其面层要选用具有一定颜色的胶凝材料和骨料或者经各种加工处理,使得建筑物表面呈现各种不同的色彩、线条和花纹等装饰效果。

4.3.2.1 装饰砂浆的组成材料

1. 胶凝材料

装饰砂浆所用胶凝材料与普通抹面砂浆基本相同,只是灰浆类饰面更多地采用白色水泥或彩色水泥。

2. 骨料

装饰砂浆所用骨料,除普通天然砂外,石碴类饰面常使用石英砂、彩釉砂、着色砂、彩色石碴等。

3. 颜料

装饰砂浆中的颜料,应采用耐碱和耐光晒的矿物颜料。

4.3.2.2 装饰砂浆主要饰面方式

装饰砂浆饰面方式可分为灰浆类饰面和石碴类饰面两大类。

1. 灰浆类饰面

灰浆类饰面主要通过水泥砂浆的着色或对水泥砂浆表面进行艺术加工,从而获得具有特殊色彩、线条、纹理等质感的饰面。其主要优点是材料来源广泛,施工操作简便,造价比较低廉,而且通过不同的工艺加工,可以创造不同的装饰效果。常用的灰浆类饰面有以下几种:

(1)拉毛灰:是用铁抹子或木抹子,将罩面灰浆轻压后顺势拉起,形成一种凹凸质感很强的饰面层。拉细毛时用棕刷蘸着灰浆拉成细的凹凸花纹。

(2)甩毛灰:是用竹丝刷等工具将罩面灰浆甩涂在基面上,形成大小不一而又有规律的云朵状毛面饰面层。

(3)仿面砖:是在采用掺入氧化铁系颜料(红、黄)的水泥砂浆抹面上,用特制的铁钩和靠尺,按设计要求的尺寸进行分格划块,沟纹清晰,表面平整,形似贴面砖饰面。

(4)拉条:是在面层砂浆抹好后,用一凹凸状轴辊作模具,在砂浆表面上滚压出立体感强、线条挺拔的条纹。条纹分半圆形、波纹形、梯形等多种,条纹可粗可细,间距可大可小。

(5)喷涂:是用挤压式砂浆泵或喷斗,将掺入聚合物的水泥砂浆喷涂在基面上,形成波浪、颗粒或花点质感的饰面层。最后在表面再喷一层甲基硅醇钠或甲基硅树脂疏水剂,可提高饰面层的耐久性和耐污染性。

(6)弹涂:弹涂是用电动弹力器,将掺入107胶的2~3种水泥色浆,分别弹涂到基面上,形成1~3 mm圆状色点,获得不同色点相互交错、相互衬托、色彩协调的饰面层。最后刷一道树脂罩面层,起防护作用。

2. 石碴类饰面

石碴类饰面是用水泥(普通水泥、白水泥或彩色水泥)、石碴、水拌成石碴浆,同时采用不同的加工手段除去表面水泥浆皮,使石碴呈现不同的外露形式以及水泥浆与石碴的色泽对比,构成不同的装饰效果。

石碴是天然的大理石、花岗石以及其他天然石材经破碎而成,俗称米石。常用的规格有大八厘(粒径为8 mm)、中八厘(粒径为6 mm)、小八厘(粒径为4 mm)。石碴类饰面比灰浆类饰面色泽明亮,质感相对丰富,不易褪色,耐光性和耐污染性也较好。常用的石碴类饰面有以下几种:

(1)水刷石:将水泥石碴浆涂抹在基面上,待水泥浆初凝后,以毛刷蘸水刷洗或用喷枪以一定水压冲刷表层水泥浆皮,使石碴半露出来,达到装饰效果。

(2)干粘石:干粘石又称甩石子,是在水泥浆或掺入107胶的水泥砂浆黏结层上,把石碴、彩色石子等粘在其上,再拍平压实而成的饰面。石粒的2/3应压入黏结层内,要求石子粘牢,不掉粒并且不露浆。

(3)斩假石:又称剁假石,是以水泥石碴(掺30%石屑)浆做成面层抹灰,待具有一定强度时,用钝斧或凿子等工具,在面层上剁斩出纹理,而获得类似天然石材经雕琢后的纹理质感。

(4)水磨石:是由水泥、彩色石碴或白色大理石碎粒及水按一定比例配制,需要时掺入适量颜料,经搅拌均匀,浇筑捣实、养护,待硬化后将表面磨光而成的饰面。常常将磨光表面用草酸冲洗、干燥后上蜡。

水刷石、干粘石、斩假石和水磨石等装饰效果各具特色。在质感方面:水刷石最为粗犷,干粘石粗中带细,斩假石典雅庄重,水磨石润滑细腻。在颜色花纹方面:水磨石色泽华丽、花纹美观;斩假石的颜色与斩凿的灰色花岗石相似;水刷石的颜色有青灰色、奶黄色等;干粘石的色彩取决于石碴的颜色。

任务4.4　特种砂浆

特种砂浆是指能够满足工程上某些特殊需要的砂浆。常用的特种砂浆有防水砂浆、保湿砂浆和吸声砂浆等。

4.4.1　防水砂浆

防水砂浆是在水泥砂浆中掺入防水剂、膨胀剂或聚合物等配制而成的具有一定防水、防潮和抗渗透能力的砂浆。

防水砂浆在工程中用于刚性防水层,其防水作用主要依靠砂浆本身的憎水性和硬化砂浆结构密实性实现。但防水砂浆仅用于无振动或埋深不大、具有一定刚度的混凝土工程或砌体工程,如地下室、水池、沉井和水塔等;不宜在变形较大或可能发生不均匀沉降的建筑物上使用。

防水砂浆的配合比为水泥与砂的质量比,一般不宜大于1∶2.5,水灰比应为0.50～0.60,稠度不应大于80 mm。水泥宜选用强度等级为32.5以上的普通硅酸盐水泥或强度等级为42.5的矿渣水泥,砂子宜选用级配良好的中砂。

防水砂浆施工方法由人工多层抹压法和喷射法等。各种方法都是以防水抗渗为目的,减少内部连通毛细孔,提高密实度。

常用的防水砂浆有普通防水砂浆、防水剂防水砂浆和聚合物防水砂浆等。

4.4.2 保温砂浆

保温砂浆是以水泥、石灰、石膏等为胶凝材料,与膨胀珍珠岩、膨胀蛭石、陶粒砂等轻质多孔骨料,按照一定比例配制的砂浆,又称绝热砂浆。保温砂浆具有质量轻、保温隔热性能好(导热系数一般为0.07~0.10 W/(m·K))、吸声等特点,主要用于屋面、墙体绝热层和热水、空调管道的绝热保护层。

常用的绝热砂浆有水泥膨胀珍珠岩砂浆、水泥膨胀蛭石砂浆、水泥石灰膨胀蛭石砂浆等。

4.4.3 吸声砂浆

吸声砂浆是由轻质多孔骨料制成的具有吸声性能的砂浆。由于其骨料内部孔隙率大,因此吸声性能十分优良。吸声砂浆还可以在砂浆中掺入锯末、玻璃纤维、矿物棉等材料拌制而成。吸声砂浆主要用于室内吸声墙面和顶面。

4.4.4 耐腐蚀砂浆

4.4.4.1 水玻璃类耐酸砂浆

水玻璃类耐酸砂浆一般采用水玻璃作为胶凝材料拌制而成,常常掺入氟硅酸钠作为促硬剂。耐酸砂浆主要作为衬砌材料、耐酸地面或内壁防护层等。

4.4.4.2 耐碱砂浆

耐碱砂浆使用强度等级42.5以上的普通硅酸盐水泥,细骨料可采用耐碱、密实的石灰岩类、花岗岩等制成的砂和粉料,也可采用石英质的普通砂配制的耐碱砂浆。耐碱砂浆可耐一定温度和浓度下的氢氧化钠和铝酸钠溶液的腐蚀,以及任何浓度的氨水、碳酸钠、碱性气体和粉尘等的腐蚀。

4.4.4.3 硫黄砂浆

硫黄砂浆是以硫黄为胶结料,加入填料、增韧剂,经加热熬制而成的砂浆,采用石英粉、辉绿岩粉、安山岩粉作为耐酸粉料和细骨料。硫黄砂浆具有良好的耐腐蚀性能,几乎能耐大部分有机酸、无机酸、中性和酸性盐的腐蚀,对乳酸也有很强的耐蚀能力。

4.4.5 防辐射砂浆

防辐射砂浆为采用重水泥(钡水泥、锶水泥)或重质骨料(黄铁矿、重晶石、硼砂等)拌制而成,可防止各类辐射的砂浆,主要用于射线防护工程,如医院的放射室、核电工程等。

4.4.6 聚合物砂浆

聚合物砂浆是在水泥砂浆中加入有机聚合物乳液配制而成的砂浆。其具有黏结力强、干缩率小、脆性低、耐蚀性好等特性，用于修补和防护工程。常用的聚合物乳液有氯丁橡胶乳液、丁苯橡胶乳液、丙烯酸树脂乳液等。

任务4.5　砂浆性能检测

4.5.1　砂浆组批原则及取样规定

砌筑砂浆：同一品种、同一强度的砂浆，每一楼层或250 m^3砌体（基础砌体可按一个楼层计）为一个取样单位，每取样单位标准养护试块的留置不得少于一组（每组6块），一般要求至少要取3组试件才能评定，如果仅有一组试件，那么此组试件的平均值不得低于设计强度标准值。

干拌砂浆：同强度等级每400 t为一验收批，不足400 t也按一批计。每批从20个以上的不同部位取等量样品。总质量不少于15 kg，分成两份，一份送试，一份备用。

建筑地面用砂浆：建筑地面用水泥砂浆，以每一层或1 000 m^2为一检验批，不足1 000 m^2也按一批计。每批砂浆至少取样一组。当改变配合比时也应相应地留置试块。

4.5.2　实验室制备砂浆

（1）在实验室制备砂浆试样时，所用材料应提前24 h运入室内。拌和时，实验室的温度应保持在(20 ±5)℃。当需要模拟施工条件下所用的砂浆时，所用原材料的温度宜与施工现场保持一致。

（2）试验所用原材料应与现场使用材料一致。砂应通过4.75 mm筛。

（3）实验室拌制砂浆时，材料用量应以质量计。水泥、外加剂、掺和料等的称量精度应为±0.5%，细骨料的称量精度应为±1%。

（4）在实验室搅拌砂浆时应采用机械搅拌，搅拌机应符合现行行业标准《试验用砂浆搅拌机》（JG/T 3033—1996）的规定，搅拌的用量宜为搅拌机容量的30% ~70%，搅拌时间不应少于120 s。掺有掺和料和外加剂的砂浆，其搅拌时间不应少于180 s。

4.5.3　砂浆的稠度检测

4.5.3.1　试验目的

通过稠度试验，可以测得达到设计稠度时的加水量，或在施工过程中控制砂浆的稠度，以保证施工质量。掌握行业标准《建筑砂浆基本性能试验方法》（JGJ/T 70—2009），正确使用仪器设备并熟悉其性能。

4.5.3.2　主要仪器设备

（1）砂浆稠度仪：由试锥、容器和支座三部分组成，如图4-1所示。试锥由钢材或铜材制成，试锥连同滑杆的质量为(300 ±2)g；盛浆容器由钢板制成，筒高应为180 mm，锥底内径应为150 mm；支座应包括底座、支架及刻度显示三部分，应由铸铁、钢或其他金属制成。

（2）钢制捣棒：直径为10 mm，长度为350 mm，端部磨圆。

（3）秒表。

4.5.3.3 试验步骤

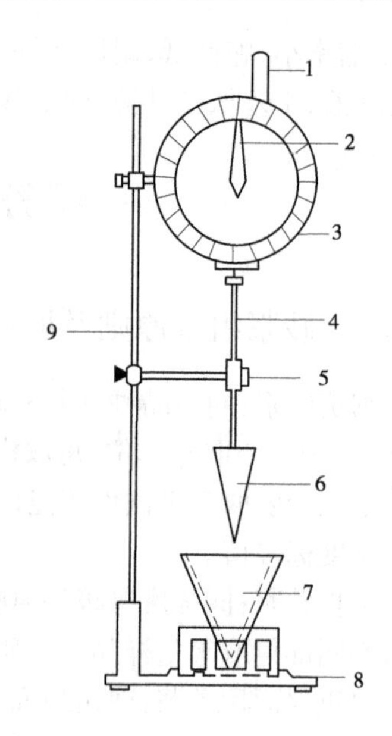

1—齿条测杆；2—指针；3—刻度盘；
4—滑杆；5—制动螺丝；6—试锥；
7—盛浆容器；8—底座；9—支架

图 4-1 砂浆稠度仪

(1)应先采用少量润滑油轻擦滑杆，再将润杆上多余的油用吸油纸擦净，使滑杆能自由滑动。

(2)应先采用湿布擦净盛浆容器和试锥表面，再将砂浆拌和物一次装入容器；砂浆表面宜低于容器口 10 mm，用捣棒自容器中心向边缘均匀地插捣 25 次，然后轻轻地将容器摇动或敲击 5 ~6 下，使砂浆表面平整，随后将容器置于稠度测定仪的底座上。

(3)拧开制动螺丝，向下移动滑杆，当试锥尖端与砂浆表面刚接触时，应拧紧制动螺丝，使齿条试杆下端刚接触滑杆上端并将指针对准零点上。

(4)拧开制动螺丝，同时计时，10 s 时立即拧紧螺丝将齿条测杆下端接触滑杆上端，从刻度盘上读出下沉深度(精确至 1 mm)，即为砂浆的稠度值。

(5)盛浆容器内的砂浆，只允许测定一次稠度，重复测定时，应重新取样测定。

4.5.3.4 试验结果评定要求

(1)同一编号砂浆应取两次试验结果的算术平均值作为测定值，并应精确至 1 mm。

(2)当两次试验值之差大于 10 mm 时，应重新取样测定。

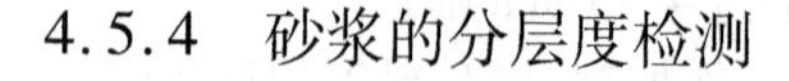

4.5.4 砂浆的分层度检测

4.5.4.1 试验目的

测定砂浆拌和物在运输及停放时的保水能力及砂浆内部各组分之间的相对稳定性，以评价其和易性。掌握行业标准《建筑砂浆基本性能试验方法》(JGJ/T 70—2009)，正确使用仪器设备并熟悉其性能。

4.5.4.2 主要仪器设备

(1)砂浆分层度测定仪(见图 4-2)。

(2)砂浆稠度测定仪。

(3)其他：拌和锅、抹刀、木槌等。

4.5.4.3 试验方法

(1)将试样一次装入分层度筒内，待装满后，用木槌在容器周围距离大致相等的四个不同地方轻轻敲击 1 ~2 次，如砂浆沉落到低于筒口，则应随时添加，然后刮去多余砂浆，并抹平。

(2)按测定砂浆流动性的方法，测定砂浆的沉入度值，以 mm 计。

(3)静置 30 min 后，去掉上面 200 mm 砂浆，倒出剩余的砂浆，放在搅拌锅中拌 2 min。

(4)按测定流动性的方法，测定砂浆的沉入度，以 mm 计。

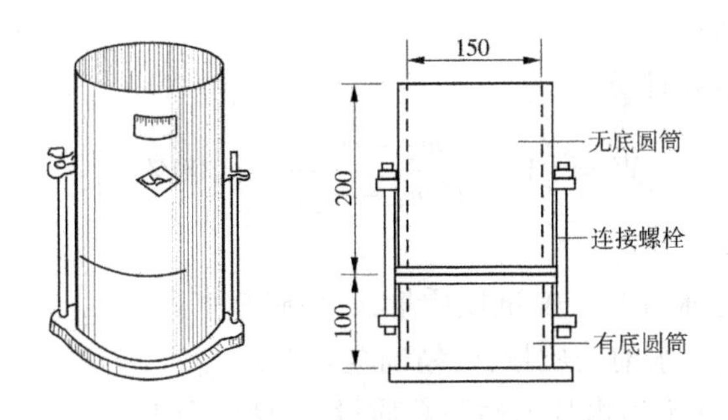

图 4-2　砂浆分层度测定仪　(单位:mm)

4.5.4.4　试验结果评定

(1)以前后两次沉入度之差为该砂浆的分层度,以 mm 计。

(2)当两次试验值之差大于 10 mm 时,应重新取样测定。

(3)砂浆的分层度应为 10 ~ 30 mm。如大于 30 mm 的砂浆容易产生分层、离析和泌水等现象,不便于施工;但分层度小于 10 mm 者,硬化后易产生干缩开缝。

4.5.5　保水性试验

4.5.5.1　试验目的

测定砂浆保水性,以判定砂浆拌和物在运输及停放时内部组分的稳定性。

4.5.5.2　主要仪器设备

(1)金属或硬塑料环试模:内径为 100 mm,内部高度应为 25 mm。

(2)可密封的取样容器:应清洁、干燥。

(3)2 kg 的重物。

(4)金属滤网:网格尺寸 0.045 mm,圆形,直径为(110 ± 1)mm。

(5)超白滤纸:应采用现行国家标准《化学分析滤纸》(GB/T 1914—2007)规定的中速定性滤纸,直径应为 110 mm,单位面积质量为 200 g/m^2。

(6)2 片金属或玻璃的方形或圆形不透水片,边长或直径应大于 110 mm。

(7)天平:量程为 200 g,感量为 0.1 g;量程为 2 000 g,感量为 1 g。

(8)烘箱。

4.5.5.3　试验步骤

(1)称量底部不透水片与干燥试模质量(m_1)和 8 片中速定性滤纸质量(m_2)。

(2)将砂浆拌和物一次装入试模,并用抹刀插捣数次,当装入的砂浆略高于试模边缘时,用抹刀以 45°角一次性将试模表面多余的砂浆刮去,然后再用抹刀以较平的角度在试模表面反方向刮平砂浆。

(3)抹掉试模边的砂浆,称量试模、底部不透水片与砂浆总质量(m_3)。

(4)用金属滤网覆盖在砂浆表面,再在滤网表面放上 8 片滤纸,用上部不透水片盖在滤纸表面,以 2 kg 重物把上部不透水片压住。

(5)静置 2 min 后移走重物和上部不透水片,取出滤纸(不包括滤网)迅速称量滤纸质量(m_4)。

4.5.5.4 试验结果评定

砂浆保水率应按下式计算

$$W = \left[1 - \frac{m_4 - m_2}{a(m_3 - m_1)}\right] \times 100\% \tag{4-5}$$

式中 W——砂浆保水率(%);

m_1——底部不透水片与干燥试模质量,g,精确至1 g;

m_2——8片滤纸吸水前的质量,g,精确至0.1 g;

m_3——试模、底部不透水片与砂浆总质量,g,精确至1 g;

m_4——8片滤纸吸水后的质量,g,精确至0.1 g;

a——砂浆含水率(%)。

取两次试验结果的算术平均值作为砂浆的保水率,精确至0.1%,且第二次试验应重新取样测定。当两个测定值之差超过2%时,此组试验结果为无效。

砂浆的含水率可根据砂浆配合比及加水量计算,若无法计算,可测定砂浆含水率。应称取(100±10)g砂浆拌和物试样,置于一干燥并已称重的盘中,在(105±5)℃的烘箱中烘至恒重。

砂浆含水率按下式计算

$$a = (m_6 - m_5)/m_6 \times 100\% \tag{4-6}$$

式中 a——砂浆含水率(%);

m_5——烘干后砂浆样本的质量,g,精确至1 g;

m_6——砂浆样本的总质量,g,精确至1 g。

取两次试验结果的算术平均值作为砂浆的含水率,精确至0.1%。当两个测定值之差超过2%时,此组试验结果应为无效。

4.5.6 砂浆立方体抗压强度检测

4.5.6.1 试验目的

测定建筑砂浆立方体的抗压强度,以便确定砂浆的强度等级并判断是否达到设计要求。掌握行业标准《建筑砂浆基本性能试验方法》(JGJ/T 70—2009),正确使用仪器设备并熟悉其性能。

4.5.6.2 主要仪器设备

(1)试模:应为70.7 mm×70.7 mm×70.7 mm的带底试模,应符合现行行业标准《混凝土试模》(JG 237—2008)的规定,应具有足够的钢度并拆卸方便。试模的内表面应机械加工,其不平度应为每100 mm不超过0.05 mm。组装后各相邻面的不垂直度不应超过±0.5°。

(2)钢制捣棒:直径为10 mm,长度为350 mm,端部磨圆。

(3)压力试验机:精度应为1%,时间破坏荷载应不小于压力机量程的20%,且不应大于全量程的80%。

(4)垫板:试验机上、下压板及试件之间可垫以钢垫板,垫板的尺寸应大于试件的承压面,其不平度应为每100 mm不超过0.02 mm。

(5)振动台：空载中台面的垂直振幅应为(0.5±0.05)mm，空载频率应为(50±3)Hz，空载台面振幅均匀度不应大于10%，一次试验应至少能固定3个试模。

4.5.6.3 试件制备

(1)应采用立方体试件，每组试件应为3个。

(2)应采用黄油等密封材料涂抹试模的外接缝，试模内应涂刷薄层机油或隔离剂。应将拌制好的砂浆一次性装满砂浆试模，成型方法应根据稠度确定。当砂浆稠度大于50 mm时，宜采用人工插捣法；当砂浆稠度不大于50 mm时，宜采用机械振动法。

①人工插捣：应采用捣棒均匀地由边缘向中心按螺旋方式插捣25次，插捣过程中当砂浆沉落低于试模口时，应随时添加砂浆，可用油灰刀插捣数次，并用手将试模一边抬高5～10 mm各振动5次，砂浆应高出试模顶面6～8 mm。

②机械振动：将砂浆一次装满试模，放置到振动台上，振动时试模不得跳动，振动5～10 s或持续到表面泛浆为止，不得过振。

(3)应待表面水分稍干后，再将高出试模部分的砂浆沿试模顶面刮去并抹平。

4.5.6.4 试件养护

(1)试件制作后应在温度为(20±5)℃的环境下静置(24±2)h，对试件进行编号、拆模。当气温较低时，或者凝结时间大于24 h的砂浆，可适当延长时间，但不应超出2 d。试件拆模后应立即放入温度为(20±2)℃，相对湿度为90%以上的标准养护室中养护。养护期间，试件彼此间隔不得小于10 mm，混合砂浆、湿拌砂浆试件上面应覆盖，防止有水滴在试件上。

(2)从搅拌加水开始计时，标准养护龄期应为28 d，也可根据相关标准要求增加7 d或14 d。

4.5.6.5 立方体试件抗压强度试验

(1)试件从养护地点取出后应及时进行试验。试验前应将试件表面擦拭干净，测量尺寸，检查其外观，并应计算试件的承压面面积。当实测尺寸与公称尺寸之差不超过1 mm时，可按公称尺寸进行计算。

(2)将试件安放在试验机的下压板或下垫板上，试件的承压面应与成型时的顶面垂直，试件中心应与下压板或下垫板中心对准。开动试验机，当上压板与试件或上垫板接近时，调整球座，使接触面均衡受压。承压试验应连续而均匀地加荷，加荷速度应为0.25～1.5 kN/s；砂浆强度不大于2.5 MPa时，宜取下限。当试件接近破坏而开始迅速变形时，停止调整试验机油门，直至试件破坏，然后记录破坏荷载。

4.5.6.6 试验结果评定

(1)砂浆立方体抗压强度应按下式计算

$$f_{m,cu}=\frac{N_u}{A} \tag{4-7}$$

式中 $f_{m,cu}$——砂浆立方体试件抗压强度，MPa，精确至0.1 MPa；

N_u——试件破坏荷载，N；

A——试件承压面面积，mm^2。

(2)立方体试件以3个为一组进行评定，以3个试件测值的算术平均值的1.3倍作为该组试件的砂浆立方体试件抗压强度平均值，精确至0.1 MPa。

(3)当3个测值的最大值或最小值中有一个与中间值的差值超出中间值的15%时，应把最大值及最小值一并舍去，取中间值作为该组试件的抗压强度值。

(4)当两个测值与中间值的差值均超出中间值的15%时，该组试验结果应为无效。

项目小结

砂浆是在建筑工程中是用量大、用途广泛的一种建筑材料，由胶凝材料、细骨料、掺和料和水配制而成。砂浆在建筑中起黏结、传递应力、衬垫、防护和装饰等作用。建筑砂浆按其用途可分为砌筑砂浆、抹面砂浆和特种砂浆。

砂浆的和易性包括流动性和保水性两个方面的含义。其中流动性用稠度表示，用砂浆稠度仪检测，保水性用分层度和保水性试验表示，用砂浆分层度仪检测。

砂浆的强度是砂浆立方体标准试块在标准条件下养护28 d测得的抗压强度，分为多个强度等级。影响砂浆抗压强度的主要因素是水泥的强度等级和用量，砂的质量、掺和料的品种及用量、养护条件等对砂浆强度也有一定影响。

砂浆的配合比主要是确定每立方米砂浆中各种材料的用量。首先根据要求确定初步配合比，再在实验室进行试配、调整，确定最终配合比。

技能考核题

一、名词解释

砂浆　砌筑砂浆　砂浆的和易性　抹面砂浆　流动性　保水性

二、填空题

1. 砂浆的和易性包括________和________两方面的含义。

2. 砂浆流动性指标是________，其单位是________；砂浆保水性指标是________，其单位是________。

3. 测定砂浆强度的试件尺寸是________的立方体，每组有________个试件。在________条件下养护________ d，测定其________。

4. 砂浆流动性的选择，是根据________、________和________等条件来决定。夏天砌筑红砖墙体时，砂浆的流动性应选得________些；砌筑毛石时，砂浆的流动性应选得________些。

5. 用于不吸水（密实）基层的砌筑砂浆的强度的影响因素是________和________。

6. 用于吸水底面的砂浆强度主要取决于________与________，而与________没有关系。

三、判断题

1. 影响砂浆强度的因素主要有水泥强度等级和W/C。 (　　)

2. 砂浆的分层度越大，保水性越好。 (　　)

3. 砂浆的稠度越小，流动性越好。 (　　)

4. 混合砂浆的强度比水泥砂浆的强度大。 (　　)

5. 砂浆的保水性用沉入度表示，沉入度愈大，表示保水性愈好。 (　　)

6. 砂浆的流动性用沉入度表示，沉入度愈小，表示流动性愈小。 (　　)

7. 采用石灰混合砂浆是为了改善砂浆的保水性。 (　　)

8. 砌筑砂浆的强度，无论其底面是否吸水，砂浆的强度主要取决于水泥强度及水灰比。 (　　)

9. 砂浆的和易性包括流动性、黏聚性、保水性三方面的含义。 (　　)

10. 用于多孔基面的砌筑砂浆，其强度大小主要取决于水泥强度等级和水泥用量，而与水灰比大小无关。 (　　)

四、不定项选择题

1. 水泥强度等级宜为砂浆强度等级的(　　)倍，且水泥强度等级宜小于32.5级。

A. 2~3　　B. 3~4　　C. 4~5　　D. 5~6

2. 砌筑砂浆适宜分层度一般在(　　)mm。

A. 10~20　　B. 10~30　　C. 10~40　　D. 10~50

3. 下列(　　)选项中，可以要求砂浆的流动性大些。

A. 多孔吸水的材料　　B. 干热的天气

C. 手工操作砂浆　　D. 密实不吸水砌体材料

E. 砌筑砂浆

4. 凡涂在建筑物或构件表面的砂浆，可统称为(　　)。

A. 砌筑砂浆　　B. 抹面砂浆　　C. 混合砂浆　　D. 防水砂浆

5. 下列有关抹面砂浆、防水砂浆的叙述，哪一项不正确？(　　)

A. 抹面砂浆一般分为两层或三层进行施工，各层要求不同。在容易碰撞或潮湿的地方，应采用水泥砂浆

B. 外墙面的装饰砂浆常用工艺做法有拉毛、水刷石、水磨石、斩假石、假面砖等

C. 水磨石一般用普通水泥、白色水泥或彩色水泥拌和各种色彩的花岗石碴做面层

D. 防水砂浆可用普通水泥砂浆制作，也可在水泥砂浆中掺入防水剂来提高砂浆的抗渗能力

五、计算题

1. 某工程砌砖墙，需要制M5.0的水泥石灰混合砂浆。现材料供应如下：水泥，强度等级32.5的普通硅酸盐水泥；砂，粒径小于2.5 mm，含水率3%，紧堆密度1 600 kg/m^3；石灰膏，表观密度1 300 kg/m^3。求1 m^{3}砂浆各材料的用量。

2. 某工程地下室砌筑砂浆设计等级为M10水泥砂浆，经检测破坏荷载分别为60.20 kN、65.15 kN、58.20 kN，该组砂浆试块立方体抗压强度是多少？达到设计强度的百分比是多少？

项目5　建筑钢材

知识目标

1. 了解钢材的分类、优缺点及工程应用，钢材中主要元素及其对钢材性能的影响。

2. 掌握钢材的力学性能，掌握冷加工时效处理的方法、目的和应用。

3. 掌握各种钢的牌号表示方法、意义及工程应用。

4. 了解钢材验收内容、验收方法、运输及储存注意事项。

技能目标

1. 熟悉拉伸试验、弯曲试验的操作方法。

2. 学会测定钢筋的屈服点、抗拉强度，计算伸长率，能够评定钢筋的强度等级。

3. 能够测定钢筋冷弯性能，并评判冷弯合格性。

任务5.1　建筑钢材的基本知识

5.1.1　钢的冶炼

从铁矿石中利用化学还原的方法炼得生铁，将生铁在1 700 ℃左右的炼钢炉中冶炼，采用氧化的方法除去多余的杂质，使得含碳量降到2%以下，并将其他元素调整到规定范围，即冶炼成钢。

按照设备不同分为转炉、平炉和电炉三类。

根据炼钢设备的不同，常用的炼钢方法有空气转炉法、氧气转炉法、平炉法、电炉法。

5.1.1.1　空气转炉炼钢法

空气转炉炼钢法是以熔融状态的铁水为原料，在转炉底部或侧面吹入高压热空气，使杂质在空气中氧化而被除去。其缺点是在吹炼过程中，易混入空气中的氮、氢等有害气体，且熔炼时间短，化学成分难以精确控制，这种钢质量较差，但成本较低，生产效率高。

5.1.1.2　氧气转炉炼钢法

氧气转炉炼钢法是以熔融铁水为原料，用纯氧代替空气，由炉顶向转炉内吹入高压氧气，能有效地除去磷、硫等杂质，使钢的质量显著提高，而成本却较低。此法常用来炼制优质碳素钢和合金钢。

5.1.1.3　平炉炼钢法

以固体或液体生铁、铁矿石或废钢作原料，用煤气或重油为燃料进行冶炼。平炉钢由于熔炼时间长，化学成分可以精确控制，杂质含量少，成品质量高。其缺点是能耗大，成本高，冶炼周期长。

5.1.1.4　电炉炼钢法

电炉炼钢法是以生铁或废钢为原料，利用电能迅速加热，进行高温冶炼。其熔炼温度高，而且温度可以调节，清除杂质容易。因此，电炉钢的质量最好，但成本高。电炉炼钢法主要用于冶炼优质碳素钢及特殊合金钢。

5.1.2　钢的概念

所谓钢，是指含碳量在2%以下的铁、碳合金。含碳量在2%以上的铁、碳合金称为生铁。

5.1.3　钢的分类

钢的品种繁多，分类方法很多，通常有按化学成分、质量、用途等几种分类方法。钢的分类见表5-1。

表5-1　钢的分类

分类方法	类别		特　性
按化学成分分类	碳素钢	低碳钢	含碳量 <0.25%
		中碳钢	含碳量0.25% ~0.60%
		高碳钢	含碳量 >0.60%
	合金钢	低合金钢	合金元素总含量 <5%
		中合金钢	合金元素总含量5% ~10%
		高合金钢	合金元素总含量 >10%
按脱氧程度分类	沸腾钢		脱氧不完全，硫、磷等杂质偏析较严重，代号为“F”
	镇静钢		脱氧完全，同时去硫，代号为“Z”
	半镇静钢		脱氧程度介于沸腾钢和镇静钢之间，代号为“b”
	特殊镇静钢		比镇静钢脱氧程度还要充分彻底，代号为“TZ”
按质量分类	普通钢		含硫量≤0.055% ~0.065%，含磷量≤0.045% ~0.085%
	优质钢		含硫量≤0.03% ~0.045%，含磷量≤0.035% ~0.045%
	高级优质钢		含硫量≤0.02% ~0.03%，含磷量≤0.027% ~0.035%
按用途分类	结构钢		工程结构构件用钢、机械制造用钢
	工具钢		各种刀具、量具及模具用钢
	特殊钢		具有特殊物理、化学或机械性能的钢，如不锈钢、耐热钢、耐酸钢、耐磨钢、磁性钢等

任务 5.2 建筑钢材的主要技术性能

钢材的技术性质主要包括力学性能（抗拉性能、冲击韧性、耐疲劳和硬度等）和工艺性能（冷弯和焊接）两个方面。

5.2.1 力学性能

5.2.1.1 拉伸性能（抗拉性能）

拉伸是建筑钢材的主要受力形式，所以拉伸性能是表示钢材性能和选用钢材的重要指标。

将低碳钢（软钢）制成一定规格的试件，放在材料试验机上进行拉伸试验，可以绘出如图 5-1 所示的应力—应变关系曲线。从图 5-1 中可以看出，低碳钢受拉至拉断，经历了四个阶段：弹性阶段（*Ob*）、屈服阶段（*bc*）、强化阶段（*ce*）和颈缩阶段（*ef*）。

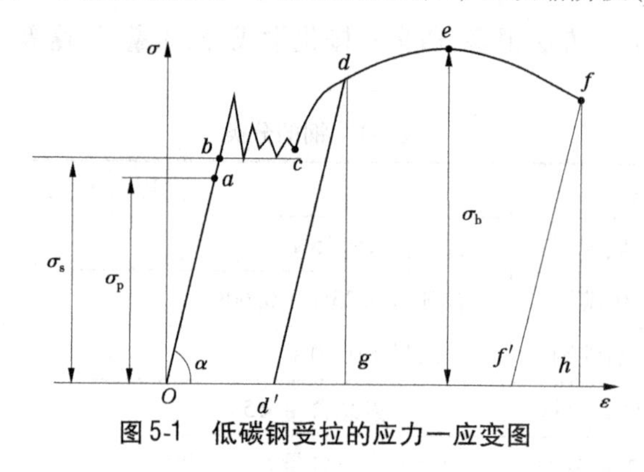

图 5-1 低碳钢受拉的应力—应变图

1. 弹性阶段（*Ob* 段）

在拉伸的初始阶段，曲线（*Oa* 段）为一直线，说明应力与应变成正比。线性段的最高点称为材料的比例极限（σ_p），线性段的直线斜率即为材料的弹性模量 E，应力与应变的比值为常数，$E=\sigma/\varepsilon$。弹性模量反映钢材抵抗弹性变形的能力，是钢材在受力条件下计算结构变形的重要指标。

2. 屈服阶段（*bc* 段）

超过弹性阶段后，应力几乎不变，只是在某一微小范围内上下波动，而应变却急剧增长，这种现象称为屈服。使材料发生屈服的应力称为屈服应力或屈服极限（σ_s）。

钢材受力大于屈服点后，会出现较大的塑性变形，已不能满足使用要求，因此屈服强度是设计上钢材强度取值的依据，是工程结构计算中非常重要的一个参数。

3. 强化阶段（*ce* 段）

当应力超过屈服强度后，应力增加且产生应变，钢材得到强化，所以钢材抵抗塑性变形的能力又重新提高，*ce* 呈上升曲线，称为强化阶段。对应于最高点的应力值（σ_b）称为极限抗拉强度，简称抗拉强度。

4. 颈缩阶段(*ef* 段)

试件受力达到最高点 *e* 点后,其抵抗变形的能力明显降低,变形迅速发展,应力逐渐下降,试件被拉长,在有杂质或缺陷处,断面急剧缩小,直到断裂,故 *ef* 段称为颈缩阶段。

屈服强度和抗拉强度之比(屈强比 $=\sigma_s/\sigma_b$)能反映钢材的利用率和结构安全可靠程度。屈强比越小,其结构的安全可靠程度越高,但屈强比过小,又说明钢材强度的利用率偏低,造成钢材浪费。建筑结构钢合理的屈强比一般为 0.60 ~ 0.75。

试件拉断后,将拉断后的试件拼合起来,测定出标距范围内的长度 L_1(mm),如图 5-2 所示。伸长率(δ)计算式如下

$$\delta = \frac{L_1 - L_0}{L_0} \times 100\% \tag{5-1}$$

伸长率是衡量钢材塑性的一个重要指标,δ 越大说明钢材的塑性越好,塑性变形能力越强,可使应力重新分布,避免应力集中,结构的安全性越大。塑性变形在试件标距内的分布是不均匀的,颈缩处的变形最大,离颈缩部位越远其变形越小。所以,原标距与直径之比越小,则颈缩处伸长值在整个伸长值中的比重越大,计算出来的 δ 值就越大。通常以 δ_5 和 δ_{10} 分别表示 $L_0 = 5d_0$ 和 $L_0 = 10d_0$ 时的伸长率。对于同一种钢材,其 $\delta_5 > \delta_{10}$。

中碳钢与高碳钢(硬钢)的拉伸曲线与低碳钢不同,屈服现象不明显,难以测定屈服点,则规定产生残余变形为原标距长度的 0.2% 时所对应的应力值,作为硬钢的屈服强度,也称条件屈服点,用 $\sigma_{0.2}$ 表示,如图 5-3 所示。

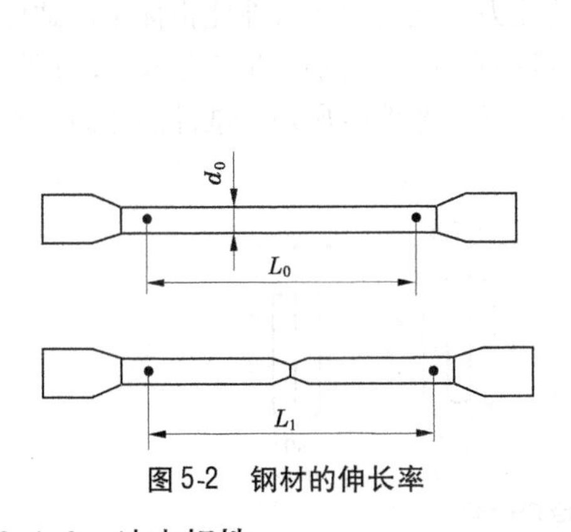

图 5-2 钢材的伸长率

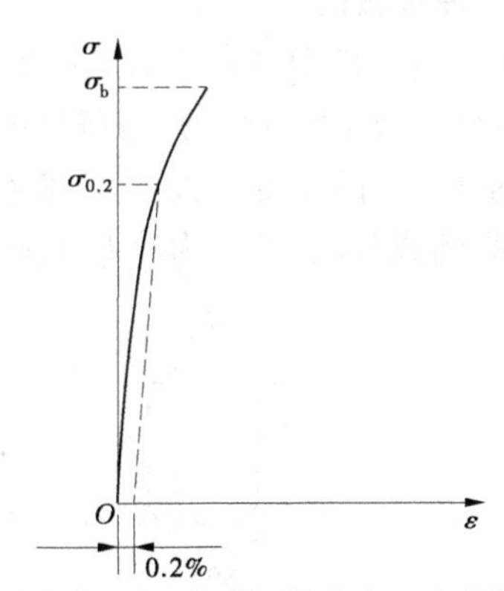

图 5-3 中、高碳钢的应力—应变图

5.2.1.2 冲击韧性

冲击韧性是指钢材抵抗冲击荷载而不被破坏的能力。钢材的冲击韧性是用有刻槽的标准试件,在冲击试验机的一次摆锤冲击下,以破坏后缺口处单位面积上所消耗的功(J/cm^2)来表示的,其符号为 α_k。试验时将试件放置在固定支座上,然后以摆锤冲击试件刻槽的背面,使试件承受冲击弯曲而断裂。α_k 值越大,冲击韧性越好。对于经常受较大冲击荷载作用的结构,要选用 α_k 值大的钢材。

影响钢材冲击韧性的因素很多,如化学成分、冶炼质量、冷作及时效、环境温度等。

5.2.1.3 耐疲劳性

钢材在交变荷载的反复作用下,往往在最大应力远小于其抗拉强度时就发生破坏,这种破坏称为疲劳破坏。钢材的疲劳破坏指标用疲劳强度(或称疲劳极限)来表示,它是指

疲劳试验时试件在交变应力作用下,于规定的周期基数内不发生断裂所能承受的最大应力。一般把钢材承受交变荷载$10^6 \sim 10^7$次时不发生破坏的最大应力作为疲劳强度。设计承受反复荷载且需进行疲劳验算的结构时,应了解所用钢材的疲劳极限。

研究表明,钢材的疲劳破坏是由拉应力引起的,因此钢材内部成分的偏析、夹杂物的多少以及最大应力处的表面光洁程度、加工损伤等都是影响钢材疲劳强度的因素。疲劳破坏经常是突然发生的,往往会造成严重事故。

5.2.1.4 硬度

硬度是指金属材料在表面局部体积内,抵抗硬物压入表面的能力,亦即材料表面抵抗塑性变形的能力。测定钢材硬度采用压入法,即以一定的静荷载(压力),把一定的压头压在金属表面,然后测定压痕的面积或深度来确定硬度。测试方法按压头或压力不同,有布氏法、洛氏法等,相应的硬度试验指标称布氏硬度(HB)和洛氏硬度(HR)。较常用的方法是布氏法,其硬度指标是布氏硬度值。

各类钢材的 HB 值与抗拉强度之间有一定的相关关系。材料的强度越高,塑性变形抵抗力越强,硬度值也就越大。对于碳素钢,当 $HB < 175$ 时,$\sigma_b \approx 0.36HB$;当 $HB > 175$ 时,$\sigma_b \approx 0.35HB$。根据这一关系,可以直接在钢结构上测出钢材的 HB 值,并估算该钢材的 σ_b。

5.2.2 工艺性能

5.2.2.1 冷弯性能

冷弯性能是指钢材在常温下承受弯曲变形的能力。钢材的冷弯性能指标是以试件弯曲的角度(90°或 180°)和弯心直径(d)对试件厚度(或直径 a)的比值来表示的,如图 5-4 所示。钢材弯曲的角度愈大,弯心直径愈小,则表示其冷弯性能愈好。试件的弯曲处不发生裂缝、裂断或起层,即认为冷弯性能合格。

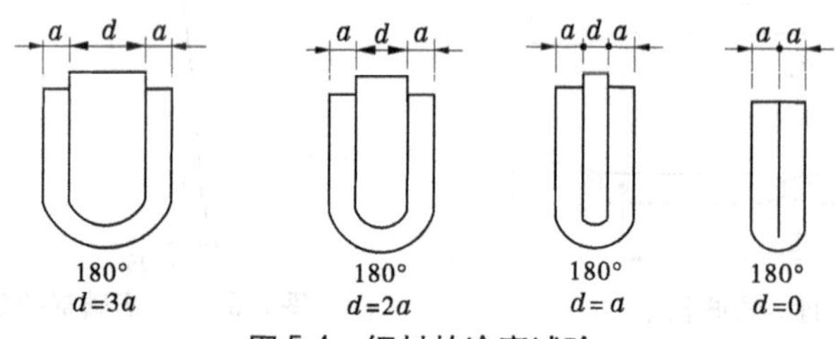

图 5-4 钢材的冷弯试验

通过冷弯试验更有助于暴露钢材的某些内在缺陷。相对于伸长率而言,冷弯是对钢材塑性更严格的检验,它能揭示钢材是否存在内部组织不均匀、内应力和夹杂物等缺陷,冷弯试验对焊接质量也是一种严格的检验,能揭示焊件在受弯表面存在未熔合、微裂纹及夹杂物等缺陷。

5.2.2.2 焊接性能

在建筑工程中,各种型钢、钢板、钢筋及预埋件等需用焊接加工。钢结构有 90% 以上是焊接结构。焊接的质量取决于焊接工艺、焊接材料及钢的焊接性能。

钢材的可焊性是指钢材是否适应通常的焊接方法与工艺的性能。钢材可焊性能的好坏,主要取决于钢的化学成分。含碳量高将增加焊接接头的硬脆性,含碳量小于 0.25%

的碳素钢具有良好的可焊性。

钢筋焊接注意事项:冷拉钢筋的焊接应在冷拉之前进行;钢筋焊接之前,焊接部位应清除铁锈、熔渣、油污等。

5.2.2.3 冷加工性能及时效处理

1.冷加工强化处理

将钢材在常温下进行冷加工(如冷拉、冷拔或冷轧),使之产生塑性变形,从而提高屈服强度,但钢材的塑性、韧性及弹性模量则会降低,这个过程称为冷加工强化处理。建筑工地或预制构件厂常用的方法是冷拉和冷拔。

冷拉是将热轧钢筋用冷拉设备加力进行张拉。钢材经冷拉后倔服强度可提高20%~30%,可节约钢材10%~20%,钢材经冷拉后屈服阶段缩短,伸长率降低,材质变硬。

冷拔是将光面圆钢筋通过硬质合金拔丝模孔强行拉拔,每次拉拔断面缩小应在10%以下。钢筋在冷拔过程中,不仅受拉,还受到挤压作用,因而冷拔的作用比纯冷拉作用强烈。经过一次或多次冷拔后的钢筋,表面光洁度高,屈服强度提高40%~60%,但塑性大大降低,具有硬钢的性质。

2.时效

钢材经冷加工后,在常温下存放15~20 d或加热至100~200 ℃,保持2 h左右,其屈服强度、抗拉强度及硬度进一步提高,而塑性及韧性继续降低,这种现象称为时效。前者称为自然时效,后者称为人工时效。

钢材经冷加工及时效处理后,其应力—应变关系变化的规律,可明显地在应力—应变图上得到反映,如图5-5所示。

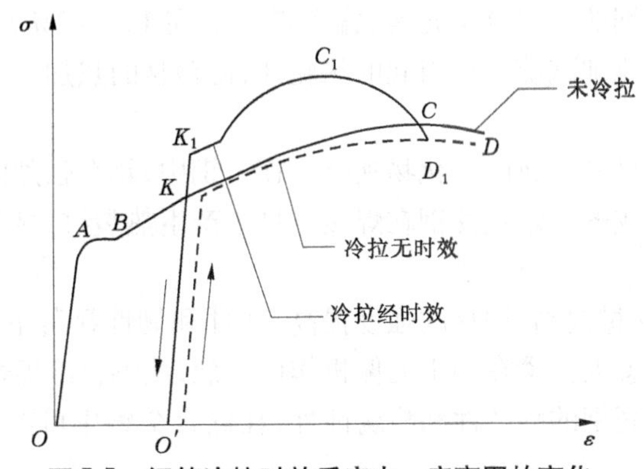

图5-5 钢筋冷拉时效后应力—应变图的变化

5.2.2.4 钢材的热处理

钢材的热处理通常有以下几种基本方法。

1.淬火

将钢材加热至723 ℃以上某一温度,并保持一定时间后,迅速置于水中或机油中冷却,这个过程称钢材的淬火处理。钢材经淬火后,强度和硬度提高,脆性增大,塑性和韧性明显降低。

2.回火

将淬火后的钢材重新加热到723 ℃以下某一温度范围,保温一定时间后再缓慢地或较快地冷却至室温，这一过程称为回火处理。回火可消除钢材淬火时产生的内应力，使其硬度降低，恢复塑性和韧性。

3. 退火

将钢材加热至723 ℃以上某一温度，保温后以适当的速度缓慢冷却的处理过程称为退火。退火可降低钢材原有的硬度，改善塑性和韧性。

4. 正火

将钢材加热到723 ℃以上某一温度，保温后在空气中冷却的处理过程称为正火。钢材正火后强度和硬度提高，塑性变差。

5.2.3 钢材的化学成分及其性能的影响

钢材的化学成分主要是指碳、硅、锰、硫、磷等，在不同情况下往往还需考虑氧、氮及各种合金元素。

5.2.3.1 碳

土木工程用钢材含碳量不大于0.8%。在此范围内，随着钢中碳含量的提高，强度和硬度相应提高，而塑性和韧性则相应降低，碳还可显著降低钢材的可焊性，增加钢的冷脆性和时效敏感性，降低抗大气锈蚀性。

5.2.3.2 硅

当硅在钢中的含量较低（小于1%）时，可提高钢材的强度，而对塑性和韧性影响不明显。

5.2.3.3 锰

锰是我国低合金钢的主要合金元素，锰含量一般在1% ~2%范围内，它的作用主要是使强度提高。锰还能削减硫和氧引起的热脆性，使钢材的热加工性质改善。

5.2.3.4 硫

硫是有害元素。呈非金属的硫化物夹杂存在于钢中，具有强烈的偏析作用，降低各种机械性能。硫化物造成的低熔点使钢在焊接时易于产生热裂纹，显著降低可焊性。

5.2.3.5 磷

磷为有害元素，含量提高，钢材的强度提高，塑性和韧性显著下降，特别是温度愈低，对韧性和塑性的影响愈大。磷在钢中的偏析作用强烈，使钢材冷脆性增大，并显著降低钢材的可焊性。磷可提高钢的耐磨性和耐腐蚀性，在低合金钢中可配合其他元素作为合金元素使用。

5.2.3.6 氧和氮

氧和氮为有害元素，氧能使钢材热脆，其作用比硫剧烈；氮能使钢材冷脆，作用与磷类似。

5.2.3.7 钛

钛是强脱氧剂。它能显著提高强度，改善韧性和可焊性，减少时效倾向，是常用的合金元素。

5.2.3.8 钒

钒是强的碳化物和氮化物形成元素。钒能有效提高强度，并能减少时效倾向，但增加焊接时的淬硬倾向。

任务 5.3　建筑钢材的标准与选用

建筑工程用钢有钢结构用钢和钢筋混凝土结构用钢两类，前者主要应用型钢和钢板，后者主要采用钢筋和钢丝。

5.3.1　钢结构用钢

钢结构用钢主要有碳素结构钢和低合金结构钢两种。

5.3.1.1　碳素结构钢（非合金钢）

1. 碳素结构钢的牌号及其表示方法

碳素结构钢的牌号由四个部分组成：屈服点的字母（Q）、屈服点数值（N/mm^2）、质量等级符号（A、B、C、D）、脱氧程度符号（F、B、Z、TZ）。碳素结构钢的质量等级是按钢中硫、磷含量由多至少划分的，随 A、B、C、D 的顺序质量等级逐级提高。当为镇静钢或特殊镇静钢时，则牌号表示“Z”与“TZ”的符号可以省略。

按标准规定，我国碳素结构钢分四个牌号，即 Q195、Q215、Q235 和 Q275。例如 Q235—A · F 表示屈服点为 235 N/mm^2 的平炉或氧气转炉冶炼的 A 级沸腾碳素结构钢。

2. 碳素结构钢的技术要求

按照标准《碳素结构钢》（GB/T 700—2006）的规定，碳素结构钢的技术要求包括化学成分、力学性能、冶炼方法、交货状态、表面质量等五个方面。各牌号碳素结构钢的化学成分及力学性能应分别符合表 5-2 和表 5-3 的要求。

表 5-2　碳素结构钢的化学成分（GB/T 700—2006）

牌号	等级	化学成分（%），不大于					脱氧方法
		C	Si	Mn	P	S	
Q195	—	0.12	0.30	0.50	0.035	0.040	F、Z
Q215	A	0.15	0.35	1.20	0.045	0.050	F、Z
	B					0.045	
Q235	A	0.22	0.35	1.40	0.045	0.050	F、Z
	B	0.20				0.045	
	C	0.17			0.040	0.040	Z
	D				0.035	0.035	TZ
Q275	A	0.24	0.35	1.50	0.045	0.050	F、Z
	B	0.21			0.045	0.045	Z
	C	0.22			0.040	0.040	Z
	D	0.20			0.035	0.035	TZ

表 5-3　碳素结构钢的力学性能(GB/T 700—2006)

牌号	等级	拉伸试验												冲击试验	
		屈服点 σ_s(MPa)						抗拉强度 σ_s(MPa)	伸长率 δ_5(%)					温度(℃)	V形冲击功(纵向)(J)
		钢筋厚度(直径)(mm)							钢材厚度(直径)(mm)						
		≤16	>16~40	>40~60	>60~100	>100~150	>150~200		≤40	>40~60	>60~100	>100~150	>150~200		
		≥							≥						≥
Q195	—	195	185	—	—	—	—	315~430	33	—	—	—	—	—	—
Q215	A	215	205	195	185	175	165	335~450	31	30	29	27	25	—	—
	B													+20	27
Q235	A	235	225	215	215	195	185	370~500	26	25	24	22	21	—	—
	B													+20	27
	C													0	
	D													-20	
Q275	A	275	265	255	245	225	215	410~540	22	21	20	18	17	—	—
	B													+20	27
	C													0	
	D													-20	

3. 碳素结构钢各类牌号的特性与用途

建筑工程中常用的碳素结构钢牌号为 Q235,由于该牌号钢既具有较高的强度,又具有较好的塑性和韧性,可焊性也好,故能较好地满足一般钢结构和钢筋混凝土结构的用钢要求。相反,Q195 和 Q215 号钢,虽塑性很好,但强度太低;而 Q275 号钢,虽强度很高,但塑性较差,可焊性亦差,所以均不适用。

Q235 号钢冶炼方便,成本较低,故在建筑中应用广泛。由于塑性好,在结构中能保证在超载、冲击、焊接、温度应力等不利条件下的安全,并适于各种加工,被大量用作轧制各种型钢、钢板及钢筋。其力学性能稳定,对轧制、加热、急剧冷却时的敏感性较小。其中 Q235—A 级钢,一般仅适用于承受静荷载作用的结构,Q235—C 级和 D 级钢可用于重要焊接的结构。另外,由于 Q235—D 级钢含有足够的形成细晶粒结构的元素,同时对硫、磷有害元素控制严格,故其冲击韧性很好,具有较强的抗冲击、振动荷载的能力,尤其适宜在较低温度下使用。

Q195 和 Q215 号钢常用作生产一般使用的钢钉、铆钉、螺栓及铁丝等;Q275 号钢多用于生产机械零件和工具等。

5.3.1.2 低合金高强度结构钢

低合金高强度结构钢是在碳素结构钢的基础上，添加少量的一种或多种合金元素（总含量＜5%）的一种结构钢。其目的是提高钢的屈服强度、抗拉强度、耐磨性、耐蚀性与耐低温性等。因而，它是综合性较为理想的建筑钢材，在大跨度、承重动荷载和冲击荷载的结构中更适用。此外，与使用碳素结构钢相比，可以节约钢材20%～30%，而成本并不很高。

1. 低合金高强度结构钢的牌号及其表示方法

根据国家标准《低合金高强度结构钢》（GB/T 1591—2008）的规定，我国低合金高强度结构钢共有5个牌号，所加元素主要有锰、硅、钒、钛、铌、铬、镍及稀土元素。其牌号的表示由屈服点字母Q、屈服点数值、质量等级（A、B、C、D、E五级）三部分组成。

2. 低合金高强度结构钢的应用

低合金高强度结构钢主要用于轧制各种型钢（角钢、槽钢、工字钢）、钢板、钢管及钢筋，广泛用于钢结构和钢筋混凝土结构中，特别适用于各种重型结构、大跨度结构、高层结构及桥梁工程等，尤其对用于大跨度和大柱网的结构，其技术经济效果更为显著。

5.3.2 钢筋混凝土结构用钢

5.3.2.1 热轧钢筋

钢筋混凝土用热轧钢筋，根据其表面状态特征、工艺与供应方式可分为热轧光圆钢筋、热轧带肋钢筋与热轧热处理钢筋等。热轧带肋钢筋通常为圆形横截面，且表面通常带有两条纵肋和沿长度方向均匀分布的横肋。按肋纹的形状分为月牙肋和等高肋，如图5-6所示。热轧钢筋按其力学性能，分为Ⅰ级、Ⅱ级、Ⅲ级、Ⅳ级，其强度等级代号分别为R235、RL335、RL400、RL540。其中Ⅰ级钢筋由碳素结构钢轧制，其余均由低合金钢轧制而成。

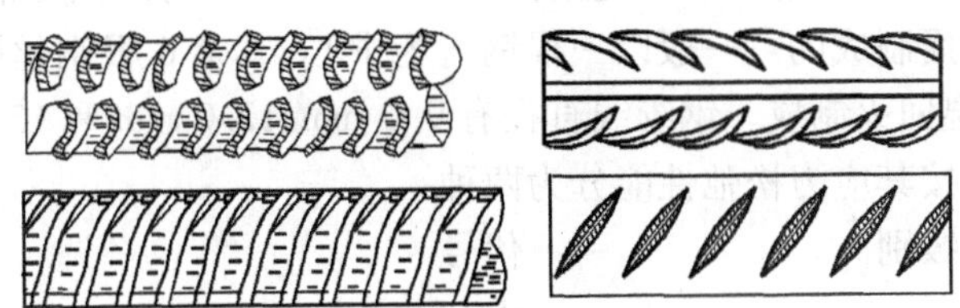

图5-6 带肋钢筋外形

Ⅰ级钢筋的强度较低，但塑性及焊接性能很好，便于各种冷加工，故广泛用于普通钢筋混凝土构件的受力筋及各种钢筋混凝土结构的构造筋。Ⅱ级钢筋和Ⅲ级钢筋的强度较高，塑性和焊接性能也较好，广泛用作大、中型钢筋混凝土结构的受力钢筋。Ⅳ级钢筋强度高，但塑性和可焊性较差，可用作预应力钢筋。

5.3.2.2 冷轧带肋钢筋

热轧圆盘条经冷轧后，在其表面带有沿长度方向均匀分布的三面或两面横肋，即称为冷轧带肋钢筋。冷轧带肋钢筋按抗拉强度分为五个牌号，分别为CRB550、CRB650、CRB800、CRB970、CRB1170。C、R、B分别为冷轧、带肋、钢筋三个词的英文首位字母，数值为抗拉强度的最小值。与冷拔低碳钢丝相比，冷轧带肋钢筋具有强度高，塑性好，与钢筋黏结牢固、节约钢材、质量稳定等优点。

5.3.3 预应力混凝土用热处理钢筋

预应力混凝土用热处理钢筋是用热轧带肋钢筋经淬火和回火调质处理后的钢筋。有直径为6 mm、8.2 mm、10 mm三种规格。热处理钢筋成盘供应,每盘长100~120 m,开盘后钢筋自然伸直,按要求的长度切断。

预应力混凝土用热处理钢筋的优点是:强度高,可代替高强钢丝使用;配筋根数少,节约钢材;锚固性好,不易打滑,预应力值稳定;施工简便,开盘后钢筋自然伸直,不需调直和焊接。主要用作预应力钢筋混凝土轨枕,也用于预应力梁、板结构及吊车梁等。

5.3.4 预应力混凝土用优质钢丝及钢绞线

5.3.4.1 预应力混凝土用钢丝

预应力混凝土用钢丝是高碳钢盘条经淬火、酸洗、冷拉加工而制成的高强度钢丝。

1. 分类及代号

预应力混凝土用钢丝按下列分类:

按交货状态分为冷拉钢丝(代号L)、矫直回火钢丝(代号J)两种。

按外形分为光面钢丝、刻痕钢丝(代号K)两种。

2. 技术性能

预应力钢丝具有强度高、柔性好、松弛率低、耐蚀等特点,适用于各种特殊要求的预应力结构,主要用于大跨度屋架及薄腹梁、大跨度吊车梁、桥梁、电杆、轨枕等的预应力钢筋。其技术性能应该符合《预应力混凝土用钢丝》(GB/T 5223—2014)的要求。

5.3.4.2 预应力混凝土用钢绞线

预应力混凝土用钢绞线是由7根直径为2.5~5.0 mm的高强度钢丝,绞捻后经一定热处理清除内应力而制成的。一般以一根钢丝为中心,其余6根钢丝围绕着进行螺旋状左捻绞合,再经低温回火制成。钢绞线直径有9.0 mm、12.0 mm和15.0 mm三种。预应力混凝土用钢绞线按其应力松弛性能分为两种:

应力松弛级别	代号
Ⅰ级松弛	Ⅰ
Ⅱ级松弛	Ⅱ

钢绞线具有强度高、与混凝土黏结性好、断面面积大、使用根数少、在结构中布置方便、易于锚固等优点。它的主要用于大跨度、大负荷的后张法预应力屋架、桥梁和薄腹梁等结构的预应力筋。

5.3.5 钢材的选用原则

钢材的选用一般遵循以下原则。

5.3.5.1 荷载性质

对于经常承受动力或振动荷载的结构,容易产生应力集中,从而引起疲劳破坏,需要选用材质高的钢材。

5.3.5.2　使用温度

对于经常处于低温状态的结构，钢材容易发生冷脆断裂，特别是焊接结构更甚，因而要求钢材具有良好的塑性和低温冲击韧性。

5.3.5.3　连接方式

对于焊接结构，当温度变化和受力性质改变时，焊缝附近的母体金属容易出现冷、热裂纹，促使结构早期破坏。所以，焊接结构对钢材化学成分和机械性能要求较严。

5.3.5.4　钢材厚度

钢材力学性能一般随厚度增大而降低，钢材经多次轧制后，钢的内部结晶组织更为紧密，强度更高，质量更好，故一般结构用的钢材厚度不宜超过40 mm。

5.3.5.5　结构重要性

选择钢材要考虑结构使用的重要性，如大跨度结构、重要的建筑物结构，须相应选用质量更好的钢材。

任务5.4　钢材的锈蚀及防止

5.4.1　钢材的锈蚀

钢材的锈蚀是指其表面与周围介质发生化学反应而遭到破坏的过程。根据锈蚀作用的机制，钢材的锈蚀可分为化学锈蚀和电化学锈蚀两种。

5.4.1.1　化学锈蚀

化学锈蚀是指钢材直接与周围介质发生化学反应而产生的锈蚀。这种锈蚀多数是氧化作用，使钢材表面形成疏松的氧化物。在常温下，钢材表面能形成一薄层起保护作用的氧化膜FeO，可以防止钢材进一步锈蚀。因而，在干燥环境下，钢材锈蚀进展缓慢，但在温度和湿度较高的环境中，这种锈蚀进展加快。

5.4.1.2　电化学锈蚀

电化学锈蚀是建筑钢材在存放和使用中发生锈蚀的主要形式。它是指钢材与电解质溶液接触而产生电流，形成微电池而引起的锈蚀。潮湿环境中的钢材表面会被一层电解质水膜所覆盖，而钢材含有铁、碳等多种成分，由于这些成分的电极电位不同，从而钢的表面层在电解质溶液中构成以铁素体为阳极，以渗碳体为阴极的微电池。在阳极，铁失去电子成为 Fe^{2+} 进入水膜；在阴极，溶于水膜的氧被还原生成 OH^-，随后两者生成不溶于水的 $Fe(OH)_2$，并进一步氧化成为疏松易剥落的红棕色铁锈 $Fe(OH)_3$。由于铁素体基体的逐渐锈蚀，钢组织中暴露出来的渗碳体等越来越多，于是形成的微电池数目也越来越多，钢材的锈蚀速度也就愈益加速。

5.4.2　影响钢材锈蚀的主要因素

影响钢材锈蚀的主要因素是水、氧及介质中所含的酸、碱、盐等，同时钢材本身的组织成分对锈蚀影响也很大。

比方说，在钢筋混凝土中，引起钢筋锈蚀的原因主要有：

(1)埋于混凝土中的钢筋处于碱性介质中(新浇混凝土的 pH 约为 12.5 或更高),而氧化保护膜也为碱性,故不致锈蚀。但这种保护膜易被卤素离子特别是氯离子所破坏,使锈蚀迅速发展。

(2)浇筑混凝土时水灰比控制不好,游离水过多,水化反应之后,游离水分蒸发,使混凝土表面存在许多细微的小孔,由于毛细现象,周围水分会沿着毛细小孔向混凝土内部渗透,锈蚀钢筋。

(3)混凝土的密实性决定了钢筋锈蚀的快慢,混凝土越密实,钢筋越不易锈蚀;反之,则钢筋锈蚀较快。

(4)混凝土养护不当或保护层厚度不够以及在荷载作用下混凝土产生的裂缝,也是引起混凝土内部钢筋锈蚀的主要原因。

5.4.3 防止钢材锈蚀的措施

5.4.3.1 保护层法

通常的方法是采用在表面施加保护层,使钢材与周围介质隔离。保护层可分为金属保护层和非金属保护层两类。

1. 非金属保护层

非金属保护层常用的是在钢材表面刷漆,常用底漆有红丹、环氧富锌漆、铁红环氧底漆等,面漆有调和漆、醇酸磁漆、酚醛磁漆等。该方法简单易行,但不耐久。此外,还可以采用塑料保护层、沥青保护层、搪瓷保护层等。

2. 金属保护层

金属保护层是用耐蚀性较好的金属,以电镀或喷镀的方法覆盖在钢材表面,如镀锌、镀锡、镀铬等。薄壁钢材可采取热浸镀锌或镀锌后加涂塑料涂层等措施。

5.4.3.2 制成合金

钢材的组织及化学成分是引起锈蚀的内因。通过调整钢的基本组织或加入某些合金元素,可有效地提高钢材的抗腐蚀能力。例如,在钢中加入一定量的合金元素铬、镍、钛等,制成不锈钢,可以提高耐锈蚀能力。

总而言之,混凝土配筋的防锈措施,根据结构的性质和所处环境条件等,考虑混凝土的质量要求,主要是保证混凝土的密实度(控制最大水灰比和最小水泥用量、加强振捣),保证足够的保护层厚度,限制氯盐外加剂的掺加量和保证混凝土一定的碱度等,还可掺用阻锈剂(如亚硝酸钠等)。国外有采用钢筋镀锌、镀镍等方法。对于预应力钢筋,一般含碳量较高,又多经过变形加工或冷加工,因而对锈蚀破坏较敏感,特别是高强度热处理钢筋,容易产生应力锈蚀现象。因此,对重要的预应力承重结构,除禁止掺用氯盐外,应对原材料进行严格检验。

任务 5.5 钢材的运输、验收和储存

5.5.1 钢材的运输

运输钢材时,不同钢号、炉号、规格的钢材要分别装卸,避免混乱;装卸钢材时不得摔

掷并尽量保护钢材的包装,以免钢材变形或破坏其表面状态。

5.5.2 钢材的验收

5.5.2.1 验收批的确定

建筑钢材必须按批验收,同一级别、种类,同一规格、批号、批量不大于60 t为一验收批,不足60 t也为一批。允许同一牌号、同一冶炼方法、同一浇筑方法的不同炉罐号组成混合批,但各炉罐号含碳量之差应不大于0.02%,含锰量之差应不大于0.15%。

5.5.2.2 验收项目及要求

(1)核对货单和实物。

(2)核对质量保证书。

(3)检查包装。

(4)检查外观质量。

(5)抽检力学性能:抽检取样及抽检结果评价。

工程材料进场检查、验收记录见表5-4。

表5-4 工程材料进场检查、验收记录

工程名称			
生产厂家		进场时间	
产品名称		规格型号	
合格证编号		进场数量	
出厂检验报告号		复试报告编号	
使用部位		抽查方法及数量	
检查内容	施工单位自检情况	监理(建设)单位验收记录	
材料品种			
材料规格尺寸			
材料外包装、外观质量			
产品合格证书及性能检测报告			
力学性能检验情况			
其他			
验收意见			
施工单位(签章): 材料员: 质检员: 年 月 日		监理单位(签章): 监理工程师: 年 月 日	

5.5.3　钢材的储存

5.5.3.1　选择适宜的场地和库房

(1)保管钢材的场地或仓库,应选择在清洁干净、排水通畅的地方,远离产生有害气体或粉尘的厂矿。在场地上要清除杂草及一切杂物,保持钢材干净。

(2)在仓库里不得与酸、碱、盐、水泥等对钢材有侵蚀性的材料堆放在一起。不同品种的钢材应分别堆放,防止混淆,防止接触腐蚀。

(3)大型型钢、钢轨、厚钢板、大口径钢管、锻件等可以露天堆放。

(4)中小型型钢、盘条、钢筋、中口径钢管、钢丝及钢丝绳等,可在通风良好的料棚内存放,但必须上苫下垫。

(5)一些小型钢材、薄钢板、钢带、硅钢片、小口径或薄壁钢管、各种冷轧和冷拔钢材,以及价格高、易腐蚀的金属制品,可存放入库。

(6)库房应根据地理条件选定,一般采用普通封闭式库房,即有房顶有围墙、门窗严密、设有通风装置的库房。库房要求晴天注意通风,雨天注意关闭防潮,并经常保持适宜的储存环境。

5.5.3.2　合理堆码、先进先放

(1)堆码的原则要求是在码垛稳固、确保安全的条件下,做到按品种、规格码垛,不同品种的材料要分别码垛,防止混淆和相互腐蚀。

(2)禁止在垛位附近存放对钢材有腐蚀作用的物品。

(3)垛底应垫高、坚固、平整,防止材料受潮或变形。

(4)同种材料按入库先后分别堆码,便于执行先进先发的原则。

(5)露天堆放的型钢,下面必须有木垫或条石,垛面略有倾斜,以利于排水,并注意材料安放平直,防止造成弯曲变形。

(6)堆垛高度,人工作业的不超过1.2 m,机械作业的不超过1.5 m,垛宽不超过2.5 m。

(7)垛与垛之间应留有一定宽度的通道,检查道一般为0.5 m,出入通道视材料大小和运输机械而定,一般为1.5~2.0 m。

(8)垛底垫高,若仓库为朝阳的水泥地面,垫高0.1 m即可;若为泥地,须垫高0.2~0.5 m;若为露天场地,水泥地面垫高0.3~0.5 m,沙泥地面垫高0.5~0.7 m。

(9)露天堆放角钢和槽钢应俯放,即口朝下,工字钢应立放,钢材的I槽面不能朝上,以免积水生锈。

5.5.3.3　保护材料的包装和保护层

钢厂出厂前涂的防腐剂或其他镀覆及包装,是防止材料锈蚀的重要措施,在运输装卸过程中须注意保护,不能损坏,可延长材料的保管期限。

5.5.3.4　保持仓库清洁、加强材料养护

材料在入库前要注意防止雨淋或混入杂质,对已经淋雨或弄污的材料要按其性质采用不同的方法擦净,如硬度高的可用钢丝刷,硬度低的用布、棉等物。

任务5.6　钢材试验实训

5.6.1　钢筋的拉伸试验

5.6.1.1　试验目的

测定低碳钢的屈服强度、抗拉强度、伸长率3个指标，作为钢筋质量评定的一个试验项目。

5.6.1.2　主要仪器设备

(1)万能试验机(见图5-7)。

(2)引伸计。

(3)钢板尺、游标卡尺、千分尺、两脚规等。

5.6.1.3　试件的制备

(1)试件的长度：一般可以取$(5d_0+200)$ mm或$(10d_0+200)$ mm，也可以根据试验机上、下夹头间最小距离和夹头的长度确定。

(2)直径为8～40 mm的钢筋试件一般不经车削加工。如受试验机吨位限制，直径为22～40 mm的钢筋可进行车削加工，制成直径为20 mm的标准试件。

(3)原始标注长度l_0的标记。在试件表面用铅笔画出平行于其轴线的直线，在直线上用浅冲眼冲出标注标点，并沿标注长度用油漆画出10等分点，以便计算试件的伸长率。长试件的标距为$10d_0$，短试件的标距为$5d_0$。

图5-7　万能试验机

5.6.1.4　试验步骤

1. 试件原始尺寸的测定

(1)测量标注长度l_0，精确至0.1 mm。

(2)横截面面积s_0的测定。

①未经过车削加工的试样，要按重量法求出横截面面积s_0

$$s_0=\frac{Q}{\rho L} \tag{5-2}$$

式中　s_0——试件的横截面面积，cm^2；

Q——试件的质量，g；

L——试件的长度，cm；

ρ——钢筋密度，7.85 g/cm^3。

②经过车削加工的标准圆形试件横截面直径应在标距的两端及中间处两个相互垂直的方向上各测一次，取算术平均值，选用3处测得的横截面面积中最小值，横截面面积按下式计算

$$s_0 = \frac{1}{4}\pi d_0^2 \tag{5-3}$$

式中 s_0——试件的横截面面积，mm^2；

d_0——圆形试件原始横断面直径，mm。

2. 屈服点荷载、抗拉极限荷载测定

1）指针方法

（1）调整试验机测力度盘的指针，使其对准零点，并拨动副指针，使其与主指针重叠。

（2）将试件固定在试验机夹头内，开动试验机进行拉伸。拉伸速度为：屈服前，应力增加速度为 10 MPa/s；屈服后，试验机活动夹头在荷载下的移动速度为不大于 $0.5L_c$/min，$L_c = l_0 + 2h_1$。

（3）拉伸中，测力度盘的指针停止转动时的恒定荷载，或指针第一回转时的最小荷载，即为求得的屈服点荷载 P_s。

（4）向试件连续施荷直至拉断，由测力度盘读出最大荷载，即为所求的抗拉极限荷载 P_b。

2）微机处理法

（1）关闭送油阀门，按上夹具和下夹具按钮，将试件固定在试验机夹头内。

（2）调出拉伸试验程序，调出要标志的屈服荷载和抗拉荷载，让微机数据记录归零，开动送油阀门装置，控制送油速度。

（3）微机自动记录荷载与变形图、应力应变图或者屈服强度和抗拉强度，微机自动分析。

3. 伸长率的测定

将已拉断试件的两端在断裂处对齐，尽量使其轴线位于一条直线上。如拉断处由于各种原因形成缝隙，则此缝隙应计入试件拉断后的标距部分长度内。此时标距内的长度 l_1 测定方法有两种。

（1）直测法。如拉断处到邻近标距端点的距离大于 $1/3l_0$，可用卡尺直接量出已被拉长的标距长度 l_1。

（2）移位法。如拉断处到邻近标距端点的距离小于或等于 $1/3l_0$，可按下述移位法计算标距 l_1。

在长段上，从拉断 O 点取基本等于短段格数，得 B 点。接着取等于长段所余格数，如果格数为偶数，取其一半，得 C 点；如果为奇数，取等于长段所余格数减 1 与一半加 1 之和，得 C 与 C_1 点；移位后 l_1 分别为 $AO + OB + 2BC$ 或 $AO + OB + BC + BC_1$。

5.6.1.5 试验结果处理

（1）屈服强度按下式计算

$$\sigma_s = \frac{P_s}{S_0} \tag{5-4}$$

式中 P_s——屈服时的荷载，N；

s_0——试件原始横截面面积，mm^2。

（2）抗拉强度按下式计算

$$\sigma_b = \frac{P_b}{S_0} \tag{5-5}$$

式中 σ_b——屈服强度,MPa;

P_b——荷载,N;

s_0——试原件横截面面积,mm^2。

(3)伸长率按下式计算(精确至1%)

$$\delta_{10}(\delta_5) = (l_1 - l_0)/l_0 \times 100\% \tag{5-6}$$

式中 $\delta_{10}(\delta_5)$——$10d_0$ 和 $5d_0$ 时的伸长率;

l_0——原始标距长度,mm,$l_0 = 10d_0$ 或 $l_0 = 5d_0$;

l_1——试件拉断后直接量出或按位移法确定的标距部分长度,mm(精确至0.1 mm)。

当试验结果有一项不合格时,应另取双倍数量的试样重做试验,如仍有不合格项目,则该批钢材判为拉伸性能不合格。如试件在标距端点上或标距处断裂,则试验结果无效,应重新试验。

5.6.2 钢筋的冷弯试验

5.6.2.1 试验目的

通过检验钢筋的工艺性能评定钢筋的质量,从而确定其可加工性能,并显示其缺陷。

5.6.2.2 主要仪器设备

(1)万能试验机。

(2)压力机。

(3)特殊试验机或圆口老虎钳和弯钩机等。

5.6.2.3 试件的制备

(1)试件不经车削,长度$(5a + 150a)$mm,a 为试件的直径或厚度。

(2)试件的弯曲表面不得有刻痕。

(3)试样加工时,应去除剪切或火焰切割等形成的影响区域。

(4)当钢筋直径小于35 mm时,不需加工,直接试验;若试验机能量允许,可加工直径不大于50 mm的试件。

(5)直径大于35 mm时,应加工成直径25 mm的试件。加工时应保留一侧原表面,弯曲试验时,原表面应位于弯曲的外侧。

5.6.2.4 试验步骤

(1)试验前,测量试验尺寸是否合格。

(2)按图5-8所示调整试验机平台上支辊距离为 L_1、$L_1 = (d + 2.5a) \pm 0.5a$,并且在试验过程中不允许有变化。$d$ 为冷弯冲头直径,$d = na$,a 为钢筋直径,n 为自然数,其值大小根据钢筋级别确定。

(3)将试件按图5-8(a)所示安放好后,平稳地加荷,钢筋弯曲至规定角度(90°或180°)后,停止冷弯,见图5-8(b)、(c)。

(4)卸载,关闭试验机,取下试件进行结果评定。

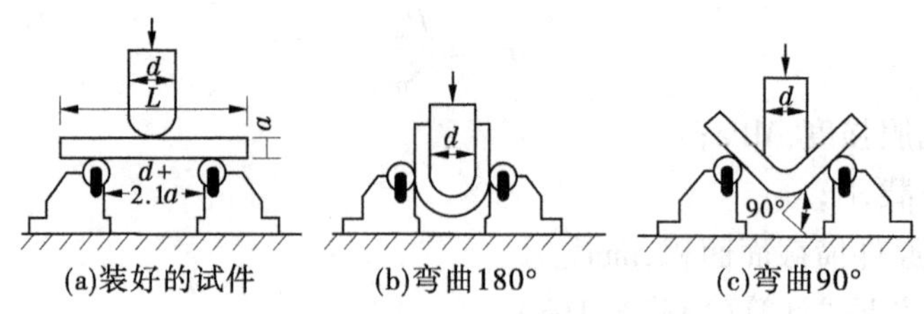

图 5-8 钢筋冷弯试验装置

5.6.2.5 **试验结果处理**

按以下 5 种试验结果评定方法进行,若无裂纹、裂缝或断裂,则评定试件合格。

(1)完好。试件弯曲处的外表面金属基本上无肉眼可见因弯曲变形产生的缺陷时,称为完好。

(2)微裂纹。试件弯曲外表面金属出现细小裂纹,其长度不大于 2 mm,宽度不大于 0.2 mm,称为微裂缝。

(3)裂纹。试件弯曲外表面金属出现裂纹,其长度大于 2 mm,而小于或等于 5 mm,宽度大于 0.2 mm,而小于或等于 0.5 mm 时,称为裂纹。

(4)裂缝。试件弯曲外表面金属基本上出现明显开裂,其长度大于 5 mm,宽度大于 0.5 mm,称为裂缝。

(5)裂断。试件弯曲外表面出现沿宽度贯穿的开裂,其深度超过试件厚度的 1/3 时,称为裂断。

在微裂纹、裂纹、裂缝中规定的长度和宽度,只要有一项达到某规定范围,即应该按级评定。

项目小结

钢材是建筑工程中最重要的金属材料。钢材具有强度高,塑性及韧性好,可焊可铆,便于加工、装配等优点,广泛地应用于各个领域。在建筑工程中,应用最多的钢材主要是碳素结构钢和低合金高强度结构钢这两种。钢材已成为常用的重要的结构材料,尤其在当代迅速发展的大跨度、大荷载、高层的建筑中,钢材已是不可或缺的材料。

为了更好的利用钢材,在本章学习中,应重点掌握钢材的成分、种类及技术性能,了解各品种钢材的特性及其正确合理的应用方法,如何防止锈蚀,使建筑物经久耐用。

技能考核题

一、名词解释

伸长率　时效　CRB650　Q235 - BF

二、填空题

1. 目前大规模炼钢方法主要有________、________、________和________。

2. 钢按照化学成分分为________和________两类;按质量分为________、________和

________三种。

3. 低碳钢的拉伸过程经历了________、________、________和________四个阶段。

4. 钢材冷弯试验的指标以________和________来表示。

5. 热轧钢筋按照轧制外形分为________和________。

6. 热轧光圆钢筋的强度等级代号为________，热轧带肋钢筋的强度等级代号为________、________和________三个。

7. 预应力混凝土用热处理钢筋按外形分为________和________两种。

三、选择题

1. 在低碳钢的应力—应变图中，有线性关系的是(　　)阶段。

A. 弹性阶段　B. 屈服阶段　C. 强化阶段　D. 破化阶段

2. 伸长率是衡量钢材(　　)的指标。

A. 弹性　B. 塑性　C. 脆性　D. 韧性

3. 硫元素是钢材中的有害元素，易引起钢材的(　　)。

A. 冷脆性　B. 热脆性　C. 锈蚀　D. 韧性

4. 冷加工后的钢材(　　)提高。

A. 韧性　B. 屈服强度　C. 硬度　D. 弹性

四、简答题

1. 钢材设计时，一般以钢材的什么强度作为设计依据？

2. 低碳钢受拉时的应力—应变图中，分为哪几个阶段？各阶段的指标又是什么？

3. 时效处理有几种方法？时效的目的是什么？

4. 什么是钢材的冷弯性能？怎样判定钢材冷弯性能合格？对钢材进行冷弯试验的目的是什么？

5. 什么是钢材的锈蚀？防止锈蚀的方法如何？

项目 6 防水材料

知识目标

1. 掌握石油沥青的技术性质及其在防水工程中的应用。
2. 掌握 SBS、APP 等改性沥青防水卷材的性能及应用。
3. 了解防水涂料的技术特性及工程应用。
4. 了解建筑密封材料的分类、技术性能和应用。

技能目标

掌握沥青针入度测定、沥青延度测定、沥青软化点测定的试验方法及对测定的结果评价。

随着防水技术的不断更新，防水材料也随之呈现出多样化，总体来说，防止雨水、地下水、工业和民用的给排水、腐蚀性液体，以及空气中的湿气、蒸汽等侵入建筑物的材料基本上可统称为防水材料。

防水材料的主要作用是防潮、防漏、防渗，避免水和盐分对建筑物侵蚀，保护建筑构件。

防水材料的分类：

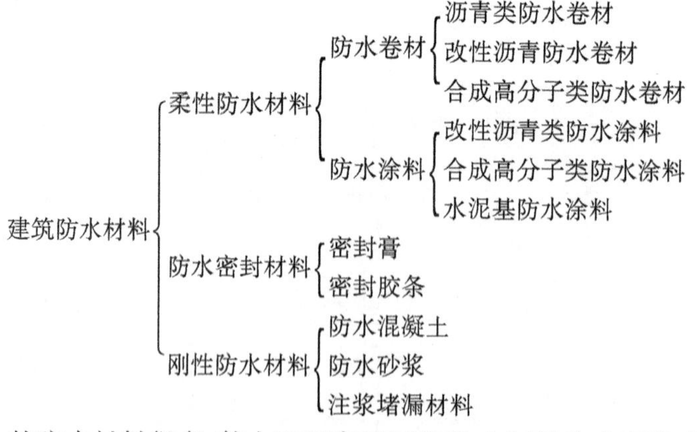

用于工程上的防水材料很多，其中以沥青及沥青防水制品为主要防水材料。防水材料质量的好坏直接影响到人们的居住环境、生活条件及建筑物的寿命。

任务6.1　沥　青

沥青是由一些极其复杂的高分子碳氢化合物与氧、硫、氮等非金属衍生物所组成的。在常温下呈固体、半固体或液体状态，颜色呈黑褐色或黑色，具有黏性、塑性、耐腐蚀性及憎水性等，因此在建筑工程中主要用作防潮、防水、防腐材料，用于屋面、地下，以及其他防水工程、防腐工程与道路工程中。

一般用于建筑工程的有石油沥青和煤沥青两种。

6.1.1　石油沥青

石油沥青是一种有机胶凝材料，在常温下呈固体、半固体或黏性液体状态，颜色为褐色或黑褐色，由石油原油分馏提炼出汽油、煤油、柴油等各种轻质油分及润滑油后的残渣，再经过加工炼制而得到的产品。由于其化学成分复杂，不同的组分决定着石油沥青的成分和性能。

6.1.1.1　石油沥青的组分

沥青通常由油分、树脂质和沥青质三组分组成。此外，沥青中常含有一定量的固体石蜡。

1. 油分

油分为沥青中最轻的组分，呈淡黄色至红褐色，密度为0.7～1 g/cm^3。它能溶于大多数有机溶剂，如丙酮、苯、三氯甲烷等，但不溶于酒精。在石油沥青中，油分含量为40%～60%。油分使沥青具有流动性。

2. 树脂质

树脂质为密度略大于1 g/cm^3 的黑褐色或红褐色黏稠物质。它能溶于汽油、三氯甲烷和苯等有机溶剂，但在丙酮和酒精中溶解度很低。它在石油沥青中的含量为15%～30%。它使石油沥青具有塑性与黏结性。

3. 沥青质

沥青质为密度大于1 g/cm^3 的固体物质，黑色，不溶于汽油、酒精，但能溶于二硫化碳和三氯甲烷。在石油沥青中，沥青质含量为10%～30%。它决定石油沥青的温度稳定性和黏性。

4. 固体石蜡

固体石蜡会降低沥青的黏结性、塑性、温度稳定性和耐热性。由于存在于沥青油分中的蜡是有害成分，故常采用氯盐处理或高温吹氧、溶剂脱蜡等方法处理。

石油沥青中的各组分是不稳定的。在阳光、空气、水等外界因素作用下，各组分之间会不断演变，油分、树脂质会逐渐减少，沥青质会逐渐增多，这一演变过程称为沥青的老化。沥青老化后，其流动性、塑性变差，脆性增大，使沥青失去防水、防腐效能。

6.1.1.2　石油沥青的技术性质

1. 黏滞性（或称黏性）

黏滞性是反映沥青材料在外力作用下，其材料内部阻碍产生相对流动的能力。液态石油沥青的黏滞性用黏度表示。半固体或固体的石油沥青用针入度表示,它反映了石油沥青抵抗剪切变形的能力。

黏度(液体沥青黏滞性的测定方法)是液体沥青在一定温度(25 ℃或60 ℃)条件下,经规定直径(3.5 mm或10 mm)的孔,漏下50 mL所需的秒数。其测定示意如图6-1所示。黏度常以符号C_t^d表示,其中d为孔径(mm),t为试验时沥青的温度(℃)。C_t^d代表在规定的d和t条件下所测得的黏度值。流出的时间越长,黏度越大。

针入度(黏稠沥青的测定方法)是指在温度为25 ℃的条件下,以质量100 g的标准针,经5 s沉入沥青中的深度,以0.1 mm来表示(0.1 mm为1度)。针入度测定示意如图6-2所示。针入度范围为5~200度。针入度值大,说明沥青流动性大,黏性差。

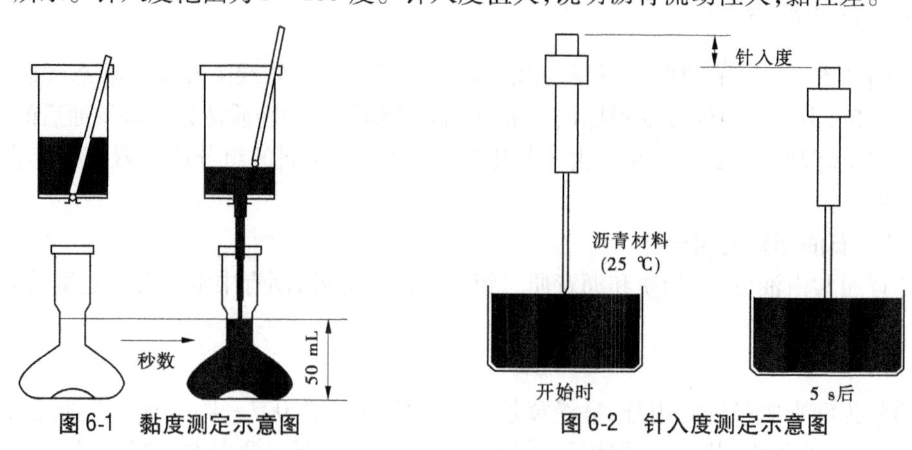

图6-1 黏度测定示意图　　图6-2 针入度测定示意图

针入度是沥青划分牌号的主要技术指标。按针入度可将石油沥青划分为以下几个牌号:按照现行的《公路沥青路面施工规范》(JTG F40—2004)规定,道路石油沥青牌号有160、130、110、90、70、50、30等7个标号;按照《建筑石油沥青》(GB/T 494—2010)规定,建筑石油沥青的牌号有40、30、10等;普通石油沥青的牌号有75、65、55等。

2. 塑性

塑性指沥青材料在外力拉伸作用下发生塑性变形的能力。以沥青的延度(延伸度或延伸率)作为条件延性指标来表征沥青的塑性。

沥青的延度是按标准试验方法制成"8"形标准试件,试件中间最狭处断面面积为1 cm^2,在规定温度(一般为25 ℃)和规定速度(5 cm/min)的条件下在延伸仪上进行拉伸,延伸度以试件拉细而断裂时的长度(cm)表示。沥青的延伸度越大,沥青的塑性越好。延伸度测定示意见图6-3。

3. 温度敏感性

温度敏感性是指石油沥青的黏滞性和塑性随温度升降而变化的性能。

温度敏感性常用软化点来表示。软化点是指沥青材料由固态转变为具有一定流动性膏体的温度。软化点可采用环球法测定,如图6-4所示。它是将沥青试样注入规定尺寸的金属环(内径(15.9±0.1)mm,高(6.4±0.1)mm)内,上置规定尺寸和质量的钢球(直径9.53 mm,质量(3.5±0.05)g),放于水(或甘油)中,以(5±0.5)℃/min的速度加热,至沥青下垂量达规定距离25.4 mm时的温度(℃)即为软化点。

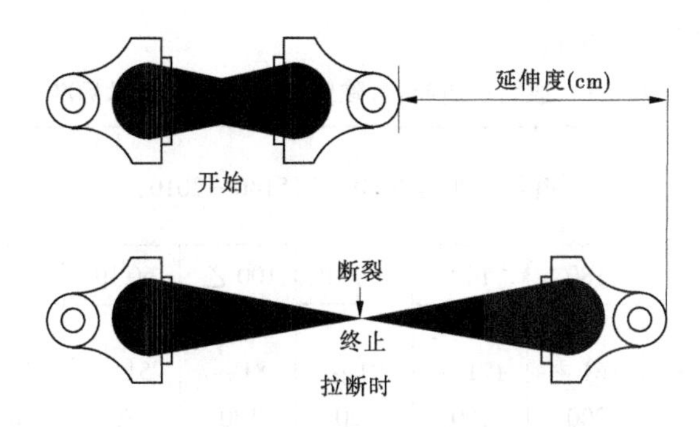

图6-3　延伸度测定示意图

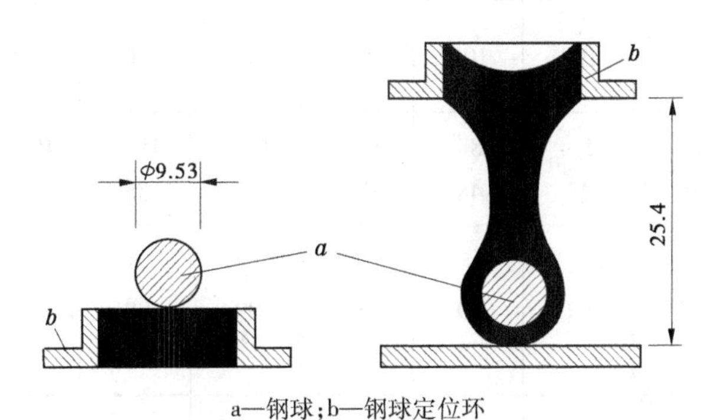

a—钢球;b—钢球定位环

图6-4　软化点测定示意图

不同沥青的软化点不同,大致为25～100 ℃。软化点高,说明沥青的耐热性能好,但软化点过高,不易加工;软化点低的沥青,夏季易融化发软。

石油沥青温度敏感性与地沥青质含量和蜡含量密切相关。地沥青质增多,温度敏感性降低。工程上往往用加入滑石粉、石灰石粉或其他矿物填料的方法来减小沥青的温度敏感性。沥青中含蜡量多时,其温度敏感性越大。

针入度、延度、软化点是评价黏稠石油沥青路用性能最常用的经验指标,所以通称"三大指标"。

4. 大气稳定性

大气稳定性是指石油沥青在热、阳光、氧气和潮湿等因素的长期综合作用下抵抗老化的性能,它反映的是沥青的耐久性。大气稳定性可以用沥青的蒸发损失百分率及针入度比来表示,即

$$\text{蒸发损失百分率} = \frac{\text{蒸发前的质量} - \text{蒸发后的质量}}{\text{蒸发前的质量}} \times 100\% \tag{6-1}$$

$$\text{针入度比} = \frac{\text{蒸发后的针入度}}{\text{蒸发前的针入度}} \times 100\% \tag{6-2}$$

蒸发损失百分率越小,针入度比越大,则表示沥青的大气稳定性越好。

6.1.1.3　石油沥青的分类及选用标准

1. 分类

石油沥青按技术性质划分为多种牌号,按应用不同可分为道路石油沥青和建筑石油

沥青两类,其技术指标见表6-1。

表6-1 道路石油沥青、建筑石油沥青的技术标准

项目	道路石油沥青 GB/T 15180—2010							建筑石油沥青 GB/T 494—2010	
	200	180	140	100甲	100乙	60甲	60乙	30	10
针入度(25 ℃,100 g),0.1 mm	201 ~ 300	161 ~ 200	121 ~ 160	91 ~ 120	81 ~ 120	51 ~ 80	41 ~ 80	36 ~ 50	10 ~ 25
延度(25 ℃)(cm),≥		100	100	90	60	70	40	3.5	1.5
软化点(环球法)(℃),≥	30 ~ 45	35 ~ 45	38 ~ 48	42 ~ 52	42 ~ 52	45 ~ 55	45 ~ 55	60	95
溶解度(三氯乙烯、四氯化碳或苯)(%),≥	99	99	99	99	99	99	99	99.5	99.5
蒸发损失(160 ℃,5 h)(℃),≤	1	1	1	1	1	1	1	1	1

2. 选用标准

原则上,在满足沥青三项常规(黏度、塑性、温度稳定性)等主要性能要求的前提下,应尽量选用牌号较大的沥青,以保证其具有一定的耐久性。

在选用沥青材料时,还应根据工程类别及当地气候条件、所处工作部位来选用不同牌号的沥青。

道路石油沥青的针入度和延度较大,但软化点较低,此类沥青较软,在常温下的弹性较好,可用来拌制沥青砂浆和沥青混凝土,用于道路路面或车间地面等工程。

建筑石油沥青在常温下较硬,软化点较高,在使用中不易发生软化流淌等现象,主要用作制造防水材料、防水涂料和沥青嵌缝膏。它广泛用于建筑屋面工程和地下防水、沟槽防水、防腐蚀及管道防腐等工程。

6.1.2 煤沥青

煤沥青是炼焦或生产煤气的副产品。烟煤干馏时所挥发的物质冷凝为煤焦油,煤焦油经分馏加工,提取出各种油质后的产品即为煤沥青,也称煤焦油沥青或柏油。

煤沥青分为低温、中温、高温三大类。建筑中主要使用半固体的低温煤沥青。

6.1.2.1 煤沥青的特性

与石油沥青相比,煤沥青的特性有以下几点:

(1)因含有蒽、萘、酚等物质,有着特殊的臭味和毒性,故其防腐能力强。

(2)因含表面活性物质较多,故与矿物表面黏附能力强,不易脱落。

(3)因含可溶性树脂多,由固态变为液态的温度间隔小,受热易软化,受冷易脆裂,故其温度稳定性差。

(4)含挥发性和化学稳定性差的成分较多,在热、光、氧气等长期综合作用下,煤沥青的组成变化较大,易硬脆,故大气稳定性差。

(5)含有较多的游离碳,塑性差,易因变形而开裂。

因此,煤沥青适用于地下防水工程及防腐工程中。

6.1.2.2　煤沥青与石油沥青的简易鉴别

由于煤沥青和石油沥青相似,使用时必须加以区别,鉴别方法见表6-2。

表6-2　石油沥青与煤沥青的鉴别方法

鉴别方法	石油沥青	煤沥青
密度(g/cm^3)	近似1.0	1.25~1.28
燃烧	烟少、无色、有松香味、无毒	烟多、黄色、臭味大、有毒
锤击	声哑、有弹性感、韧性好	声脆、韧性差
颜色	呈辉亮褐色	浓黑色
溶解	易溶于煤油或汽油中,呈棕黑色	难溶于煤油或汽油中,呈黄绿色

6.1.3　改性沥青

为改善沥青的防水性能,提高其低温下的柔韧性、塑性、变形性和高温下的热稳定性和机械强度,必须对沥青进行氧化、乳化、催化或采取掺入橡胶、树脂、矿物质等措施,对沥青材料加以改性,使沥青的性质得到不同程度的改善。经改性后的沥青称为改性沥青。

改性沥青可分为以下几种类型。

6.1.3.1　矿物填料改性沥青

在沥青中掺入矿物填充料,用以增加沥青的黏结力和耐热性,减少沥青的温度敏感性,主要适用于生产沥青玛琋脂。

6.1.3.2　树脂改性沥青

用树脂改性沥青,可以改善沥青的耐寒性、耐热性、黏结性和不透水性。

6.1.3.3　橡胶改性沥青

橡胶与石油沥青有很好的混溶性,用橡胶改性沥青能使沥青具有橡胶的很多优点,如高温变形性小,低温柔韧性好,有较高的强度、延伸率和耐老化性等。

6.1.3.4　橡胶和树脂共混改性沥青

同时用橡胶和树脂来改性石油沥青,可使沥青兼具橡胶和树脂的特性。

6.1.4　沥青的保管

(1)沥青在储运过程中,应防止混入杂物,若已经混入杂物,应设法清除,或在加热时进行过滤。

(2)现场临时存放,场地应平整、干净,地势高,不积水,最好设有棚盖,以防日晒、雨淋。

(3)筒装沥青应立放稳妥,口应封严,以防流失和进水。

(4)放置地点应远离火源,周围不要有易燃物。

(5)不同品种、不同牌号的沥青应分别存放,并做好标记,切忌混杂。

任务 6.2 沥青防水制品

目前防水卷材在我国建筑防水材料的应用中占据主导地位,主要用于建筑墙体、屋面、地下工程、铁路与隧道工程、公路工程中,起到抵御外界雨水、雪水、地下水渗漏的作用。防水卷材按主要成分可分为沥青防水卷材、高聚物改性沥青防水卷材和合成高分子防水卷材。

6.2.1 沥青防水卷材

沥青防水卷材是在原纸或纤维织物等基胎上浸涂沥青后,在表面撒布粉状或片状隔离材料制成的一种防水卷材。

沥青防水卷材作为传统的防水卷材,除了具有原料来源丰富、价格低廉等优点,用于建筑物屋面、墙面等防水部位,还具有良好的黏弹性,能够抗酸、碱、盐溶液的侵蚀。

6.2.1.1 石油沥青油纸(简称油纸)

石油沥青油纸是用低软化点石油沥青浸渍原纸(生产油毡的专用纸,主要成分为棉纤维,外加20%~30%的废纸)而制成的一种无涂盖层的防水卷材。

6.2.1.2 石油沥青油毡(简称油毡)

石油沥青油毡是采用高软化点沥青涂盖油纸的两面,再涂或撒隔离材料所制成的一种纸胎防水材料。涂撒粉状材料(滑石粉)称"粉毡",涂撒片状材料(云母片)称"片毡"。

6.2.2 高聚物改性沥青防水卷材

高聚物改性沥青防水卷材是以合成高分子聚合物改性沥青为涂盖层,纤维织物或纤维毡为胎体,粉状、粒状、片状或薄膜材料为覆盖材料制成的可卷曲片状防水材料。它克服了传统沥青卷材温度稳定性差、延伸率低的不足,具有高温不流淌、低温不脆裂、拉伸强度较高、延伸率较大等优异性能。

6.2.2.1 SBS 橡胶改性沥青防水卷材

SBS 橡胶改性沥青防水卷材是采用玻纤毡、聚酯毡为胎体,苯乙烯-丁二烯-苯乙烯(SBS)热塑性弹性体作改性剂,涂盖在经沥青浸渍后的胎体两面,上表面撒布矿物质粒、片料或覆盖聚乙烯膜,下表面撒布细砂或覆盖聚乙烯膜所制成的新型中、高档防水卷材,是弹性体橡胶改性沥青防水卷材中的代表性品种。

胎基材料主要为聚酯胎(PY)和玻纤胎(G)两类。按上表面隔离材料分为聚乙烯膜(PE)、细砂(S)及矿物粒(片)料(M)三种。按物理力学性能分为Ⅰ型和Ⅱ型。

SBS 橡胶改性沥青防水卷材最大的特点是低温柔韧性能好，同时也具有较好的耐高温性、较高的弹性及延伸率（可达150%）、较理想的耐疲劳性。它广泛用于各类建筑防水、防潮工程，尤其适用于寒冷地区和结构变形频繁的建筑物防水。

6.2.2.2　APP 改性沥青防水卷材

APP 改性沥青防水卷材是用无规聚丙烯（APP）改性沥青浸渍胎基（玻纤或聚酯胎），以砂粒或聚乙烯薄膜为防粘隔离层的防水卷材。

APP 改性沥青防水卷材的性能与 SBS 改性沥青性能接近，具有优良的综合性质，尤其是耐热性能好，在130 ℃的高温下不流淌，耐紫外线能力比其他改性沥青卷材均强，所以非常适用于高温地区或阳光辐射强烈地区，广泛用于各式屋面、地下室、游泳池、水池、桥梁、隧道等建筑工程的防水防潮。

6.2.2.3　再生橡胶改性沥青防水卷材

再生橡胶改性沥青防水卷材是用废旧橡胶粉作改性剂，掺入石油沥青中，再加入适量的助剂，经混炼、压延、硫化而成的无胎体防水卷材。其特点是自重轻，延伸性、低温柔韧性、耐腐蚀性均较普通油毡好，且价格低廉。它适用于屋面或地下接缝等防水工程，尤其适用于基层沉降较大或沉降不均匀的建筑物变形缝处的防水。

6.2.2.4　焦油沥青耐低温防水卷材

焦油沥青耐低温防水卷材是用焦油沥青为基料，聚氯乙烯或旧聚氯乙烯，或其他树脂，如氯化聚氯乙烯作改性剂，加上适量的助剂，如增塑剂、稳定剂等，经共熔、混炼、压延而成的无胎体防水卷材。由于改性剂的加入，卷材的耐老化性能、防水性能都得到提高，在 -15 ℃时仍有柔性。

6.2.3　合成高分子防水卷材

合成高分子防水卷材是以合成橡胶、合成树脂或两者的共混体为基料，加入适量的化学助剂和填料，经混炼、压延或挤出等工序加工而成的可卷曲的片状防水材料，其抗拉强度、延伸性、耐高低温性、耐腐蚀、耐老化及防水性都很优良，是值得推广的高档防水卷材。它多用于要求有良好防水性能的屋面、地下防水工程。

6.2.3.1　三元乙丙（EPDM）橡胶防水卷材

三元乙丙橡胶防水卷材是以三元乙丙橡胶为主体原料，掺入适量的丁基橡胶、硫化剂、软化剂、补强剂等，经密炼、拉片、过滤、压延或挤出成型、硫化等工序加工而成的。其耐老化性能优异，使用寿命一般长达40余年，弹性和拉伸性能极佳，拉伸强度可达7 MPa以上，断裂伸长率可大于450%。因此，它对基层伸缩变形或开裂的适应性强，耐高低温性能优良，-45 ℃左右不脆裂，耐热温度达160 ℃，既能在低温条件下进行施工作业，又能在严寒或酷热的条件下长期使用。

6.2.3.2　聚氯乙烯（PVC）防水卷材

聚氯乙烯防水卷材是以聚氯乙烯树脂为主要原料，并加入一定量的改性剂、增塑剂等助剂和填充料，经混炼、造粒、挤出压延、冷却、分卷包装等工序制成的柔性防水卷材。它具有抗渗性能好、抗撕裂强度较高、低温柔性较好的特点。与三元乙丙橡胶防水卷材相比，PVC 卷材的综合防水性能略差，但其原料丰富，价格较为便宜。它适用于新建或修缮工程的屋面防水,也可用于水池、地下室、堤坝、水渠等防水抗渗工程。

6.2.3.3 **氯化聚乙烯-橡胶共混防水卷材**

氯化聚乙烯-橡胶共混防水卷材是以氯化聚乙烯树脂和合成橡胶共混物为主体,加入适量的硫化剂、促进剂、稳定剂、软化剂和填充料等,经过素炼、混炼、过滤、压延或挤出成型、硫化、分卷包装等工序制成的防水卷材。此类防水卷材兼有塑料和橡胶的特点,具有优异的耐老化性、高弹性、高延伸性及优异的耐低温性,对地基沉降、混凝土收缩的适应性强,它的物理性能接近三元乙丙橡胶防水卷材,由于原料丰富,其价格低于三元乙丙橡胶防水卷材。

任务6.3 防水涂料

防水涂料是以沥青、高分子合成材料为主体,在常温下呈无定形流态或半流态,经涂布后通过溶剂的挥发、水分的蒸发或各组分的化学反应,在结构物表面形成坚韧防水膜的材料。

6.3.1 冷底子油

冷底子油是用建筑石油沥青加入汽油、煤油、轻柴油等溶剂,或用软化点50~70 ℃的煤沥青加入苯,熔合而配成的沥青涂料。由于施工后形成的涂膜很薄,一般不单独使用,往往用作沥青类卷材施工时打底的基层处理剂,故称冷底子油。

冷底子油黏度小,具有良好的流动性。其涂刷在混凝土、砂浆等表面后能很快渗入基底,溶剂挥发,沥青颗粒则留在基底的微孔中,使基底表面憎水并具有黏结性,为黏结同类防水材料创造有利条件。

6.3.2 沥青玛琋脂(沥青胶)

沥青玛琋脂是用沥青材料加入粉状或纤维状的填充料均匀混合而成的。按溶剂及胶粘工艺不同可分为热熔沥青玛琋脂和冷玛琋脂。

热熔沥青玛琋脂(热用沥青胶)的配制通常是将沥青加热至150~200 ℃,脱水后与20%~30%的加热干燥的粉状或纤维状填充料(如滑石粉、石灰石粉、白云粉、石棉屑、木纤维等)热拌而成,热用施工。填料的作用是为了提高沥青的耐热性、增加韧性、降低低温脆性,因此用玛琋脂粘贴油毡比纯沥青效果好。

冷玛琋脂(冷用沥青胶)是将40%~50%的沥青熔化脱水后,缓慢加入25%~30%的填料,混合均匀制成的,在常温下施工。它的浸透力强,采用冷玛琋脂粘贴油毡,不要求涂刷冷底子油。它具有施工方便、减少环境污染等优点,目前应用面已逐渐扩大。

6.3.3 水乳型沥青防水涂料

水乳型沥青防水涂料即水性沥青防水涂料,是以乳化沥青为基料的防水涂料,借助于乳化剂作用,在机械强力搅拌下,将熔化的沥青微粒均匀地分散于溶剂中,使其形成稳定的悬浮体。这类涂料对沥青基本上没有改性或改性作用不大。

水乳型沥青防水涂料主要有石灰乳化沥青、膨润土沥青乳液和水性石棉沥青防水涂料等，主要用于Ⅲ级和Ⅳ级防水等级的工业与民用建筑屋面、地下室和卫生间防水等。

任务6.4 建筑密封材料

为提高建筑物整体的防水、抗渗性能，对于工程中出现的施工缝、构件连接缝、变形缝等各种接缝，必须填充具有一定的弹性、黏结性，能够使接缝保持水密、气密性能的材料，这就是建筑密封材料。

建筑密封材料分为具有一定形状和尺寸的定型密封材料（如止水条、止水带等），以及各种膏糊状的不定型密封材料（如腻子、胶泥、各类密封膏等）。

6.4.1 建筑防水沥青嵌缝油膏

建筑防水沥青嵌缝油膏（简称油膏）是以石油沥青为基料，加入改性材料及填充料混合制成的冷用膏状材料。此类密封材料价格较低，以塑性性能为主，具有一定的延伸性和耐久性，但弹性差。其性能指标应符合《建筑防水沥青嵌缝油膏》（JC/T 207—2011）。

建筑防水沥青嵌缝油膏主要用于各种混凝土屋面板、墙板等建筑构件节点的防水密封。使用沥青油膏嵌缝时，缝内应洁净干燥，先涂刷冷底子油一道，待其干燥后即嵌填注油膏。

6.4.2 聚氯乙烯建筑防水接缝材料

聚氯乙烯建筑防水接缝材料是以聚氯乙烯树脂为基料，加入适量的改性材料及其他添加剂配制而成的，简称PVC接缝材料。聚氯乙烯建筑防水缝材料按施工工艺可分为热塑型（通常指PVC胶泥）和热熔型（通常指塑料油膏）两类。聚氯乙烯建筑防水接缝材料具有良好的弹性、延伸性及耐老化性，与混凝土基面有较好的黏结性，能适应屋面振动、沉降、伸缩等引起的变形要求。

6.4.3 聚氨酯建筑密封膏

聚氨酯建筑密封膏是以异氰酸基（—NCO）为基料和含有活性氰化物的固化剂组成的一种双组分反应型弹性密封材料。这种密封膏能够在常温下固化，并有着优异的弹性性能、耐热耐寒性能和耐久性，与混凝土、木材、金属、塑料等多种材料有着很好的黏结力。

6.4.4 聚硫建筑密封膏

聚硫建筑密封膏是由液态聚硫橡胶为主剂和金属过氧化物等硫化剂反应，在常温下形成的弹性密封材料。其性能应符合《聚硫建筑密封膏》（JC/T 483—2006）的要求。这种密封材料能形成类似于橡胶的高弹性密封口，能承受持续和明显的循环位移，使用温度范围宽，在 -40 ~ 90 ℃的温度范围内能保持它的各项性能指标，与金属与非金属材质均具有良好的黏结力。

6.4.5 硅酮建筑密封膏

硅酮建筑密封膏是以聚硅氧烷为主要成分的单组分和双组分室温固化型弹性建筑密封材料。硅酮建筑密封膏属高档密封膏,它具有优异的耐热、耐寒和耐候等性能,与各种材料有着较好的黏结性,耐伸缩疲劳性强,耐水性好。

任务6.5 沥青试验实训

6.5.1 石油沥青针入度测定

6.5.1.1 试验目的

测定石油沥青的针入度,判断其黏滞性并依针入度指标来评定石油沥青的牌号。

6.5.1.2 主要仪器设备

(1)针入度仪,见图6-5。

(2)标准针、盛样皿、温度计(0~50 ℃、分度0.5 ℃)。

(3)恒温水浴、平底保温皿、砂浴、秒表、金属皿。

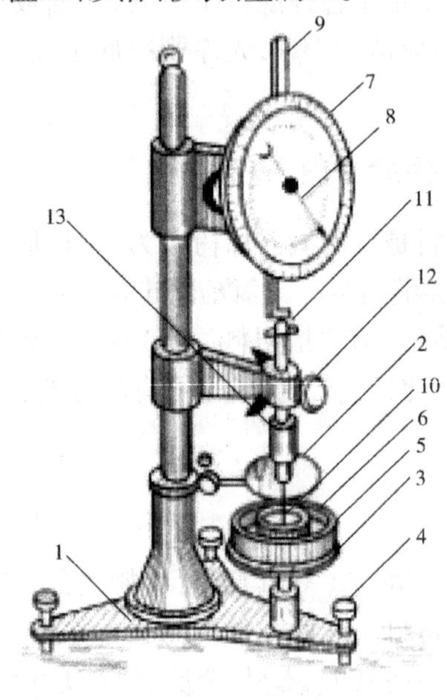

1—底座;2—小镜;3—圆形平台;4—调平螺丝;5—保温皿;6—试样;7—刻度盘;

8—指针;9—齿轮;10—标准针;11—连杆;12—按钮;13—砝码

图6-5 针入度仪

6.5.1.3 试验步骤

(1)试样制备。将沥青加热至120~180 ℃温度下脱水,用筛过滤,注入盛样皿内,注入深度应比预计针入度大10 mm,置于10~30 ℃的空气中冷却1~2 h,冷却时应防止灰尘落入。然后将盛样皿移入温度为(25±0.5)℃的恒温水浴中,恒温1~2 h。浴中水面应高出试样表面25 mm以上。

(2)调节针入度仪使之水平,检查指针、连杆和导轨。确认无水和其他杂物,无明显摩擦,装好标准针,放好砝码。

(3)从恒温水浴中取出试样皿,放入水温为(25 ±0.1)℃的平底保温皿中,试样表面上的水层高度应不小于10 mm。将平底保温皿置于针入度仪的平台上。

(4)慢慢放下针连杆,使针尖刚好与试样表面接触时固定。拉下齿条,使其与针连杆顶端相接触,调节指针或刻度盘使指针指零。然后用手紧压按钮,同时启动秒表,使标准针自由下落穿入沥青试样,经5 s后,停压按钮,使指针停止下沉。

(5)再拉下齿条使之与标准连杆顶端接触。这时刻度盘指针所指示的读数或与初始值之差,即为试样的针入度,如图6-6所示。

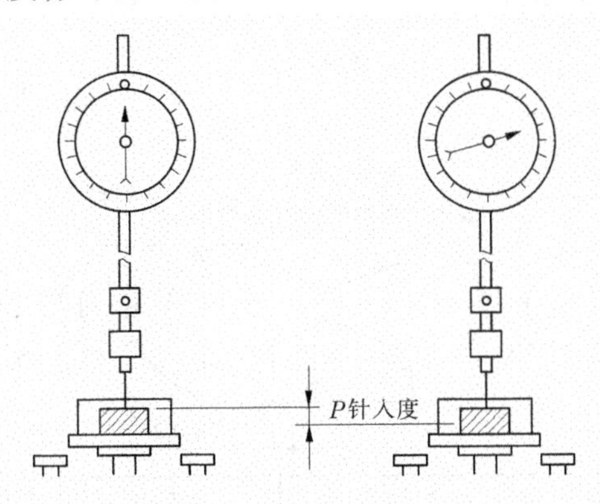

图6-6　沥青的针入度测定

(6)同一试样重复测定至少3次,每次测定前都应检查并调节保温皿内水温使保持在(25 ±0.1)℃,每次测定后都应将标准针取下,用浸有溶剂(甲苯或松节油等)的布或棉花擦净,再用干布或棉花擦干。各测点之间及测点与试样皿内壁的距离应不小于10 mm。

6.5.1.4　试验结果

取3次针入度测定值的平均值作为该试样的针入度(0.1 mm),试验结果取整数,3次针入度测定值相差不应大于表6-3中的数值。

表6-3　石油沥青针入度测定值的最大允许差值　(单位:0.1 mm)

针入度	0 ~49	50 ~149	150 ~249	250 ~350
最大差值	2	3	4	5

6.5.1.5　试验记录

试验日期:　　　年　月　日

测定次数	测定温度(℃)	针入度(0.1 mm)	平均值(0.1 mm)	备注
1				
2				
3				

6.5.2 石油沥青延度测定

6.5.2.1 试验目的

测定石油沥青的延度,了解其塑性的大小,并作为评定石油沥青牌号的指标之一。

6.5.2.2 主要仪器设备

(1)延度仪。由长方形水槽和传动装置组成,由丝杆带动滑板以(50 ±5)mm/min 的速度拉伸试样,滑板上的指针在标尺上显示移动距离。

(2)"8"字模(见图 6-7)。由两个端模和两个侧模组成。

(3)其他仪器同针入度试验。

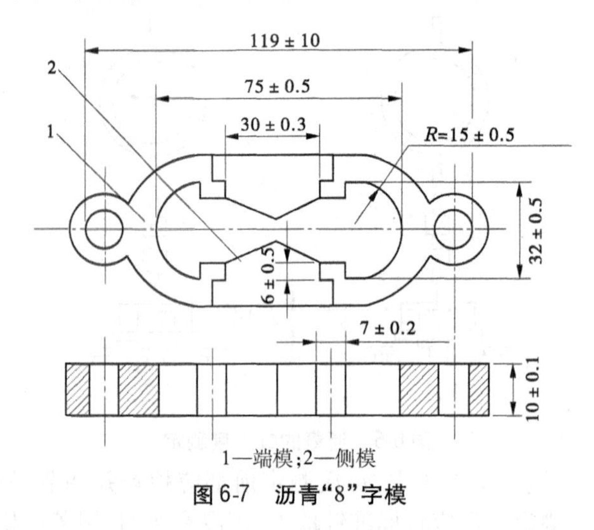

图 6-7 沥青"8"字模

6.5.2.3 试验步骤

(1)制备试样。将隔离剂(甘油: 滑石粉 =2∶1)均匀地涂于金属(或玻璃)底板或两侧模的内侧面(端模勿涂),将试模组装在底板上。将加热熔化并脱水的沥青过滤后,以细流状缓慢自试模一端注入至另一端,经往返几次而注满,并略高于试模。然后在 15 ~30 ℃环境中冷却 30 min,放入(25 ±0.5)℃的水浴中,保持 30 min 再取出,用热刀将高出试模的沥青刮去,使沥青面与模面齐平。沥青的刮法应自模的中间刮向两边,试样表面应平整光滑,最后移入(25 ±0.1)℃水浴中恒温 1 ~1.5 h。

(2)检查延度仪滑板移动速度是否符合要求,调节水槽中水位(水面高于试样表面不小于 25 mm)及水温((25 ±0.5)℃)。

(3)从恒温水浴中取出试件,去掉底板与侧模,将其两端模孔分别套在水槽内滑板及横端板的金属小柱子上,再检查水温,并保持在(25 ±0.5)℃。

(4)将滑板指针对零,开动延伸仪,观察沥青拉伸情况。测定时,若发现沥青细丝浮于水面或沉入槽底,则应分别向水中加乙醇或食盐水,调整至水的密度与试样密度相近为止,然后再继续进行测定。

6.5.2.4 试验结果

取平行测定的 3 个试件延度的平均值作为该试样的延度值。若 3 个测定值与其平均值之差不在其平均值的5%以内，但其中两个在较高值的5%以内，而最低值不在平均值5%之内，则弃去最低值，取2个较高值的算术平均值作为测定结果。

6.5.2.5 试验记录

试验日期： 年 月 日

试样编号	测定温度(℃)	延度(cm)	平均值(cm)	备注
1				
2				
3				

6.5.3 石油沥青软化点测定

6.5.3.1 试验目的

测定石油沥青的软化点，了解其黏滞性与塑性随温度升高而改变的程度，并作为评定石油沥青牌号的指标之一。

6.5.3.2 主要仪器设备

(1)软化点测定仪，包括800 mL烧杯、测定架、试样环、套环、钢球、温度计等。

(2)电炉或其他可加温的加热器、金属板或玻璃板、筛(筛孔为0.3～0.5 mm的金属网)等。

6.5.3.3 试验步骤

(1)试样制备。将黄铜环置于涂有隔离剂的金属板或玻璃板上，将已加热熔化、脱水且过滤后的沥青试样注入铜环内至略高出环面为止(若估计软化点在120 ℃以上，应将黄铜环与金属板预热至80～100 ℃)。试样在15～30 ℃的空气中冷却30 min后，用热刀刮去高出环面的沥青，使与环面齐平。

(2)烧杯内注入新煮沸并冷却至约5 ℃的蒸馏水(估计软化点不高于80 ℃的试样)，或注入预热至32 ℃的甘油(估计软化点高于80 ℃的试样)，使液面略低于环架连接杆上的深度标记。

(3)将装有试样的铜环置于环架上层板的圆孔中，放入套环，把整个环架放入烧杯内，调整液面至深度标记，环架上任何部分均不得有气泡。将温度计由上层板中心孔垂直插入，使水银球与铜环下面齐平，恒温15 min，水温保持(5±0.5)℃，甘油温度保持(32±1)℃。

(4)将烧杯移至放有石棉网的电炉上，然后将钢球放在试样上(须使各环的平面在全部加热时间内完全处于水平状态)立即加热，使烧杯内水或甘油温度在3 min后保持升温速度为(5±0.5)℃/min，否则重做。

(5)观察试样受热软化情况，当其软化下坠至与环架下层板面接触(25.4 mm)时，记下此时的温度，即为试样的软化点(精确至0.5 ℃)，见图6-8。

6.5.3.4 试验结果

取平行测定的两个试样软化点的算术平均值作为测定的结果。

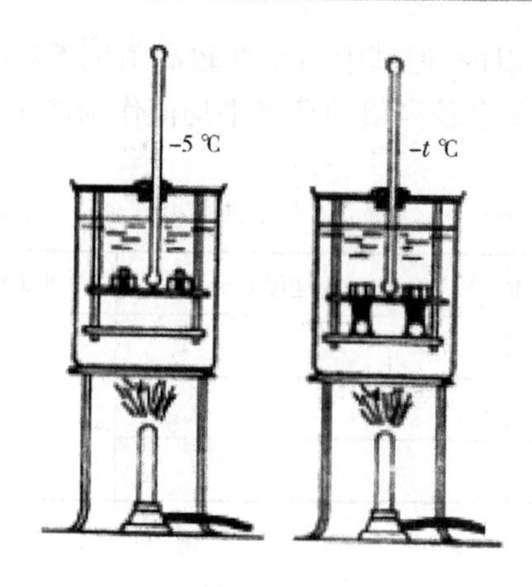

图 6-8　软化点测定

6.5.3.5　试验记录

试验日期：　　　年　月　日

开始加热时介质温度(℃)	软化点(℃)		平均值(℃)	备　注
	1	2		

项目小结

本章介绍了石油沥青的组分、结构和技术性质，并介绍了改性石油沥青及沥青防水制品的种类、技术性质和工程应用，对于工程建设具有重要的社会效益和经济效益。

技能考核题

一、名称解释

黏滞性　针入度　沥青的老化　SBS 改性沥青防水卷材　APP 改性沥青防水卷材

二、填空题

1. 石油沥青是一种______胶凝材料，在常温下呈______、______或______状态。

2. 石油沥青的组分主要包括______、______和______三种。

3. 石油沥青的黏滞性，对于液态石油沥青用______表示，单位为______；对于半固体或固体石油沥青用______表示，单位为______。

4. 石油沥青的塑性用______或______表示；该值越大，则沥青塑性越______。

5. 防水卷材根据其主要防水组成材料分为______、______和______三大类。

三、选择题

1. 石油沥青的针入度越大，则其黏滞性(　　)。

A. 越大　　　　B. 越小　　　　C. 不变

2. 为避免夏季流淌，一般屋面用沥青材料软化点应比本地区屋面最高温度高(　　)℃以上。

A. 10　　　　B. 15　　　　C. 20

3. 下列不宜用于屋面防水工程中的沥青是(　　)。

A. 石油沥青　　　　B. 煤沥青　　　　C. SBS 改性沥青

4. 石油沥青的牌号主要根据其(　　)划分。

A. 针入度　　　　B. 延伸度　　　　C. 软化点

5. 三元乙丙橡胶(EPDM)防水卷材属于(　　)防水卷材。

A. 合成高分子　　　　B. 沥青　　　　C. 高聚物改性沥青

四、简答题

1. 煤沥青与石油沥青相比，其性能和应用有何不同？

2. 简述建筑石油沥青、道路石油沥青和普通石油沥青的应用。

3. 简述 SBS 改性沥青防水卷材、APP 改性沥青防水卷材的应用。

4. 冷底子油在建筑防水工程中的作用如何？

项目 7 其他功能材料

知识目标

1. 掌握石材、墙体材料、木材的分类、性能特点、技术要求和应用。
2. 理解石材、墙体材料、木材的质量检测。
3. 了解石材、墙体材料、木材的选用。

技能目标

1. 具有判断石材品种,合理选用石材的能力。
2. 具有合理选用墙体材料、检测墙体材料外观质量和强度、评定墙体材料等级的能力。
3. 具有检测木材基本性质、合理选用木材的能力。

任务 7.1 石 材

凡是由天然岩石开采的,经加工或者未经过加工的石材,称为天然石材。天然石材作为建筑材料已具有悠久的历史,因其来源广泛、质地坚固、耐久性好,因此被广泛用于水利工程、建筑工程及其他工程中。

7.1.1 岩石的种类

天然岩石是各种不同地质作用所产生的天然矿物集合体。按地质形成条件不同,天然岩石可分为岩浆岩、沉积岩、变质岩。

7.1.1.1 岩浆岩以及工程中常用的岩浆岩石材

1. 岩浆岩

岩浆岩又叫火成岩,它是地壳深处熔融态岩浆向压力低的地方运动,侵入地壳岩层,溢出地表或喷出冷却凝固而成的岩石的总称。由于冷却的温度和压力的条件不同,又分成深成岩、喷出岩和火山岩。常见的深成岩有花岗岩、正长岩等;常见的喷出岩有玄武岩、辉绿石、安山石等;火山岩是火山喷发时,喷到空中的岩浆经急剧冷却后形成的具有玻璃质结构矿物,具有化学不稳定性。

2. 常用的岩浆岩石材

花岗岩的主要矿物成分是正长石、石英,次要矿物有云母、角闪石等。其为致密全结晶质均粒状结构,块状构造,表观密度大,孔隙率和吸水率小,抗酸侵蚀性强,表面经琢磨后色泽美观,可作为装饰材料,在工程中常用于基础、基座、闸坝、桥墩、路面等。玄武岩的主要矿物成分是斜长石和辉石,多呈斑状结构,颜色深暗,密度大,抗压强度因构造的不同而波动较大,一般为100~150 MPa,材质硬脆,不容易加工。玄武岩主要用来敷设路面,铺砌堤岸边坡等,也是铸石原料和配置高强混凝土的较好的骨料。辉绿石的主要矿物成分和玄武岩相同,具有较高的耐酸性,可作为耐酸混凝土骨料。其熔点为1 400~1 500 ℃,可作为铸石的原料,铸出的材料结构均匀、密实、抗酸性能好,常用于化工设备的耐酸结构中。

火山喷发时所形成的火山灰、浮石以及火山凝灰岩均为多孔结构,表观密度小,强度比较低,导热系数小,可用作砌墙材料和轻混凝土骨料。

7.1.1.2　沉积岩以及工程中常用的沉积岩石材

1. 沉积岩

沉积岩是地表的岩石经过风化、破碎、溶解、冲刷、搬运等自然力的作用,逐渐沉积而成的岩石。它们的特点是具有较多的孔隙、明显的层理及力学性质的方向性。常见的有石灰石、砂岩、石膏等。

2. 常见的沉积岩石材

石灰岩的主要矿物成分是方解石,常含有白云石、石英、黏土矿物等。其特点是结构层理分明,构造细密,密度为2.6~2.8 g/cm^3,抗压强度一般为60~80 MPa,并且具有较高的耐水性和抗冻性。由于石灰石分布广,开采加工容易,所以广泛用于工程建设中。

砂岩是由粒径0.05~2 mm的砂粒(多为耐风化的石英、正长石、白云母等矿物及部分岩石碎屑)经天然胶结物质胶结变硬的沉积岩。其性能与胶结物质的种类及胶结的密实程度有关。

7.1.1.3　变质岩以及工程中常用的变质岩石材

1. 变质岩

变质岩是沉积岩、岩浆岩又经过地壳运动,在压力、温度、化学变化等因素的作用下发生变质而形成的新的岩石。常见的变质岩有片麻岩、大理岩、石英岩等。

2. 常见的变质岩石材

片麻岩是由花岗岩变质而成的。矿物成分与花岗岩类似,片麻状构造,各个方向上物理力学性质不同。

大理岩是由石灰岩、白云岩变质而成的,俗称大理石,主要的矿物成分为方解石、白云石等。大理岩构造致密,抗压强度高(70~110 MPa)、硬度不大,易于开采、加工和磨光。

石英岩是由硅质砂岩变质而成的。砂岩变质后形成坚硬致密的变晶结构,强度高(最高达400 MPa),硬度大,加工难,耐久性强,可用于各类砌筑工程、重要建筑物的贴面、铺筑道路及作为混凝土骨料。

7.1.2　石材的主要技术性质

7.1.2.1　表观密度与强度等级

石材按表观密度大小分重石和轻石两类,表观密度大于1 800 kg/m^3 的为重石,表观密度小于1 800 kg/m^3 的为轻石。重石用于建筑的基础、贴面、地面、不采暖房屋外墙、桥梁及水工建筑物等,轻石主要用于采暖房屋外墙。

石材的强度等级可分为 MU100、MU80、MU60、MU50、MU30、MU20、MU15 和 MU10。石材的强度等级可用边长为 70 mm 立方体试块的抗压强度表示。抗压强度取三个试件破坏强度的平均值。试块也可采用表 7-1 所列的其他尺寸的立方体,但应对其试验结果乘以相应的换算系数后才可作为石材的强度等级。

表 7-1 石材强度等级换算系数

立方体边长(mm)	200	150	100	70	50
换算系数	1.43	1.28	1.14	1	0.86

7.1.2.2 抗冻性

石材的抗冻指标是用冻融循环次数表示的,在规定的冻融循环次数(15 次、20 次或 50 次)内,无贯穿裂缝,质量损失不超过 5%,强度降低不大于 25% 时,则抗冻性合格。石材的抗冻性主要取决于矿物成分、结构及其构造,应根据使用条件,选用相应的抗冻指标。

7.1.2.3 耐水性

石材的耐水性根据软化系数分为高、中、低三等。高耐水性的石材,软化系数大于 0.9;中耐水性的石材,软化系数为 0.7 ~ 0.9;低耐水性的石材,软化系数为 0.6 ~ 0.7。软化系数低于 0.6 的石材一般不允许用于重要的工程。

7.1.3 砌筑石材

工程中常用的砌筑石材分为毛石和料石两类。

7.1.3.1 毛石

毛石是由爆破直接获得的石块,按平整度又分为乱毛石和平毛石两类。

1. 乱毛石

乱毛石形状不规则,一般在一个方向上的尺寸达 300 ~ 400 mm,质量为 20 ~ 30 kg。它常用于砌筑基础、勒脚、墙身、堤坝、挡土墙等,也可以用作毛石混凝土骨料。

2. 平毛石

平毛石是由乱毛石略经加工而成的,形状较乱毛石平整,其形状基本有六个面,但表面粗糙,中部厚度不小于 200 mm。它常用于砌筑基础、勒脚、墙角、桥墩、涵洞等。

7.1.3.2 料石

料石也叫条石,是由人工或机械开采出的较规则的六面体石块,略经凿琢而成,按其加工后的外形规则程度分为毛料石、粗料石、半细料石和细料石四种。

1. 毛料石

毛料石外形大致方正,一般不加工或仅稍加修整,高度不应小于 200 mm,叠砌面凹入深度不大于 25 mm。

2. 粗料石

粗料石截面的宽度、高度不小于 200 mm,且不小于长度的 1/4,叠砌面凹入深度不大于 20 mm。

3. 半细料石

半细料石的规格同粗料石，但叠砌面凹入深度应不大于15 mm。

4. 细料石

细料石经过细加工，外形规则，规格尺寸同粗料石，叠砌面凹入深度不大于10 mm。

任务7.2 砌墙砖

砖石是最古老、传统的建筑材料，砖石结构的应用已有几千年历史，砌墙砖是我国所使用的主要墙体材料之一。砌墙砖一般分为烧结砖和非烧结砖两类，其中烧结砖是性能非常优越的既古老又现代的墙体材料，烧结砖可以在各种地区以单一材料满足建筑节能50%～65%的要求，它在墙体材料中占有举足轻重的地位。

7.2.1 烧结普通砖

烧结普通砖是以黏土、页岩、粉煤灰、煤矸石为主要原料，经焙烧而成的普通砖。

7.2.1.1 烧结普通砖的分类

烧结普通砖按所用的主要原料分为烧结黏土砖(N)、烧结页岩砖(Y)、烧结粉煤灰砖(F)和烧结煤矸石砖(M)。

1. 烧结黏土砖

烧结黏土砖又称黏土砖，是以黏土为主要原料，经配料、制坯、干燥、烧结而成的烧结普通砖。当焙烧过程中砖窑内为氧化气氛时，黏土中所含铁的化合物成分被氧化成高价氧化铁(Fe_2O_3)，从而得到红砖。此时，如果减少窑内空气的供给，同时加入少量水分，在砖窑形成还原气氛，使坯体继续在这种环境下燃烧，高价氧化铁(Fe_2O_3)被还原成青灰色的低价氧化铁(FeO)，即可制得青砖。一般认为青砖较红砖结实，耐碱性好、耐久性好，但青砖只能在土窑中制得，价格较贵。

2. 烧结页岩砖

烧结页岩砖是页岩经过破碎、粉磨、配料、成型、干燥和焙烧等工艺制成的砖。由于页岩磨细的程度不及黏土，一般制坯所需要的用水量比黏土少，所以砖坯干燥的速度快、成品的体积收缩小。作为一种新型建筑节能墙体材料，烧结页岩砖既可以用于砌筑承重墙，又具有良好的热工性能，减少施工过程中的损耗，提高工作效率。

3. 烧结粉煤灰砖

烧结粉煤灰砖由电厂排出的粉煤灰作为烧砖的主要原料，可以部分代替黏土。在烧制过程中，为改善粉煤灰的可塑性可适量掺入黏土。烧结粉煤灰砖一般呈淡红色或深红色，可代替黏土砖用于一般的工业与民用建筑。

4. 烧结煤矸石砖

烧结煤矸石砖是以煤矿的废料——煤矸石为原料，经粉碎后，根据其含碳量及可塑性进行适当配料而制成的。由于煤矸石是采煤的副产品，所以在烧制过程中一般不需要额外加煤，不但消耗了大量的废渣，而且节约了能源。烧结煤矸石砖的颜色较普通砖深，色泽均匀，声音清脆。烧结煤矸石砖可以完全代替普通黏土砖用于一般的工业与民用建筑。

7.2.1.2 烧结普通砖的质量等级和规格

1. 质量等级

根据《烧结普通砖》(GB 5101—2003)的规定,烧结普通砖的抗压强度分为 MU30、MU25、MU20、MU15、MU10 等五个强度等级。同时,强度、抗风化性能和放射性物质合格的砖,根据砖的尺寸偏差、外观质量、泛霜和石灰爆裂的程度将其分为优等品(A)、一等品(B)和合格品(C)。其中,优等品的砖适用于清水墙和装饰墙,而一等品和合格品的砖适用于混水墙,中等泛霜的砖不能用于潮湿的部位。

2. 规格

烧结普通砖为直角六面体(见图 7-1)。其公称尺寸为 240 mm × 115 mm × 53 mm,加上 10 mm 厚的砌筑灰缝,则 4 块砖长、8 块砖宽、16 块砖厚形成一个长、宽、高分别为 1 m 的立方体。1 m^3 的砌筑体需砖数为 4 × 8 × 16 = 512(块),这方便工程量的计算。

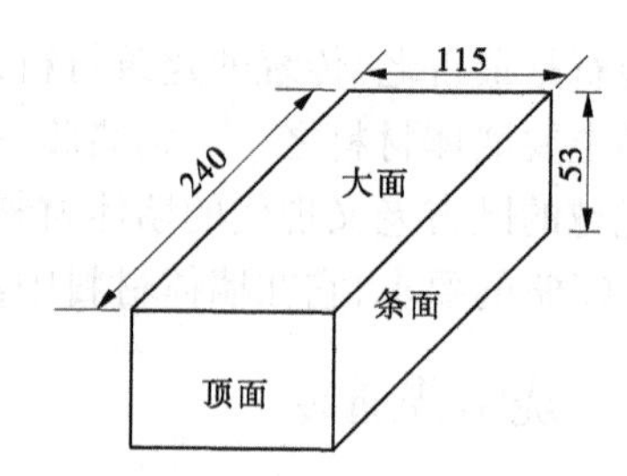

图 7-1 砖的尺寸及各部分名称 (单位:mm)

7.2.1.3 烧结普通砖的主要技术要求

1. 外观要求

烧结普通砖的外观标准直接影响砖体的外观和强度,所以规范中对尺寸偏差、两条面的高度差、弯曲程度、裂纹、颜色情况都给出相应的规定,要求各等级烧结普通砖的尺寸允许偏差和外观质量符合表 7-2 和表 7-3 的要求。

表 7-2 烧结普通砖的尺寸允许偏差(GB 5101—2003) (单位:mm)

公称尺寸	优等品		一等品		合格品	
	样本平均偏差	样本极差,≤	样本平均偏差	样本极差,≤	样本平均偏差	样本极差,≤
240(长)	±2.0	6	±2.5	7	±3.0	8
115(宽)	±1.5	6	±2.0	6	±2.5	7
53(高)	±1.5	4	±1.5	5	±2.0	6

表 7-3 烧结普通砖的外观质量(GB 5101—2003) (单位:mm)

项目		优等品	一等品	合格品
两条面高度差,≤		2	3	4
弯曲,≤		2	3	4
杂质凸出高度,≤		2	3	4
缺棱掉角的三个破坏尺寸,≤		5	20	30
裂纹长度,≤	大面上宽度方向及其延伸至条面的长度	30	60	80
	大面上长度方向及其延伸至顶面的长度或条、顶面上水平裂纹的长度	50	80	100
完整面不得少于			两条面和两顶面	一条面和一顶面
颜色		基本一致		

注:1. 为装饰而施加的色差、凹凸纹、拉毛、压花等不算作缺陷。

2. 凡有下列缺陷者不得称为完整面:①缺损在条面或顶面上造成的破坏尺寸同时大于 10 mm × 10 mm。②条面和顶面上裂纹宽度大于 1 mm,其长度超过 30 mm。③压陷、粘底、焦花在条面或顶面上的凹陷或凸出超过 2 mm,区域尺寸同时大于 10 mm × 10 mm。

2. 强度等级

烧结普通砖分为5个强度等级，通过抗压强度试验，计算10块砖的抗压强度平均值和标准值方法或抗压强度平均值和最小值方法，从而评定该砖的强度等级。各等级应满足表7-4中的各强度指标。

表7-4　烧结普通砖的强度等级(GB 5101—2003)　(单位:MPa)

强度等级	抗压强度平均值$\overline{f}$,≥	变异系数$\delta \leqslant 0.21$	变异系数$\delta > 0.21$
		强度标准值f_k,≥	单块最小抗压强度值f_{min},≥
MU30	30.0	22.0	25.0
MU25	25.0	18.0	22.0
MU20	20.0	14.0	16.0
MU15	15.0	10.0	12.0
MU10	10.0	6.5	7.5

表7-4中的变异系数δ和强度标准值f_k可参照式(7-1)~式(7-3)计算

$$\delta = \frac{S}{\overline{f}} \tag{7-1}$$

其中

$$S = \sqrt{\frac{1}{9}\sum_{i=1}^{10}(f_i - \overline{f})^2} \tag{7-2}$$

$$f_k = \overline{f} - 1.8S \tag{7-3}$$

式中　δ——砖强度变异系数；

S——10块砖样的抗压强度标准差,MPa；

f_i——单块砖样抗压强度测定值,MPa；

$\overline{f}$——10块砖样抗压强度平均值,MPa；

f_k——抗压强度标准值,MPa。

3. 耐久性

1)抗风化性能

抗风化性能是烧结普通砖抵抗自然风化作用的能力，指砖在干湿变化、温度变化、冻融变化等物理因素作用下，不被破坏并保持原有性质的能力。它是烧结普通砖耐久性的重要指标。由于自然风化程度与地区有关，通常按照风化指数将我国各省(自治区、直辖市)划分为严重风化区和非严重风化区，如表7-5所示。风化指数是指日气温从正温降至负温或从负温升至正温的每年平均天数与每年从霜冻之日起至消失霜冻之日止这一期间降雨总量(以mm计)的平均值的乘积。风化指数不小于12 700为严重风化区，风化指数小于12 700为非严重风化区。严重风化区的砖必须进行冻融试验。冻融试验时取5块吸水饱和试件进行15次冻融循环，之后每块砖样不允许出现裂纹、分层、掉皮、缺棱等冻坏现象，且每块砖样的质量损失不得大于2%。其他地区的砖如果其抗风化性能达到表7-6的要求，可不再进行冻融试验，但是若有一项指标达不到要求，则必须进行冻融试验。

表 7-5　风化区的划分（GB 5101—2003）

严重风化区		非严重风化区	
1. 黑龙江省	11. 河北省	1. 山东省	11. 福建省
2. 吉林省	12. 北京市	2. 河南省	12. 台湾省
3. 内蒙古自治区	13. 天津市	3. 安徽省	13. 广东省
4. 新疆维吾尔自治区		4. 江苏省	14. 广西壮族自治区
5. 宁夏回族自治区		5. 湖北省	15. 海南省
6. 甘肃省		6. 江西省	16. 云南省
7. 青海省		7. 浙江省	17. 西藏自治区
8. 山西省		8. 四川省	18. 上海市
9. 辽宁省		9. 贵州省	19. 重庆市
10. 陕西省		10. 湖南省	

表 7-6　烧结普通砖的抗风化性能（GB 5101—2003）

砖种类	严重风化区				非严重风化区			
	5 h 沸煮吸水率（%），≤		饱和系数，≤		5 h 沸煮吸水率（%），≤		饱和系数，≤	
	平均值	单块最大值	平均值	单块最大值	平均值	单块最大值	平均值	单块最大值
黏土砖	18	20	0.85	0.87	19	20	0.88	0.90
粉煤灰砖	21	23			23	35		
页岩砖	16	18	0.74	0.77	18	20	0.78	0.80
煤矸石砖								

注：粉煤灰掺入量（体积比）小于 30% 时，按照黏土砖规定判别。

2）泛霜

泛霜是一种砖或砖砌体外部的直观现象，呈白色粉末、白色絮状物，严重时呈鱼鳞状的剥离、脱落、粉化。砖块的泛霜是由于砖内含有可溶性硫酸盐，遇水溶解，随着砖体吸收水分的不断增加，溶解度由大变小。当外部环境发生变化时，砖内盐形成晶体，积聚在砖的表面呈白色，称为泛霜。煤矸石空心砖的白霜是以 $MgSO_4$ 为主，白霜不仅影响建筑物的美观，而且由于结晶膨胀会使砖体分层和松散，直接关系到建筑物的寿命。因此，国家标准严格规定烧结砖制品中，优等品不允许出现泛霜，一等品不允许出现中等泛霜，合格品不允许出现严重泛霜。

3）石灰爆裂

当烧制砖块时原料中夹杂着石灰质物质，焙烧过程中生成生石灰，砖块在使用过程中吸水使生石灰转变成熟石灰，其体积会增大一倍左右，从而导致砖块爆裂，称为石灰爆裂。石灰爆裂程度直接影响烧结砖的使用，较轻的造成砖块表面破坏及墙体面层脱落，严重的会直接破坏砖块和墙体结构，造成砖块和墙体强度损失，甚至崩溃，因此国家标准对烧结砖石灰爆裂做了如下严格控制：优等品不允许出现最大破坏尺寸大于 2 mm 的爆裂区域；一等品的最大破坏尺寸大于 2 mm 且小于 10 mm 的爆裂区域，每组砖样不能多于 15 处，

不允许出现最大破坏尺寸大于10 mm的爆裂区域;合格品的最大破坏尺寸大于2 mm且小于15 mm的爆裂区域,每组砖样不得多于15处,其中大于10 mm的不多于7处,不允许出现最大爆裂尺寸大于15 mm的爆裂区域。

7.2.1.4 烧结普通砖的应用

烧结普通砖具有一定的强度及良好的绝热性和耐久性,且原料广泛,工艺简单,因而可作为墙体材料用于制造基础、柱、拱、铺砌地面等,有时也用于小型水利工程,如闸墩、涵管、渡槽、挡土墙等。但需要注意的是,由于砖的吸水率大,一般为15% ~20%,在砌筑之前必须将砖进行吸水润湿,否则会降低砌筑砂浆的黏结强度。但是随着建筑业的快速发展,传统烧结黏土砖的弊端日益突出,烧结黏土砖的生产毁田且取土量大、能耗高、自重大、施工中工人劳动强度大、工效低。为了保护土地资源和生态环境,有效节约能源,至2003年6月1日,全国170个城市取缔烧结黏土砖的使用,并于2005年全面停止生产、经营、使用黏土砖,取而代之的是广泛推广使用由工业废料制成的新兴墙体材料。

7.2.2 烧结多孔砖

烧结多孔砖是以黏土、页岩、煤矸石或粉煤灰为主要原料,经焙烧而成的,空洞率不小于25%,孔的尺寸小而数量多,主要用于6层以下建筑物承重部位的砖,简称多孔砖。

7.2.2.1 烧结多孔砖的分类

烧结多孔砖的分类与烧结普通砖类似,也是按主要原料进行划分的,如黏土砖(N)、页岩砖(Y)、煤矸石砖(M)和粉煤灰砖(F)。

7.2.2.2 烧结多孔砖的规格与质量等级

1. 规格

目前,烧结多孔砖分为P型砖和M型砖,其外形为直角六面体,长、宽、高尺寸P型砖为240 mm×115 mm×90 mm、M型砖为190 mm×190 mm×90 mm,如图7-2、图7-3所示。

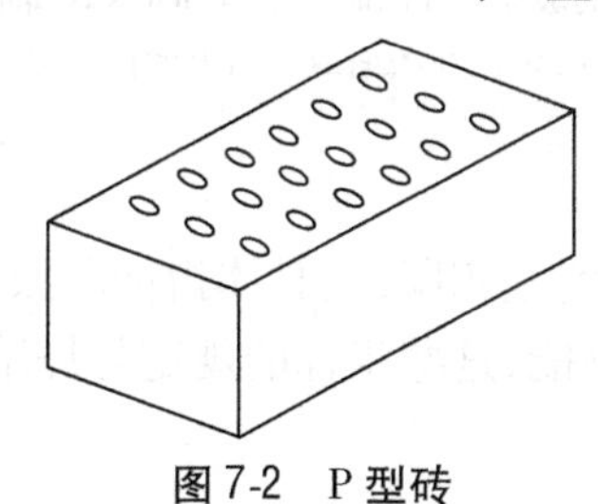

图7-2 P型砖

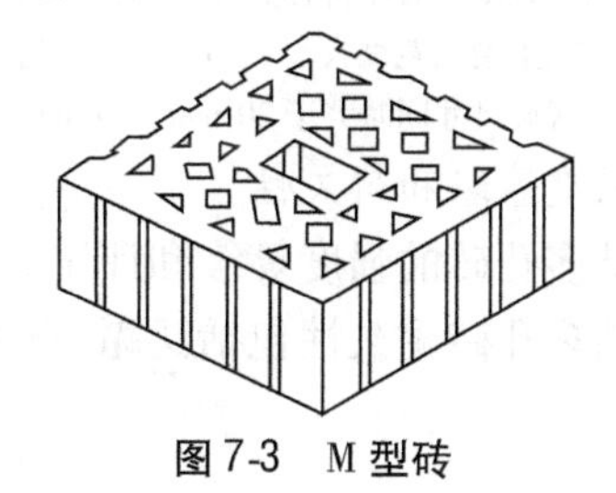

图7-3 M型砖

2. 质量等级

根据《烧结多孔砖》(GB 13544—2000)的规定,烧结多孔砖根据抗压强度分为MU30、MU25、MU20、MU15、MU10等五个强度等级。

强度与抗风化性能合格的烧结多孔砖,根据尺寸偏差、外观质量、孔形及空洞排列、泛霜、石灰爆裂等分为优等品(A)、一等品(B)和合格品(C)三个质量等级。

7.2.2.3 烧结多孔砖的主要技术要求

1. 尺寸允许偏差和外观要求

烧结多孔砖的尺寸允许偏差应满足表7-7的规定,外观质量符合表7-8的规定。

表7-7 烧结多孔砖的尺寸偏差(GB 13544—2000) (单位:mm)

公称尺寸	优等品		一等品		合格品	
	样本平均偏差	样本极差,≤	样本平均偏差	样本极差,≤	样本平均偏差	样本极差,≤
290,240	±2.0	6	±2.5	7	±3.0	8
190,180 175,140,115	±1.5	5	±2.0	6	±2.5	7
90	±1.5	4	±1.7	5	±2.0	6

表7-8 烧结多孔砖的外观质量(GB 13544—2000) (单位:mm)

项目		优等品	一等品	合格品
颜色(一条面和一顶面)		一致	基本一致	
完整面不得少于		一条面和一顶面	一条面和一顶面	
缺棱掉角的三个破坏尺寸不得同时大于		15	20	30
裂纹长度不大于	大面上深入孔壁15 mm以上,宽度方向及其延伸至条面的长度	60	80	100
	大面上深入孔壁15 mm以上,宽度方向及其延伸至顶面的长度	60	100	120
	条、顶面上的水平裂纹	80	100	120
杂质在砖面上造成的凸出高度,≤		3	4	5

注:1. 为装饰而施加的色差、凹凸纹、拉毛、压花等不算作缺陷。

2. 凡有下列缺陷者不得称为完整面:①缺损在条面或顶面上造成的破坏尺寸同时大于20 mm×20 mm。②条面和顶面上裂纹宽度大于1 mm,其长度超过70 mm。③压陷、粘底、焦花在条面或顶面上的凹陷或凸出超过2 mm,区域尺寸同时大于20 mm×20 mm。

2. 强度等级和耐久性

烧结多孔砖的强度等级和评定方法与烧结普通砖完全相同,其具体指标参照表7-4。

烧结多孔砖耐久性包括泛霜、石灰爆裂和抗风化性能,这些指标的规定与烧结普通砖完全相同。

7.2.3 烧结空心砖

烧结空心砖是以黏土、页岩、煤矸石为主要原料经焙烧而成的空洞率大于40%,孔的尺寸大而数量少的砖。

7.2.3.1 烧结空心砖的分类

烧结空心砖的分类与烧结普通砖类似,按主要原料进行划分,如黏土砖(N)、页岩砖(Y)、煤矸石砖(M)和粉煤灰砖(F)。

烧结空心砖尺寸应满足:长度 $L \leqslant 390$ mm,宽度 $b \leqslant 240$ mm,高度 $d \leqslant 140$ mm,壁厚≥10 mm,肋厚≥7 mm。为方便砌筑,在大面和条面上应设深1~2 mm的凹线槽,如图7-4

所示。

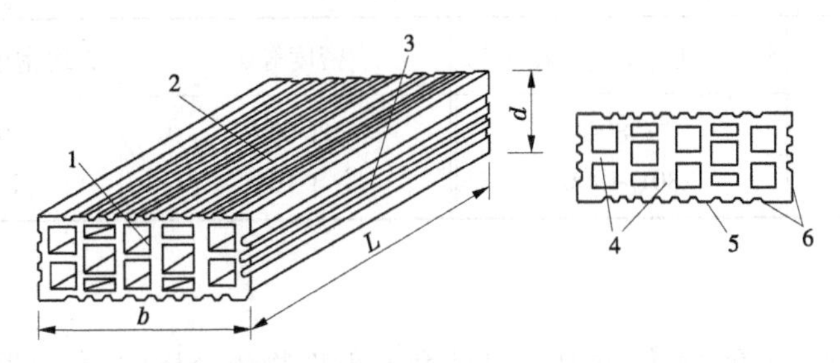

1—顶面;2—大面;3—条面;4—肋;5—凹线槽;6—壁;
L—长度;b—宽度;d—高度

图7-4　烧结空心砖示意图

由于空洞垂直于顶面,平行于大面且使用时大面受压,所以烧结空心砖多用作非承重墙,如多层建筑的内隔墙和框架结构的填充墙等。

7.2.3.2　烧结空心砖的规格

根据《烧结空心砖和空心砌块》(GB 13545—2003)的规定,烧结空心砖的外形为直角六面体,其长、宽、高均应符合390 mm、290 mm、240 mm、190 mm、180 mm、175 mm、140 mm、115 mm、90 mm等尺寸组合,如290 mm×190 mm×90 mm、190 mm×190 mm×90 mm和240 mm×180 mm×115 mm等。

7.2.3.3　烧结空心砖的主要技术性质

1. 强度等级

烧结空心砖的抗压强度分为MU10、MU7.5、MU5、MU3.5、MU2.5等五个等级,见表7-9。

表7-9　烧结空心砖强度等级(GB 13545—2003)

强度等级	抗压强度(MPa)			密度等级范围
	抗压强度平均值$\overline{f}$,≥	变异系数δ≤0.21	变异系数δ>0.21	
		强度标准值$\overline{f}_k$,≥	单块最小抗压强度值f_{min},≥	
MU10	10	7.0	8.0	≤1 100
MU7.5	7.5	5.0	5.8	
MU5	5	3.5	4.0	
MU3.5	3.5	2.5	2.8	
MU2.5	2.5	1.6	1.8	≤800

2. 密度等级

根据表观密度不同,烧结空心砖分为800、900、1 000、1 100四个密度级别,见表7-10。

表 7-10 烧结空心砖的密度等级(GB 13545—2003)

密度等级	5 块密度平均值(kg/m³)	密度等级	5 块密度平均值(kg/m³)
800	≤800	1 000	901 ~ 1 000
900	801 ~ 900	1 100	1 001 ~ 1 100

3. 质量等级

每个密度级别、强度、密度、抗风化性能和放射性物质合格的砖，根据空洞及其排数、尺寸偏差、外观质量、强度等级和物理性能分为优等品(A)、一等品(B)和合格品(C)三个质量等级。

7.2.4 烧结多孔砖和烧结空心砖的应用

现在国内建筑施工主要采用烧结多孔砖和烧结空心砖作为实心黏土砖的替代产品，烧结空心砖主要应用于非承重的建筑内隔墙和填充墙，烧结多孔砖主要应用于砖混结构承重墙体。用烧结多孔砖和烧结空心砖代替实心砖可使建筑物自重减轻 1/3 左右，节约原料 20% ~ 30%，节省燃料 10% ~ 20%，且烧成率高，造价降低 20%，施工效率提高 40%，保温隔热性能和吸声性能有较大提高。在相同的热工性能要求下，用烧结空心砖砌筑的墙体厚度可减薄半砖左右。一些较发达国家烧结空心砖占砖总产量的 70% ~ 90%，我国目前也正在大力推广而且发展很快。

【工程实例分析 7-1】 多层建筑墙体裂缝分析。

现象：山东省泰安市某小区 5#楼 4 单元顶层西户住宅出现墙体裂缝，如图 7-5、图 7-6 所示，现场观察为西卧室外墙自圈梁下斜向裂至窗台，缝宽约 2 mm。试分析裂缝产生的原因，应采取何种补救措施？

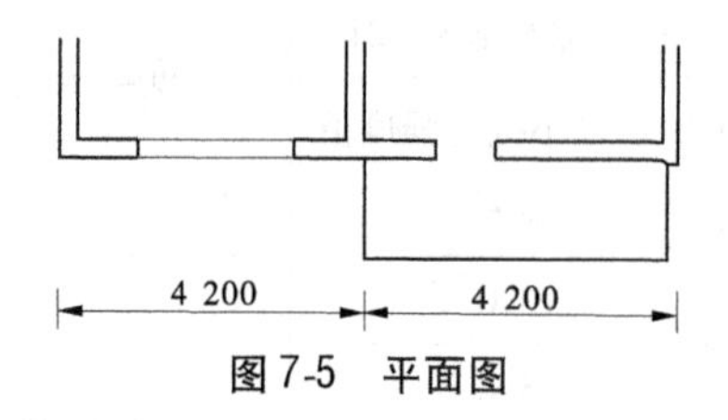

图 7-5 平面图

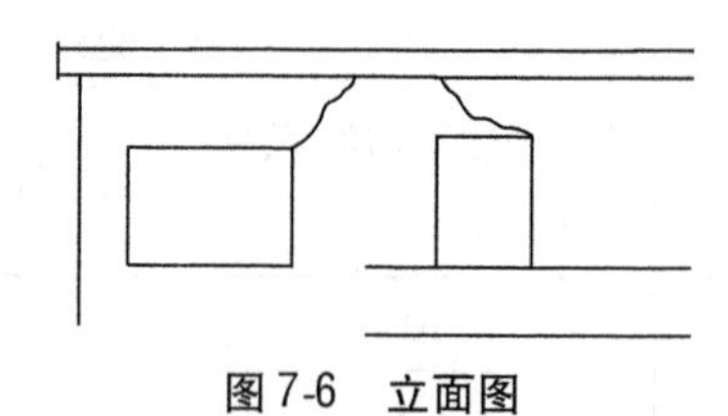
图 7-6 立面图

原因分析：混合结构墙体上的斜裂缝多由温度变化引起。在太阳辐射热作用下，混凝土屋盖与其下的砖墙之间存在较大的正温差，且混凝土线膨胀系数又比黏土砖砌体大，当温度升高，线膨胀系数较大的混凝土板热胀时，受到温度低、线膨胀系数较小的砖墙的约束，因而在混凝土板内引起压应力，在接触面上产生剪应力。如墙体材料的抗拉强度较低，则在墙体内产生八字形或倒八字形斜裂缝，如图 7-6 所示。

补救措施：

(1) 做好温度隔热层，以减小温差。

(2) 砌筑顶层墙体时，按规定应把砖浸湿，防止干砖上墙。

(3)砌筑砂浆按配合比拌制,保证砌筑砂浆的强度等级,特别注意不能使用碎砖。

(4)拉结筋放置时,必须先检测钢筋是否合格,再按照设计规定的位置放置,以保证墙体的整体性。

由于过去对砖混结构多层住宅顶层墙体温差裂缝在设计和施工中重视程度不够,使得已竣工的工程或多或少地存在着这类问题。对已发生的温差裂缝,可采取以下维修措施:将出现裂缝的整个墙面的抹灰层剔除干净,露出砖墙面及圈梁的混凝土面;在剔干净抹灰层的整个墙面上钉上钢丝网,钢丝网必须与墙体连接牢固、绷紧;在钢丝网上抹1∶2.5水泥砂浆,并赶实压光。

任务7.3 砌 块

7.3.1 概述

砌块是利用混凝土、工业废料(炉渣、粉煤灰等)或地方材料制成的人造块材,外形尺寸比砖大,通常外形为直角六面体,长度大于365 mm或宽度大于240 mm或高度大于115 mm,且高度不大于长度或宽度的6倍,长度不超过高度的3倍。

砌块有设备简单、砌筑速度快的优点,符合建筑工业化发展中墙体改革的要求。由于其尺寸较大,施工效率较高,故在土木工程中应用广泛,尤其是采用混凝土制作的各种砌块,具有节约黏土资源、能耗低、利用工业废料、强度高、耐久性好等优点,已成为我国增长最快、产量最多、应用最广的砌块材料。

砌块按产品规格分为小型砌块(115~380 mm)、中型砌块(380~980 mm)、大型砌块(h>980 mm),使用以中、小型砌块居多;按外观形状可以分为实心砌块(空心率小于25%)和空心砌块(空心率大于25%),空心砌块又分为单排方孔、单排圆孔和多排扁孔三种形式,其中多排扁孔砌块对保温较有利;按原材料分为普通混凝土小型空心砌块、轻骨料混凝土小型空心砌块、蒸压加气混凝土砌块、粉煤灰砌块和石膏砌块等;按砌块在组砌中的位置与作用可以分为主砌块和各种辅助砌块;按用途分为承重砌块和非承重砌块等。本节对常用的几种砌块做一介绍。

7.3.2 普通混凝土小型空心砌块

普通混凝土小型空心砌块(代号NHB)是以水泥为胶结材料,砂、碎石或卵石为骨料,加水搅拌,振动加压成型,养护而成并有一定空心率的砌筑块材。

7.3.2.1 普通混凝土小型空心砌块的等级

普通混凝土小型空心砌块按强度等级分为MU3.5、MU5、MU7.5、MU10、MU15、MU20,产品强度等级应符合表7-11的规定;其按尺寸偏差、外观质量分为优等品(A)、一等品(B)及合格品(C)。

表 7-11 普通混凝土小型空心砌块等级(GB/T 8239—2014) (单位:MPa)

强度等级	砌块抗压强度		强度等级	砌块抗压强度	
	平均值,≥	单块最小值,≥		平均值,≥	单块最小值,≥
MU3.5	3.5	2.8	MU10	10.0	8.0
MU5	5.0	4.0	MU15	15.0	12.0
MU7.5	7.5	6.0	MU20	20.0	16.0

7.3.2.2 普通混凝土小型空心砌块的规格和外观质量

普通混凝土小型空心砌块的主规格尺寸(长×宽×高)为 390 mm×190 mm×190 mm,其他规格尺寸可由供需双方协商,即可组成墙用砌块基本系列。砌块各部位的名称如图 7-7 所示,其中最小外壁厚度应不小于 30 mm,最小肋厚应不小于 25 mm,空心率应不小于 25%,其尺寸允许偏差应符合表 7-12 的规定。

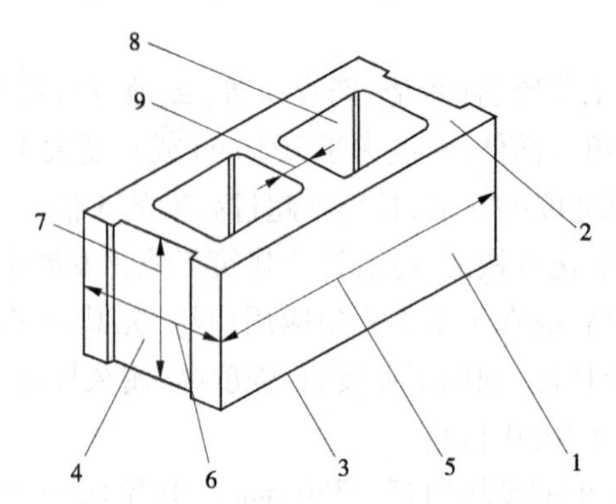

1—条面;2—坐浆面;3—铺浆面;4—顶面;5—长度;
6—宽度;7—高度;8—壁;9—肋

图 7-7 普通混凝土小型空心砌块

表 7-12 普通混凝土小型空心砌块的尺寸偏差(GB/T 8239—2014) (单位:mm)

项目名称	优等品(A)	一等品(B)	合格品(C)
长度	±2	±3	±3
宽度	±2	±3	±3
高度	±2	±3	+3、-4

普通混凝土小型空心砌块的外观质量包括弯曲程度、缺棱掉角及裂纹延伸的投影尺寸累计等三方面,产品外观质量应符合表 7-13 的要求。

表 7-13 普通混凝土小型空心砌块的外观质量(GB/T 8239—2014)

项目名称		优等品(A)	一等品(B)	合格品(C)
弯曲程度(mm),≤		2	2	3
缺棱掉角	个数(个),≤	0	2	2
	三个方向投影尺寸最小值(mm),≤	0	20	30
裂纹延伸的投影尺寸累计(mm),≤		0	20	30

7.3.2.3　普通混凝土小型空心砌块的相对含水率和抗冻性

GB/T 8239—2014 要求普通混凝土小型空心砌块的相对含水率为：潮湿地区≤45%，中等潮湿地区≤40%，干燥地区≤35%。对于非采暖地区抗冻性不做规定，采暖地区强度损失≤25%、质量损失≤5%，其中一般环境抗冻性等级应达到 F15，干湿交替环境抗冻性等级应达到 F25。

普通混凝土小型空心砌块具有节能、节地、减少环境污染、保持生态平衡的优点，符合我国建筑节能政策和资源可持续发展战略，已被列为国家墙体材料革新和建筑节能工作重点发展的墙体材料之一。

7.3.3　轻骨料混凝土小型空心砌块

轻骨料混凝土小型空心砌块（代号 LHB）是指用轻骨料混凝土制成的主规格高度大于115 mm 而小于380 mm 的空心砌块。轻骨料是指堆积密度不大于1 100 kg/m^3 的轻粗骨料和堆积密度不大于1 200 kg/m^3 的轻细骨料的总称，常用的骨料有浮石、煤渣、煤矸石、粉煤灰等。轻骨料混凝土小型空心砌块多用于非承重结构，属于小型砌筑块材。

7.3.3.1　轻骨料混凝土小型空心砌块的类别、等级

1. 类别

轻骨料混凝土小型空心砌块按砌块孔的排数分为五类，有实心(0)、单排孔(1)、双排孔(2)、三排孔(3)和四排孔(4)。

2. 等级

轻骨料混凝土小型空心砌块按其强度可分为1.5 MPa、2.5 MPa、3.5 MPa、5 MPa、7.5 MPa、10 MPa 等六个等级，产品强度应符合表7-14 的规定。轻骨料混凝土小型空心砌块按其密度可分为500、600、700、800、900、1 000、1 200、1 400 等八个等级，其中实心砌块的密度等级不应大于800。

轻骨料混凝土小型空心砌块按尺寸允许偏差和外观质量分为一等品(B)和合格品(C)两个等级。

表7-14　轻骨料混凝土小型空心砌块的强度等级(GB/T 15229—2011)（单位：MPa）

强度等级	砌块抗压强度		密度等级范围
	平均值，≥	单块最小值，≥	
1.5	1.5	1.2	≤600
2.5	2.5	2.0	≤800
3.5	3.5	2.8	≤1 200
5	5	4.0	
7.5	7.5	6.0	≤1 400
10	10	8.0	

7.3.3.2　轻骨料混凝土小型空心砌块的应用

轻骨料混凝土小型空心砌块以其节省耕地、质量轻、保湿性能好、施工方便、砌筑工效

高、综合工程造价低等优点，在我国已经被列为取代黏土实心砖的首选新型墙体材料，广泛应用于多层和高层建筑的填充墙、内隔墙和底层别墅式住宅。

7.3.4 蒸压加气混凝土砌块

蒸压加气混凝土砌块（简称加气混凝土砌块，代号ACB）是由硅质材料（砂）和钙质材料（水泥石灰），加入适量调节剂、发泡剂，按一定比例配合，经混合搅拌、浇筑、发泡、坯体静停、切割、高温高压蒸养等工序制成的。因产品本身具有无数微小封闭、独立、分布不均匀的气孔结构，具有轻质、高强、耐久、隔热、保湿、吸声、隔声、防水、防火、抗震、施工快捷、可加工性强等多种功能，是一种优良的新型墙体材料。

7.3.4.1 蒸压加气混凝土砌块的规格、等级

1. 规格

蒸压加气混凝土砌块的规格尺寸应符合表7-15的规定。

表7-15 蒸压加气混凝土砌块的规格尺寸（GB 11968—2006） （单位：mm）

长度	宽度	高度
600	100、120、125、150、180、200、240、250、300	200、240、250、300

2. 等级

蒸压加气混凝土砌块按抗压强度分为A1、A2、A2.5、A3.5、A5、A7.5、A10等七个强度等级，各等级的立方体抗压强度值应符合表7-16的规定。

表7-16 蒸压加气混凝土砌块的立方体抗压强度（GB 11968—2006） （单位：MPa）

强度等级	立方体抗压强度		强度等级	立方体抗压强度	
	平均值，≥	单块最小值，≥		平均值，≥	单块最小值，≥
A1	1.0	0.8	A5	5.0	4.0
A2	2.0	1.6	A7.5	7.5	6.0
A2.5	2.5	2.0	A10	10.0	8.0
A3.5	3.5	2.8			

7.3.4.2 蒸压加气混凝土砌块应用

蒸压加气混凝土砌块质量轻，表观密度约为黏土砖的1/3，适用于低层建筑的承重墙、多层建筑的间隔墙和高层框架结构的填充墙，也可用于一般工业建筑的围护墙。其作为保湿隔热材料也可用于复合墙板和屋面结构中，广泛应用于工业与民用建筑、多层和高层建筑及建筑物夹层等，可减轻建筑物自重，增加建筑物的使用面积，降低综合造价，同时由于墙体轻、结构自重减小，大大提高了建筑自身的抗震能力。因此，蒸压加气混凝土砌块是建筑工程中使用的最佳砌块之一。

【工程实例分析7-2】 蒸压加气混凝土砌块砌体裂缝。

现象：某工程用蒸压加气混凝土砌块砌筑外墙，该蒸压加气混凝土砌块出釜一周后即砌筑，工程完工一个月后，墙体出现裂纹，试分析原因。

原因分析:该外墙属于框架结构的非承重墙,所用的蒸压加气混凝土砌块出釜仅一周,其收缩率仍很大,在砌筑完工干燥过程中继续产生收缩,墙体在沿着砌块与砌块交接处就易产生裂缝。

任务7.4　木　材

7.4.1　概述

木材是重要的建筑材料之一,由树木的树干加工而成。它具有很多优良性能,如轻质高强,有较高的弹性、韧性,耐冲击、振动,易于加工。树木总的分为针叶树(如杉木、红松、白松、黄花松等)、阔叶树(如榆木、水曲柳、柞木等)两大类。

针叶树叶子呈针状,树干直而高大,纹理顺直,木质较软,故又称软木。针叶树表观密度和胀缩变形小,防腐蚀性较强,是建筑上常用的木材,建筑工程常将松、杉、柏用于承重结构。

阔叶树叶子宽大,大多材质坚硬,故又称硬木。硬木表观密度较大,加工较难,易胀缩、翘曲,产生裂缝,不宜用于承重结构,如榆木、水曲柳等适用于内部装饰、次要承重构件、制作胶合板等。

7.4.2　木材的组织构造

7.4.2.1　木材的宏观构造

木材的宏观构造用肉眼和放大镜就能观察到,通常从树干的三个切面上来进行剖析,即横切面(垂直于树轴的面)、径切面(通过树轴的纵切面)和弦切面(平行于树轴的纵切面)。木材的宏观构造如图7-8所示。

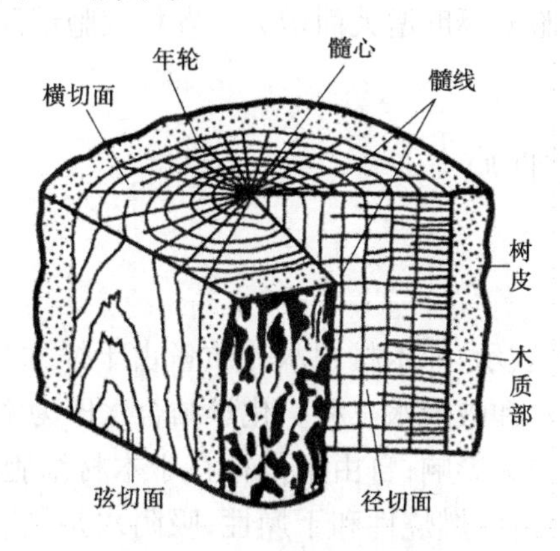

图7-8　木材的宏观构造

由图7-8可知,树木是由树皮、木质部和髓心等部分组成的。一般树皮在建筑工程上使用价值不大;木质部是木材的主体,也是建筑材料使用的主要部分,研究木材的构造主要是指木质部的构造。许多树种的木质部接近树干中心的部分呈深色,称心材;靠近外围的部分色较浅,称边材,一般心材比边材的利用价值大些。

从木质部横切面上看到深浅相间的同心圆环，即所谓的年轮，在同一年轮内，春天生长的木质，色较浅，质松软，称为春材（早材）；夏、秋二季生长的木质，色较深，质坚硬，称为夏材（晚材）。相同树种年轮越密且均匀，材质越好，夏材部分越多，木材强度越高。

树干的中心称为髓心，其质松软，强度低，易腐朽。从髓心向外的辐射线称为髓线，它与周围联结差，干燥时易沿此开裂，年轮和髓线组成了木材美丽的天然纹理。

7.4.2.2　木材的微观构造

微观构造是在显微镜下观察的木材组织，它是由无数管状细胞结合而成的，如图 7-9 所示。

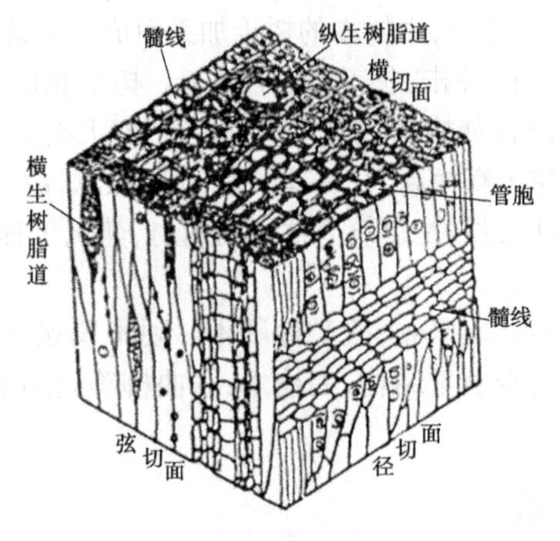

图 7-9　马尾松的微观构造

它们大部分纵向排列，少数横向排列（如髓线）。每个细胞分细胞壁和细胞腔两部分，细胞壁由细纤维组成，其纵向联结较横向联结牢固。细纤维间具有极小的空隙，能吸附和渗透水分，木材的细胞壁愈厚，腔愈小，木材组织愈均匀，木材愈密实，表观密度大，强度也较高，但干缩率则随细胞壁厚度增大而增大。春材细胞壁薄腔大，夏材则细胞壁厚腔小。

7.4.3　木材的物理力学性质

7.4.3.1　木材的物理性质

1. 含水率

木材的含水量以含水率表示，即木材中水分质量占干燥木材质量的百分比。木材中的水分为化学结合水、自由水和吸附水三种。化学结合水即为木材中的化合水，它在常温下不变化，故其对木材的性质无影响；自由水是存在于木材细胞腔和细胞间隙中的水，它影响木材的表观密度、抗腐蚀性、燃烧性和干燥性；吸附水是被吸附在细胞壁内细纤维之间的水，吸附水的变化影响木材强度和木材胀缩变形性能。

1）木材的纤维饱和点

当木材中细胞壁内吸附水达到饱和时，这时的木材含水率称为纤维饱和点。木材的纤维饱和点随树种而异，一般介于 25% ~35%，通常取其平均值，约为 30%。纤维饱和点是木材物理力学性质发生变化的转折点。

2)木材的平衡含水率

木材中所含的水分是随着环境的温度和湿度的变化而改变的，当木材长时间处于一定温度和湿度的环境中时，木材中的含水量最后会达到与周围环境湿度相平衡，这时木材的含水率称为平衡含水率。木材的平衡含水率是木材进行干燥时的重要指标，木材的平衡含水率随其所在地区不同而异，一般北方为12%左右，长江流域为15%左右，南方地区则更高些。

2. 湿胀干缩

木材具有很显著的湿胀干缩性，其规律是：当木材的含水率在纤维饱和点以下时，随着含水率的增加，木材产生体积膨胀，随着含水率的减小，木材体积收缩；而当木材含水率在纤维饱和点以上，只是自由水增减变化时，木材的体积不发生变化。木材的含水率与其胀缩变形率的关系如图7-10所示。从图中可以看出，纤维饱和点是木材发生湿胀干缩变形的转折点。

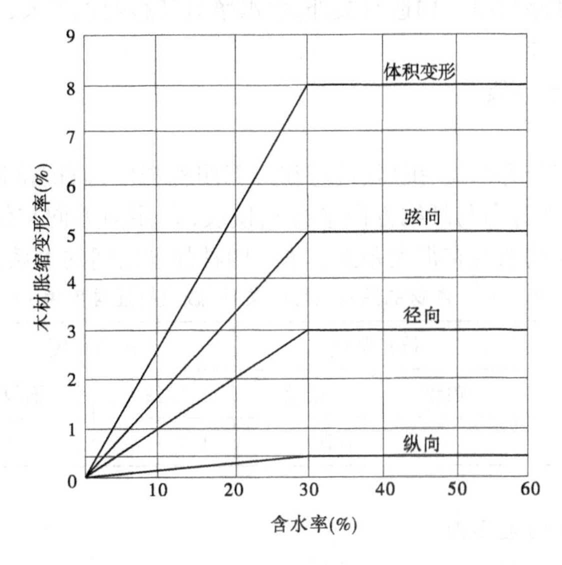

图7-10　木材含水率与胀缩变形率的关系

由于木材为非匀质构造，故其胀缩变形各向不同，其中以弦向最大，径向次之，纵向(顺纤维方向)最小。木材干燥时，弦向干缩为6%～12%，径向干缩为3%～6%，纵向仅为0.1%～0.35%。图7-11展示出木材干燥后其横截面上各部位的不同变化情况。

木材的湿胀干缩对木材的使用有严重影响，干缩使木材结构构件连接处产生缝隙而致接合松弛、拼缝不严、翘曲开裂，湿胀则造成凸起变形、强度降低。为了避免这种情况，工程上最常用的方法是预先将木材进行干燥至使用情况下的平衡含水率，或采用径向切板的方法，另外也可使用油漆涂刷防潮层等方法来降低木材的湿胀变形。

3. 密度、表观密度

各种木材的分子构造基本相同，因而木材的密度基本相等，平均约为1.55 g/cm^3。木材细胞组织中的细胞壁中存在大量微小的孔隙，使得木材的表观密度较小，一般只有300～800 kg/m^3，孔隙率很大，可达50%～80%。

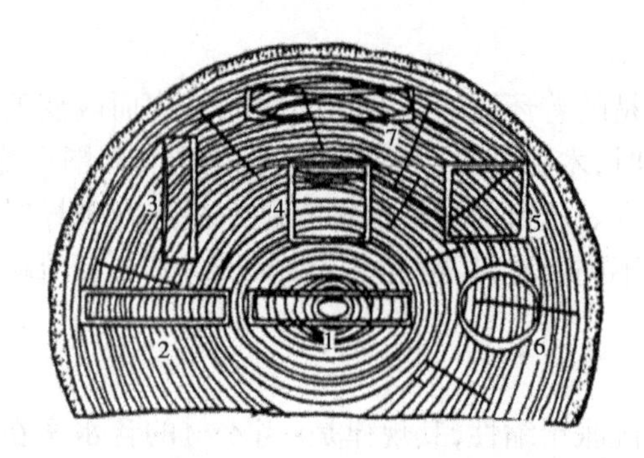

1—通过髓心的径锯板呈凸形;2—边材径锯板收缩较均匀;
3—板面与年轮成40°角发生翘曲;4—两边与年轮平行的正方形变长方形;
5—与年轮成对角线的正方形变菱形;6—圆形变椭圆形;7—弦锯板呈翘曲

图7-11 木材干燥后横截面形状的改变

木材的表观密度除与组织构造有关外,含水率对其影响也很大,使用时通常以含水率15%的表观密度为标准。

7.4.3.2 木材的力学性质

1. 强度

木材按受力状态分为抗拉、抗压、抗弯和抗剪四种强度,而抗拉强度、抗压强度、抗剪强度又有顺纹(作用力方向与纤维方向平行)、横纹(作用力方向与纤维方向垂直)之分。木材的顺纹强度与横纹强度有很大差别。木材四种强度之间的关系如表7-17所示。

表7-17 木材的四种强度的关系(顺纹抗压强度为1)

抗压强度		抗拉强度		抗剪强度		抗弯强度
顺纹	横纹	顺纹	横纹	顺纹	横纹	
1	1/10~1/3	2	1/20~1/3	1/7~1/3	1/2	1.2

2. 影响木材强度的主要因素

1)木材纤维组织的影响

木材受力时,主要靠细胞壁承受外力,细胞壁越均匀密实,强度就越高;当晚材率高时,木材的强度高,表观密度也大。

2)含水率的影响

木材的含水率在纤维饱和点内变化时,含水率增加使细胞壁中的木纤维之间的联结力减弱,细胞壁软化,故强度降低;水分减少使细胞壁比较紧密,故强度增高。

含水率的变化对各强度的影响是不一样的,对顺纹抗压强度和抗弯强度的影响较大,对顺纹抗拉强度和抗剪强度影响较小。含水率变化对木材强度的影响(以松木为例)如图7-12所示。

我国规定,测定木材强度以含水率为12%(称木材的标准含水率)时的强度测值作为标准,其他含水率时的强度测值,可按式(7-4)换算

$$f_{12} = f_w[1 + \alpha(W_h - 12)] \tag{7-4}$$

式中 f_{12}——含水率为12%时的强度,MPa;

f_w——含水率为 W_h 时的强度，MPa；

W_h——木材的含水率；

α——校正系数，随作用力和树种不同而异，如顺纹抗压时所有树种均为0.05，顺纹抗拉时阔叶树为0.015、针叶树为0，抗弯时所有树种为0.04，顺纹抗剪时所有树种为0.03。

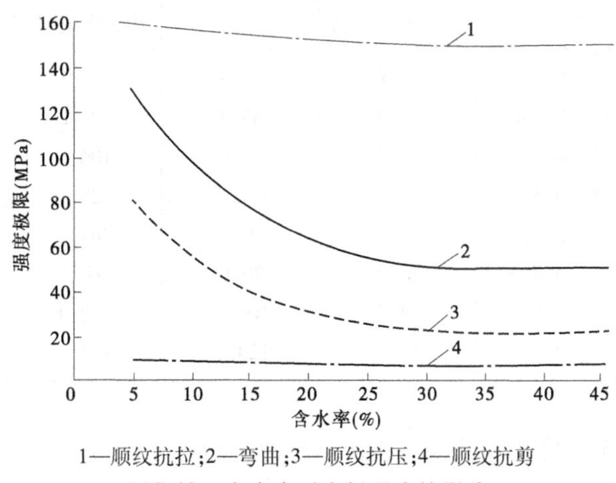

1—顺纹抗拉；2—弯曲；3—顺纹抗压；4—顺纹抗剪

图7-12　含水率对木材强度的影响

3）负荷时间的影响

木材的长期承载能力远低于暂时承载能力。这是因为在长期承载情况下，木材会发生纤维等速蠕滑，累积后产生较大变形而降低了承载能力。

木材在长期荷载作用下不致引起破坏的最大强度，称为持久强度。木材的持久强度比其极限强度小得多，一般为极限强度的50%～60%。一切木结构都处于某一种负荷的长期作用下，因此在设计木结构时，应考虑负荷时间对木材强度的影响。

4）温度的影响

木材随环境温度的升高强度会降低。当温度由25 ℃升到50 ℃时，针叶树抗拉强度降低10%～15%，抗压强度降低20%～40%。当木材长期处于温度60～100 ℃时，会引起水分和所含挥发物的蒸发而呈暗褐色，强度下降，变形增大。温度超过140 ℃时，木材中的纤维素发生热裂解，色渐变黑，强度明显下降。因此，长期处于高温的建筑物，不宜采用木结构。

5）木材的疵病

木材在生长、采伐及保存过程中，会产生内部和外部的缺陷，这些缺陷称为疵病。木材的疵病主要有木节、斜纹、腐朽及虫害等，这些疵病将影响木材的力学性质，但同一疵病对木材不同强度的影响不尽相同。

木节分为活节、死节、松软节、腐朽节等几种，活节影响较小。木节使木材顺纹抗拉强度显著降低，对顺纹抗压强度影响较小。在木材受横纹抗压和剪切时，木节反而增加其强度。

斜纹为木纤维与树轴成一定夹角，斜纹使木材严重降低顺纹抗拉强度，抗弯强度次之，对顺纹抗压强度影响较小。裂纹、腐朽、虫害等疵病，会造成木材构造的不连续性或破坏其组织，因此严重影响木材的力学性质，有时甚至能使木材完全失去使用价值。

表7-18列举了一些建筑上常用木材的表观密度及力学性质。

表7-18 几种常见木材的表观密度及力学性质

树种	产地	表观密度(g/cm^3)	强度(MPa)			
			顺纹抗压强度	抗弯强度	顺纹抗拉强度	顺纹抗剪强度(径面)
杉木	湖南	0.371	37.8	63.8	77.2	4.2
红松	东北	0.440	33.4	65.3	98.1	6.3
马尾松	湖南	0.519	44.4	91.0	104.9	7.5
落叶松	东北	0.614	57.6	118.3	129.9	8.5
鱼鳞云杉	东北	0.417	35.2	69.9	96.7	6.2
冷杉	四川	0.433	35.2	70.0	97.3	4.9
冷杉	湖北	0.600	54.3	100.5	117.1	6.2
柏木	东北	0.777	55.6	124.0	155.4	11.8

【工程实例分析7-3】 客厅木地板所选用的树种。

现象：某客厅采用白松实木地板装修，使用一段时间后多处磨损，请分析原因。

原因分析：白松属针叶树木，其木质软、硬度低、耐磨性差。虽受潮后不易变形，但用于走动频繁的客厅则不妥，可考虑改用质量好的复合木地板，其板面坚硬耐磨，使用寿命长。

7.4.4 木材的应用

7.4.4.1 木材的主要产品及其检量

木材按加工程度和用途不同，可分为原条、原木、普通锯材和枕木四类。建筑用木材的主要产品有原条、原木、普通锯材及人造板等。

1. 原条

1）原条的长度检量

长度在5 m以上的原条，检量从根部锯口量起到梢端直径为6 cm处为检尺长度，并以1 m为增进单位，不足1 m的从梢端舍去不计。若根部锯口内有水眼或斧口，则从水眼或斧口量起。若大头有开裂，视其为影响使用，适当让尺。

2）原条的径级检量

一般以检尺长中央直径为检尺径，以2 cm为增进单位，若原条中央为椭圆形，且长径超过短径15%，则以长径和短径的平均值为检尺径。

原条的材积计算如下：

（1）检尺径为10 cm以上的原条材积按式(7-5)计算

$$V = 0.39 \times (3.5 + D)^2 \times (0.48 + L) \times 10^{-4} \tag{7-5}$$

式中 V——原条的材积，m^3；

L——检尺长，m；

D——检尺径,cm。

(2)检尺径为 8 cm 的原条材积按式(7-6)计算

$$V = 0.4902 \times L \times 10^{-4} \tag{7-6}$$

2. 原木

原木是伐倒木经修枝剥皮后按一定尺寸加以截断的圆形木段,有直接使用原木和加工原木之分,直接使用原木在建筑工程中用作屋架、檩、椽等,加工原木用于锯普通锯材、加工胶合板等。

1)原木的长度检量

原木的长度自大头断面到小头断面相距最短处取直检量,直接使用原木的长级进位,长度不超过 5 m 的按 0.2 m 进位,长度超过 5 m 的按 0.5 m 进位;加工原木的长级进位,东北、内蒙古地区按 0.5 m 进位,其他地区按 0.2 m 进位。

2)原木的径级检量

原木的径级以小头通过断面中心的最小直径为检尺径,以 2 cm 为一进级单位。

原木的材积计算如下:

(1)检尺直径为 4 ~ 12 cm 的材积按式(7-7)计算

$$V = 0.785L \times (D + 0.45L + 0.2)^2 \times 10^{-4} \tag{7-7}$$

式中　V——原木的材积,m^3;

L——检尺长,m;

D——检尺径,cm。

(2)检尺直径为 14 cm 以上的材积按式(7-8)计算

$$V = 0.785L[D + 0.5L + 0.005L^2 + 0.000125L(14 - L)^2(D - 10)^2] \times 10^{-4} \tag{7-8}$$

3. 普通锯材

普通锯材是指已经加工锯成一定尺寸的木料。

1)板材

宽为厚度的 3 倍或 3 倍以上的锯材称为板材。板材按厚度分为薄板(厚度小于 18 mm)、中板(厚度 19 ~ 35 mm)、厚板(厚度 36 ~ 65 mm)、特厚板(厚度大于 66 mm)。

2)方材

凡宽度小于厚度 3 倍的加工木材称为方材。方材按宽厚相乘之积的大小分为小方(不大于 54 cm^2)、中方(55 ~ 100 cm^2)和特大方(不小于 226 cm^2)。

4. 人造板材

人造板材是利用木材或含有一定量纤维的其他植物作原料,采用一般物理和化学方法加工而成的。这类板材与天然木材相比,不仅具有板面宽,表面平整光洁,没有节子、虫眼和各向异性等特点,而且还有不翘曲、不开裂,经加工处理后具有防火、防水、防腐、防酸等性能。

常用的人造板材有胶合板、纤维板、刨花板等。

1)胶合板

胶合板是用原木旋切成薄片,经干燥处理后,再用胶粘剂按奇数层数,以各层纤维相互垂直的方向,黏合、热压而成的人造板材,一般为 3 ~ 13 层,工程中常用的是三合板和五合板。针叶树和阔叶树均可制作胶合板。

胶合板的特点是材质均匀,强度高,无明显纤维饱和点存在,吸湿性小,不翘曲开裂,无疵病,面幅大,使用方便,装饰性好。

2)纤维板

纤维板是将树皮、刨花、树枝等废料,经破碎浸泡,研磨成木浆,加入胶黏剂或利用木材自身和胶黏物质作用,经热压成型、干燥处理而制成的人造板材,因成型时温度和压力不同,纤维板分为硬质、半硬质和软质三种。

纤维板对木材的利用率高,且材质均匀,各向同性,弯曲强度高,不易胀缩和翘曲开裂,完全避免了木材的各种缺陷。

3)刨花板

刨花板是利用木材加工时产生的碎片、刨花,经干燥、拌胶,再压制而成的板材,也称为碎木板。

刨花板表观密度小,强度低,主要用作绝热材料和吸声材料。

7.4.4.2 木材的腐朽与防腐措施

木材的腐朽是由真菌寄生引起的。真菌是一种低等的植物,它在木材中生存和繁殖,必须同时具备三个条件,即适当的水分、足够的空气、适宜的温度。当木材含水率为35%~50%,温度为15~30 ℃,又有足够的空气时,适宜真菌繁殖,木材最易腐朽。当含水率在20%以下,温度高于60 ℃时,真菌将停止生存和繁殖。

除真菌外,木材还会遭到诸如白蚁、天牛、蠹虫等昆虫的侵蚀。

木材的防腐通常采取两种措施:一种是创造条件,使木材不适于真菌寄生和繁殖;另一种是进行药物处理,消灭或制止真菌生长。

第一种措施主要是将木材干燥,使含水率小于20%,使用时注意通风除湿。

第二种措施是用化学防腐剂对木材进行处理,这是一种比较有效的防腐措施。防腐剂的种类较多,主要是有水溶性防腐剂和油溶性防腐剂。处理木材的方法有喷涂法、浸渍法、压力渗透法等。

水溶性防腐剂多用于内部木构件的防腐,常用氯化锌、氟化钠、硫酸铜等;油溶性防腐剂药力持久,毒性大,不易被水冲走,不吸湿,但有臭味,多用于室外、地下、水下,常用的有煤焦油、蒽油、杂酚油等。

【工程实例分析7-4】 西藏三大文物维修木材防腐处理。

现象:以木结构为承重主体的古建筑,易发生木材腐朽和虫蛀,严重的腐朽虫蛀使木材变质,强度丧失,对木结构产生危害并危害建筑安全。西藏布达拉宫、罗布林卡和萨迦寺都存在这些现象。因此,在对这三大文物建筑进行维修时的木材防腐处理成为整个维修工程重要的项目组成部分。

原因分析:木材防腐项目主要包括建筑木构件的木材树种选择鉴定、木材质量把关、木材防腐防虫处理、木材干燥及含水率检测和力学性能检测等,这些工作由中国林科院木材工业研究所承担。据了解,在三大文物维修工程木材防腐处理技术上,采用了包括铜唑防腐剂在内的多种木材防腐防虫剂,在处理方法上采用加压处理、浸泡处理和喷淋、涂刷、注射处理等方法,处理后的木材是未处理木材使用寿命的3~5倍。这种采用多种药剂进行综合性防腐处理的做法为西藏木材保护,特别是古建筑木材保护开创了先例。三大文物维修工程从2002年开工以来,历时7年多的时间,已经完成了绝大部分维修项目。木材防腐处理高达6 800 m^3。

项目小结

合理选用石材、墙体材料、木材对建筑物的功能、造价及安全等有重要意义。

天然石材按地质条件不同分为岩浆岩、沉积岩和变质岩。其来源广泛,质地坚固,耐久性好,被广泛用于工程中。

砌墙砖分为烧结砖和非烧结砖两大类。其中烧结砖包括烧结普通砖、烧结多孔砖和烧结空心砖。常用砌块有混凝土小型空心砌块、轻骨料混凝土小型空心砌块、蒸压加气混凝土砌块等。砌筑墙体时采用砌块可以提高施工速度,改善墙体的使用功能。墙体材料质量验收主要对其尺寸、外观及强度进行检测。

木材是由树木的树干加工而成的,它具有轻质高强,较高的弹性、韧性,耐冲击、振动,易于加工的特点,是重要的建筑材料之一。木材分为针叶树和阔叶树两类。

技能考核题

一、填空题

1. 建筑工程中的花岗岩属于________岩,大理石属于________岩,石灰石属于________岩。

2. 天然石材按体积密度大小分为________、________两类。

3. 砌筑用石材分为________和________两类。

4. 烧结普通砖的外形为直角六面体,其标准尺寸为________。

5. 砖按生产工艺分为________和________。

6. 木材中表观密度大、材质较硬的是________,而表观密度较小、木质较软的是________。

7. 木材的三个切面分别是________、________和________。

8. 按照树叶的________是区分阔叶树和针叶树的重要特征。

二、单选题

1. 烧结普通砖的质量等级评价依据不包括(　　)。

A. 尺寸偏差　　B. 砖的外观质量　　C. 泛霜　　D. 自重

2. 烧结空心砖抗压强度等级分为MU10、MU7.5、MU5.0、MU3.5和(　　)。

A. MU20　　B. MU15　　C. MU2.5　　D. MU2.0

3. 下列地区中烧结普通砖必须进行冻融试验的是(　　)。

A. 黑龙江省　　B. 宁夏回族自治区　　C. 甘肃省　　D. 青海省

4. 优等品粉煤灰砖的强度等级应不低于(　　)。

A. MU10　　B. MU15　　C. MU20　　D. MU25

5. 烧结多孔砖根据抗压强度可以分为(　　)。

A. 3 个　　B. 4 个　　C. 5 个　　D. 6 个

6. 混凝土实心砖制备样品用强度等级(　　)的普通硅酸盐水泥调成稠度适宜的水泥净浆。

A. 42.5　　B. 32.5　　C. 42.5R　　D. 52.5

7. 下面(　　)不是加气混凝土砌块的特点。

A. 轻质　　B. 保温隔热　　C. 干燥收缩大　　D. 韧性好

8. 我国木材的标准含水率为(　　)。

A. 12%　　B. 15%　　C. 18%　　D. 30%

9. 木材湿涨干缩沿(　　)方向最大。

A. 顺纹　　B. 径向　　C. 弦向　　D. 横纹

10. 木材在适当温度、一定量空气且含水率为(　　)时最易腐朽。

A. 10% ~25%　　B. 25% ~35%　　C. 35% ~50%　　D. 50% ~60%

三、判断题

1. 大理石板材既可用于室内装饰,又可用于室外装饰。(　　)

2. 汉白玉是一种白色花岗石,因此可用作室外装饰和雕塑。(　　)

3. 蒸压加气混凝土砌块型式检验项目包括标准中全部技术指标。(　　)

4. 烧结多孔砖是指孔洞率大于 28%,孔洞数量多、尺寸小,且为竖向孔,砌筑时孔的方向垂直于承压面。(　　)

5. 粉煤灰砌块的抗压强度应取 3 个试件的算术平均值。(　　)

项目8 质量检测工作基础知识

知识目标

1. 了解质量检验和质量检测的异同。
2. 了解质量检测的特点,熟悉质量检测的过程。
3. 了解行业技术标准与技术等级。

技能目标

对具体检测任务能做好前期准备工作。

任务8.1 质量检测基础概述

8.1.1 概述

工程材料试验与建设工程施工质量检测,在建筑施工生产、科研及发展中具有举足轻重的地位。工程材料基础知识的普及和建设工程施工质量检测技术的提高,不仅是评定和控制材料质量、施工质量的手段和依据,也是推动科技进步、合理使用工程材料和工业废料、降低生产成本,增进企业效益、环境效益和社会效益的有效途径。

质量责任重于泰山。工程材料质量的优劣,直接影响建筑物的质量和安全。因此,工程材料性能试验与质量检测,是从源头抓好建设工程质量管理工作,确保建设工程质量和安全的重要保证。

为了加强建设工程质量,就要设立各级工程质量尤其是工程材料质量的检测机构,培养从事工程材料性能和建设工程施工质量检验的专门人才,从事材料质量的检测与控制工作,为推进建筑业的发展、提高工程建设质量发挥积极作用,做出突出贡献。

随着建筑业的改革与发展,新材料、新技术层出不穷,尤其是我国加入WTO以后,技术标准逐渐与国际标准接轨。国家工程材料检测技术规程、标准、规范进行大范围修订和更新,新方法、新仪器的采用和检测标准的变更,更要求我们不断学习,更新知识。所以,要在学好理论课的基础上,重视试验理论,搞懂试验原理,学会试验方法,加强动手能力,出具公正、规范、科学的检测报告。

8.1.2 质量检测

8.1.2.1 检验和检测

检测是对实体一种或多种性能进行检查、度量、测量和试验的活动。检测的目的是希望了解检测对象某一性能或某些性能的状况。

检验是对实体的一种或多种性能进行检查、度量、测量和试验,并将结果与规定要求进行比较,以确定每项特性合格情况所进行的活动。也就是说,检验的目的是要求判定检测的对象是否合格。对所检对象性能(指标)的要求,应在技术标准、规范或经批准的设计文件中进行具体的规定。检验应包括以下内容:

(1)确定检测对象的质量标准。

(2)采用规定的方法对检测对象进行检查。

(3)将检测结果与标准指标进行对比。

(4)做出检测对象是否合格的判断。

8.1.2.2 质量检测的作用

(1)检测是施工过程质量保证的重要手段。

(2)检测是工程质量监督和监理的重要手段。

(3)检测结果是工程质量评定、工程验收和工程质量纠纷评判的依据。

(4)检测结果是质量改进的依据。

(5)检测结果是进行质量事故处理的重要依据。

8.1.2.3 工程质量检测的依据

(1)法律、法规、规章的规定。

(2)国家标准、行业标准。

(3)工程承包合同认定的其他标准和文件。

(4)批准的设计文件,金属结构、机电设备安装等技术说明书。

(5)其他特定要求。

8.1.2.4 质量检测的特点

1.科学性

质量检测工作涉及建筑、金属结构和机电设备、施工、材料、地质、计量、测绘、计算机、自动化等专业学科知识。也就是说,检测人员在长期检测工作实践和综合上述专业学科理论、技术的基础上,形成了检测专业的系统理论和科学技术,使得检测工作的技术、方法有一定的科学依据。

2.公正性

检测工作以法律为准绳,以技术标准为依据,检测结果遵循以数据为准的判定原则,客观、公正。

3.及时性

工程施工进度有严格的时间要求,需要检测工作适应施工进程,及时进行检测,保证及时向有关部门提供检测资料。

4.权威性

工程质量检测单位具备相应的资质,工程质量检测人员持证上岗,检测工作以法律为准绳,检测结果具有法律效力。

5.局限性

一般来说,检测只能针对样品进行,而取样本身往往带有人员的主观选择性,很难真正做到随机性，用样品的质量特性来代替检验批产品的质量特性，也总会有一定的偏离。

8.1.2.5　质量检测的步骤和要求

1. 签订合同

质量检测单位与质量检测的委托方签订委托合同，委托合同应包括以下事项和内容：

(1)检测工程名称。

(2)检测具体项目内容和要求。

(3)检测依据。

(4)检测方法、检测仪器设备、检测抽样方法。

(5)完成检测的时间和检测成果的交付要求。

(6)检测费用及其支付方式。

(7)违约责任。

(8)委托方与工程质量检测单位代表签章和时间。

(9)其他必要的约定。

2. 质量检测的准备

熟悉合同、检测标准和技术文件规定要求，明确检测项目内容，确定检测方法，选择精度适合检测要求的仪器设备，制定规范化的检测规则。

3. 检测试验的实施

按已确定的检测方法和方案，对工程质量特性进行定量或定性的观察、度量、测量、检测和试验，得到需要的量值和结果。

4. 记录

质量检测记录是证实产品质量的依据，因此数据要客观、真实，字迹要清晰、整齐，不能随意涂改，需要更改的要按规定程序和要求办理。

5. 数据处理和检测结果的分析比较

通过数据处理并将检查结果与规定要求进行比较，确定每一项质量特性是否符合规定要求，从而判定被检测的项目是否合格。

6. 编写质量检测报告

报告须按规定编制，内容应客观，信息完整，数据可靠，结论准确，签名齐全。

8.1.3　计量与数据处理

8.1.3.1　计量的内容、分类和特点

1. 计量的内容

随着科技、经济和社会的发展，计量的对象逐渐到工程量、化学量、生理量甚至心理量。计量的内容可以通常可以概括为6个方面：

(1)计量单位与单位制。

(2)计量器具(或测量仪器)，包括实现或复现计量单位的计量基准、计量标准与工作计量器具。

(3)量值传递与溯源，包括检定、校准、测试、检验与检测。

(4)物理常量、材料与物理特性的测定。

(5)测量不确定度、数据处理与测量理论及其方法。

(6)计量管理,包括计量保证与监督等。

2. 计量的分类

计量涉及社会的各个领域。根据其作用与地位,计量可分为科学计量、工程计量和法制计量三类,分别代表计量的基础性、应用性和公益性三个方面。

3. 计量的特点

计量的特点可以归纳为准确性、一致性、溯源性及法制性四个方面。

8.1.3.2 计量单位制中的国际单位制

国际单位制是国际计量大会(CGPM)通过,并用符号 SI 表示的。SI 基本单位共 7 个,见表 8-1。

表 8-1 国际单位制

量的名称	单位名称	单位符号
长度	米	m
质量	千克	kg
时间	秒	s
电流	安(培)	A
热力学温度	开(尔文)	K
物质的量	摩(尔)	mol
发光强度	坎(德拉)	cd

8.1.3.3 数据处理

1. 算术平均值与最小二乘法原理

1)算术平均值

将某一未知量 x 测定 n 次,其观测值为 $x_1, x_2, x_3, \cdots, x_n$,将它们平均得

$$\bar{x} = \frac{x_1 + x_2 + x_3 + \cdots + x_n}{n} = \frac{1}{n}\sum_{i=1}^{n} x_i \tag{8-1}$$

算术平均值是一个经常用到的很重要的数值,当观测数值越多时,它越接近真值。平均值只能用来了解观测值的平均水平,而不能反映其波动情况。

2)最小二乘法的基本原理

在一系列等精度计量的计量值中,最佳值是使所有计量值的误差平方和最小的值。

对于等精度计量的一系列计量值来说,它们的算术平均值即为最佳值。

2. 数值修约规则

(1)修约间隔和有效位数。

修约间隔是确定修约保留位数的一种方式。修约间隔的数值一经确定,修约值即为该数值的整数倍。

例 1:如指定修约间隔为 0.1,修约值即应在 0.1 的整数倍中选取,相当于将数值修约

到一位小数。

例 2:如指定修约间隔为 100,修约值即应在 100 的整数倍中选取,相当于将数值修约到“百”位数。

对没有小数位数且以若干个零结尾的数值,从非零数字最左一位向右数得到的位数减去无效零(仅为定位用的零)的个数;对其他十进位数,从非零数字最左一位向右数而得到的位数,就是有效位数。

例 1: 35 000,若有两个无效零,则为三位有效位数,应写成 350×10^2;若有三个无效零,则为两位有效位数,应写成 35×10^3。

例 2: 3. 2,0. 32,0. 032,0. 003 2 均为两位有效位数,0. 032 0 为三位有效位数。

例 3: 12. 490 为五位有效位数,10. 00 为四位有效位数。

(2)确定修约位数的表达方式。

①指定修约间隔为 $10n$(n 为正整数),或指明将数值修约到 n 位小数。

②指定修约间隔为 $10n$,或指明将数值修约到个位数。

③指定修约间隔为 $10n$,或指明将数值修约到 $10n$ 位数(n 为正整数),或指明将数值修约到“十”“百”“千”等位数。

④指定将数值修约成 n 位有效位数。

(3)数值修约的进舍规则。

①拟舍弃数字的最左一位数字小于 5 时,则舍去,即保留的各位数字不变。

例 1:将 12. 149 8 修约到一位小数,得 12. 1;

例 2:将 12. 149 8 修约成两位有效位数,得 12。

②拟舍弃数字的最左一位数字大于 5,或者是 5,而其后跟有并非全部为 0 的数字时,则进 1,即保留的末位数字加 1。

例 1:将 1 268 修约到百位数,得 13×10^2(特定时可以写成 1 300)。

例 2:将 1 268 修约成三位有效数字,得 127×10(特定时可以写成 1 270)。

例 3:将 10. 502 修约到个位数,得 11。

注:“特定时”是指修约间隔或有效位数明确时。

③拟舍弃数字的最左一位数字为 5,而右边无数字或皆为 0 时,若所保留的末位数字为奇数(1,3,5,7,9)则进 1,为偶数(2,4,6,8,0)则舍弃(见表 8-2)。

表 8-2　数值修约样例(一)

修约条件		修约条件		修约条件	
修约间隔为 0. 1(或 10^{-1})		修约间隔为 1 000(或 10^3)		修约成两位有效位数	
拟修约数字	修约值	拟修约数字	修约值	拟修约数字	修约值
1. 050	1. 0	2 500	2×10^3	0. 032 5	0. 032
0. 350	0. 4	3 400	4×10^3	32 500	32×10^3

④负数修约时,先将它的绝对值按照上述规定进行修约,然后在修约值前面加上负号(见表 8-3)。

表 8-3　数值修约样例(二)

修约条件		修约条件	
修约到十位数		修约成两位有效位数	
拟修约数字	修约值	拟修约数字	修约值
-355	-360	-365	-36×10
-325	-320	-0.036 5	-0.036

3. 标准差、变异系数与通用计量名词

1)标准差

观测值与平均值之差的平方和的平均值称为方差,用符号 σ^2 表示。方差的平方根称为标准差,用 σ 表示

$$\sigma=\sqrt{\frac{\sum_{i=1}^{n}(x_i-\bar{x})^2}{n}} \tag{8-2}$$

σ 是表示测量次数 $n\to\infty$ 时的标准差,而在实测中只能进行有限次的测量,其标准差可用 S 表示,即

$$S=\sqrt{\frac{\sum_{i=1}^{n}(x_i-\bar{x})^2}{n-1}} \tag{8-3}$$

标准差是衡量波动性的指标。

2)变异系数

标准差只能反映数值绝对离散的大小,也可以用来说明绝对误差的大小,而实际上更关心其相对误差的大小,即相对离散的程度,这在统计学上用变异系数 C_v 来表示。计算式为

$$C_v=\frac{\sigma}{\bar{x}}\quad 或\quad C_v=\frac{S}{\bar{x}} \tag{8-4}$$

如同一规格的材料经过多次试验得出一批数据后,就可通过计算平均值、标准差与变异系数来评定其质量或性能的优劣。

3)通用计量名词及其定义

测量误差:测量结果与被测量真值之差。

测得值:从计量器具直接得出或经过必要计算而得出的量值。

实际值:满足规定准确度的用来代替真值使用的量值。

测量结果:由测量所得的被测量值。

观测误差:在测量过程中由于观测者主观判断所引起的误差。

系统误差:在对同一被测量的多次测量过程中,保持恒定或以可预知方式变化的测量误差的分量。

随机误差:在对同一被测量的多次测量过程中,以不可预见方式变化的测量误差的分

量。

绝对误差：测量结果与被测量真值之差。

相对误差：测量的绝对误差与被测量真值之比。

允许误差：技术标准、检定规程等对计量器具所规定的允许误差极限值。

任务8.2　工程材料技术标准

技术标准主要是对产品与工程建设的质量、规格及其检验方法等所做的技术规定，是从事生产、建设、科学研究工作与商品流通的一种共同的技术依据。

8.2.1　技术标准的分类方法

8.2.1.1　按照标准化对象划分

按照标准化对象划分通常把标准分为技术标准、管理标准和工作标准三大类。

(1)技术标准是指对标准化领域中需要协调统一的技术事项所制定的标准。技术标准包括基础技术标准、产品标准、工艺标准、检测试验方法标准，以及安全、卫生、环保标准等。

(2)管理标准是指对标准化领域中需要协调统一的管理事项所制定的标准。管理标准包括管理基础标准、技术管理标准、经济管理标准、行政管理标准、生产经营管理标准等。

(3)工作标准是指对工作的责任、权利、范围、质量要求、程序、效果、检查方法、考核办法所制定的标准。工作标准一般包括部门工作标准和岗位(个人)工作标准。

8.2.2.2　按标准性质划分

按标准性质划分把标准分为强制性标准和推荐性标准两类性质的标准。

保障人体健康，人身、财产安全的标准和法律、行政法规规定强制执行的标准是强制性标准；其他标准是推荐性标准。

8.2.2　技术标准的分类原则

国家标准是指由国家标准化主管机构批准发布，对全国经济、技术发展有重大意义，且在全国范围内统一的标准。国家标准是在全国范围内统一的技术要求，由国务院标准化行政主管部门编制计划，协调项目分工，组织制定(含修订)，统一审批、编号、发布。法律对国家标准的制定另有规定的，依照法律的规定执行。国家标准的年限一般为5年，过了年限后，国家标准就要被修订或重新制定。此外，随着社会的发展，国家需要制定新的标准来满足人们生产、生活的需要。因此，标准是种动态信息。

8.2.2.1　坚持企业为主的原则，提高标准的适用性

以市场为主导、企业为主体，贴近经济，紧跟市场，服务企业，以满足市场需求为目标，使企业成为制定标准、实施标准的主力军。

8.2.2.2　坚持国际化原则，提升我国的综合竞争力

遵循WTO的规则，积极采用国际标准，加快与国际接轨的步伐。加大实质性参与国

际标准化活动的力度，努力实现从“国际标准本地化”到“国家标准国际化”的转变，全面提升我国的综合竞争力。

8.2.2.3　**坚持重点保障原则，促进经济平衡较快发展**

面向国民经济的主战场，重点加强社会急需的农业、食品、安全、卫生、环境保护、资源节约、高新技术、服务等领域的标准化工作，为国民经济和社会发展提供技术保障。

8.2.2.4　**坚持自主创新原则，提高我国的标准水平**

加强标准化工作与科技创新活动的紧密结合，促进我国自主创新技术通过标准快速形成生产力，提高标准水平，增强产品竞争力。同时，进一步完善以标准为基础的技术制度，提高我国的自主创新能力。

8.2.3　技术标准的等级

根据发布单位与适用范围，建筑材料技术标准分为国家标准、行业标准（含协会标准）、地方标准和企业标准四级。

各级标准分别由相应的标准化管理部门批准并颁布，我国国家质量监督检验检疫总局是国家标准化管理的最高机关。国家标准和行业标准都是全国通用标准，分为强制性标准和推荐性标准；省、自治区、直辖市有关部门制定的工业产品的安全、卫生要求等地方标准在本行政区域内是强制性标准；企业生产的产品没有国家标准、行业标准和地方标准的，企业应制定相应的企业标准作为组织生产的依据。企业标准由企业组织制定，并报请有关主管部门审查备案。鼓励企业制定各项技术指标均严于国家、行业、地方标准的企业标准在企业内使用。

8.2.4　常用技术标准的代号

GB——中华人民共和国国家标准。

GBJ——国家工程建设标准。

GB/T——中华人民共和国推荐性国家标准。

ZB——中华人民共和国专业标准。

ZB/T——中华人民共和国推荐性专业标准。

JC——中华人民共和国建筑材料工业局行业标准。

JG/T——中华人民共和国建设部建筑工程行业推荐性标准。

JGJ——中华人民共和国建设部建筑工程行业标准。

YB——中华人民共和国冶金工业部行业标准。

SL——中华人民共和国水利部行业标准。

JTJ——中华人民共和国交通部行业标准。

CECS——工程建设标准化协会标准。

JJG——国家计量局计量检定规程。

DB——地方标准。

Q/×××——×××企业标准。

标准的表示方法，由标准名称、部门代号、编号和批准年份等组成。

项目9　结构实体常用检测方法

知识目标

1. 了解结构实体常用的混凝土强度现场检测方法——回弹法。

2. 了解结构实体常用的混凝土强度现场检测方法——超声波法。

3. 了解结构实体常用的混凝土强度现场检测方法——超声回弹综合法。

4. 了解结构实体常用的混凝土强度现场检测方法——钻芯法、拔出法等。

技能目标

1. 掌握回弹法检测混凝土实体的强度。

2. 掌握超声回弹综合法检测混凝土实体的强度。

任务9.1　回弹法

9.1.1　回弹法定义

利用回弹仪检测普通混凝土结构构件抗压强度的方法简称回弹法，回弹法检测混凝土强度的主要依据是《回弹法检测混凝土抗压强度技术规范》(JGJ/T 23—2011)。

回弹法是以在混凝土结构和构件上测得的回弹值和碳化深度来评定混凝土结构或构件强度的一种方法，它不会对结构或构件的力学性质和承载能力产生不利影响。

9.1.2　回弹法检测混凝土抗压强度原理

回弹法检测混凝土抗压强度的原理是：在混凝土试块的抗压强度与无损检测参数(回弹值)之间建立起关系曲线(测强曲线)，在待检测的构件上测得无损检测参数(回弹值)和碳化深度，利用测强曲线计算出构件混凝土的强度值。

9.1.3　回弹法检测混凝土抗压强度适用范围

适用范围：《回弹法检测混凝土抗压强度技术规范》(JGJ/T 23—2011)中规定，回弹法检测的混凝土的龄期为14～1 000 d，不适用于表层及内部质量有明显差异或内部存在缺陷的混凝土构件和特种成型工艺制作的混凝土构件检测。

9.1.4 回弹法检测混凝土抗压强度抽检数量

(1)单个构件的检测按选定构件检测。

(2)批量检测必须是相同施工工艺条件下的同类结构或构件,其抽检数量不得少于同批构件总数的30%且不得少于10件。

(3)对一般施工质量的检测和结构性能的检测,可按照现行国家标准《建筑结构检测技术标准》(GB/T 50344—2004)的规定抽样检测。

(4)现场检测应随机抽样并具有代表性。

9.1.5 回弹法检测混凝土抗压强度测区条件

(1)所选测区相对平整和清洁,不存在蜂窝和麻面,也没有裂缝、裂纹、剥落、层裂等现象,并避开预埋件。

(2)每一结构或构件测区数不应少于10个,对某一方向尺寸不大于4.5 m,且另一方向尺寸不大于0.3 m的构件,其测区数量可适当减少,但不应少于5个。

(3)每个测区面积不宜大于0.04 m^2,测点间距不小于20 mm,相邻测区间距应控制在20 m以内,测点距构件边缘或施工缝边缘不宜大于0.5 m,且不宜小于0.2 m;测区可对称布置,亦可布置在一侧。

(4)检测时,回弹仪的轴线始终垂直于被测区的测点所在面。

(5)对弹击时产生颤动的薄壁、小型构件应进行固定。

9.1.6 回弹法检测混凝土抗压强度数据处理

(1)回弹测试及回弹值计算,回弹测试时,应始终保持回弹仪的轴线垂直于混凝土测试面。宜首先选择混凝土浇筑方向的侧面进行水平方向测试,如不具备浇筑方向侧面水平测试条件,可采用非水平状态测试,或测试混凝土浇筑的顶面或底面。测量回弹值应在构件测区内弹击16点。每一测点的回弹值,测读精确至1。

测区回弹代表值应从该测区回弹值中剔除3个较大值和3个较小值,根据其余10个有效回弹值按下列公式计算

$$R = \frac{1}{10}\sum_{i=1}^{10} R_i \tag{9-1}$$

式中 R——测区回弹代表值,取有效测试数据的平均值,精确至0.1;

R_i——第 i 个测点的有效回弹值。

非水平状态下测得的回弹值,应按下列公式修正

$$R_a = R + R_{a\alpha} \tag{9-2}$$

式中 R_a——修正后的测区回弹代表值;

$R_{a\alpha}$——测试角度为 α 时的测区回弹修正值,按《回弹法检测混凝土抗压强度技术规范》(JGJ/T 23—2011)的规定采用。

在混凝土浇筑的顶面或底面测得的回弹值,应按下式修正

$$R_a = R + (R_a^t + R_a^b) \tag{9-3}$$

式中　R_a^t——测量混凝土浇筑顶面时的回弹修正值，按《回弹法检测混凝土抗压强度技术规范》(JGJ/T 23—2011)的规定采用；

R_a^b——测量混凝土浇筑底面时的回弹修正值，按《回弹法检测混凝土抗压强度技术规范》(JGJ/T 23—2011)的规定采用。

(2)碳化深度值测量与计算。

回弹值测量完毕后，应在有代表性的位置上测量碳化深度值，测点数不应少于构件测区数的30%，取其平均值为该构件每测区的碳化深度值。当碳化深度值极差大于2.0 mm时，应在每一测区测量碳化深度值。

碳化深度值测量，可采用适当的工具在测区表面形成直径约15 mm的孔洞，其深度应大于混凝土的碳化深度。孔洞中的粉末和碎屑应除净，并不得用水擦洗。同时，应采用浓度为1%的酚酞酒精溶液滴在孔洞内壁的边缘处，当已碳化与未碳化界线清楚时，再用深度测量工具测量已碳化与未碳化混凝土交界面到混凝土表面的垂直距离，测量不应少于3次，取其平均值。每次读数精确至0.5 mm。

(3)混凝土强度的计算。

结构或构件第i个测区混凝土强度换算值，可按《回弹法检测混凝土抗压强度技术规范》(JGJ/T 23—2011)求得平均回弹值(R_m)及平均碳化深度值(d_m)，由规程附表查出。

9.1.7　回弹法检测混凝土强度原始记录

回弹法检测混凝土强度原始记录见表9-1。

表9-1　回弹法检测混凝土强度原始记录

结构部位	测区编号	回弹值(R_m)								测区回弹平均值	碳化深度(mm)	混凝土强度换算值(MPa)

任务9.2 超声波法

超声波法检测混凝土常用的频率为20～250 kHz，它既可以检测混凝土强度，也可以用于检测混凝土缺陷。

9.2.1 超声波法检测原理

在混凝土中传播的超声波，其速度和频率反映了混凝土材料的性能、内部结构和组成情况，那么混凝土的弹性模量和密实度与波速和频率密切相关，即强度越高，其超声波的速度和频率也越高。因此，通过测定混凝土声速来确定其强度。检测标准依据是《超声法检测混凝土缺陷技术规程》(CECS 21:2000)。

9.2.2 检测项目

9.2.2.1 超声波检测混凝土抗压强度和均匀性

目的是现场实测超声波在混凝土中的传播速度(简称波速)推求结构混凝土强度。根据各测点强度的离散型，评定建筑物混凝土的均匀性。

本法不宜用于抗压强度在45 MPa以上或在超声传播方向上钢筋布置太密的混凝土。

9.2.2.2 超声波检测混凝土裂缝深度(评测法)

本法用于测量混凝土建筑物中深度不大于50 cm的裂缝。裂缝内有水或穿过裂缝的钢筋太密时本方法不适用。

9.2.2.3 超声波检测混凝土裂缝深度(对、斜测法)

目的是测量混凝土裂缝深度。本方法适用于有条件两面对测或可钻孔对测的混凝土建筑物。裂缝中有水时本方法不适用。

9.2.2.4 超声波检测混凝土内部缺陷

目的是利用超声波探测构筑物混凝土内部缺陷，如蜂窝、空洞、架空、夹泥层、低强区等。本方法适用于能进行穿透测量以及经钻孔或预埋管可进行穿透测量的构筑物或构件。

9.2.3 检测方法

9.2.3.1 数据采集

(1)测区布置。在构件上均匀画出不少于10个200 mm×200 mm方网格，以每个网格视为一个测区。对同批构件，抽检30%，且不少于4个，每个构件测区不少于10个。测区应布置在构件混凝土浇筑方向的侧面，侧面应清洁平整。

(2)测点布置。为使混凝土测试条件、方法尽可能与率定曲线时一致，在每个测区内布置3～5对测点。

(3)数据采集。量测每对测点之间的直线距离，即声程，采集记录对应声时。根据隧道不同区段衬砌强度的差异，可布置多个测站，在同一测站中应布置不同的测点(比如3～5个)，测区声速取其平均值。

9.2.3.2 强度推定

根据各测区超声声速检测值，按回归方程计算或查表得出对应测区混凝土强度值：

(1)当按单个构件检测时，单个构件的混凝土强度推定值，取该构件各测区中最小的混凝土强度换算值。

(2)当按批抽样检测时，该批构件的混凝土强度推定值应按数理统计公式计算。

(3)当同批测区混凝土强度换算值标准差过大时，以该批每个构件中最小的测区混凝土强度换算值的平均值和第1个构件中的最小测区混凝土强度换算值(MPa)为准。

(4)当属同批构件按批抽样检测时，按单个构件检测：当混凝土强度等级低于或等于C20时，$S>2.45$ MPa；当混凝土强度等级高于C20时，$S>5.5$ MPa。

任务9.3 超声回弹综合法

9.3.1 超声回弹综合法定义

超声回弹综合法是以在混凝土结构和构件上的同一测区测得的回弹值和波速来评定混凝土结构或构件强度的一种方法，它不会对结构或构件的力学性质和承载能力产生不利影响，是一种较为成熟、可靠的混凝土抗压强度检测方法。

超声回弹综合法是指利用超声仪和回弹仪，在同一混凝土结构和构件上的同一测区上，测得混凝土声速平均值 v_m 和回弹测点平均值 R_m，并以此综合推定混凝土强度。

超声回弹综合法检测混凝土强度的主要依据是《超声回弹综合法检测混凝土强度技术规程》(CECS 02:2005)。

9.3.2 超声回弹综合法适用范围

适用范围：混凝土用水泥应符合现行国家标准《通用硅酸盐水泥》(GB 175—2007)的要求；混凝土用砂、石骨料应符合现行行业标准《普通混凝土用砂、石质量及检验方法标准》(JGJ 52—2006)的要求；可掺或不掺矿物掺和料、外加剂、粉煤灰、泵送剂；人工或一般机械搅拌的混凝土或泵送混凝土；自然养护；龄期7~2 000 d；混凝土强度10~70 MPa。

9.3.3 超声回弹综合法抽检数量

(1)按单个构件检测时，应在构件上均匀布置测区，每个构件上测区数量不应少于10个。

(2)同批构件按批抽样检测时，构件抽样数不应少于同批构件的30%，且不应少于10个；对一般施工质量的检测和结构性能的检测，可按照现行国家标准《建筑结构检测技术标准》(GB/T 50344—2004)的规定抽样。

(3)对某一方向尺寸不大于4.5 m且另一方向尺寸不大于0.3 m的构件，其测区数量可适当减少，但不应少于5个。

9.3.4 超声回弹综合法数据处理

(1)回弹测试及回弹值计算。

回弹测试时,应始终保持回弹仪的轴线垂直于混凝土测试面。宜首先选择混凝土浇筑方向的侧面进行水平方向测试,如不具备浇筑方向侧面水平测试条件,可采用非水平状态测试,或测试混凝土浇筑的顶面或底面。测量回弹值应在构件测区内超声波的发射面和接收面各弹击8点;超声波单面平测时,可在超声波的发射点和接收点之间弹击16点。每一测点的回弹值,测读精确至1。

测区回弹代表值应从该测区回弹值中剔除3个较大值和3个较小值,根据其余10个有效回弹值按下列公式计算

$$R = \frac{1}{10}\sum_{i=1}^{10} R_i \tag{9-4}$$

式中 R——测区回弹代表值,取有效测试数据的平均值,精确至0.1;

R_i——第i个测点的有效回弹值。

非水平状态下测得的回弹值,应按下列公式修正

$$R_a = R + R_{a\alpha}$$

式中 R_a——修正后的测区回弹代表值;

$R_{a\alpha}$——测试角度为α时的测区回弹修正值,按《超声回弹综合法检测混凝土强度技术规程》(CECS 02:2005)的规定采用。

在混凝土浇筑的顶面或底面测得的回弹值,应按下列公式修正

$$R_a = R + (R_a^t + R_a^b) \tag{9-5}$$

式中 R_a^t——测量混凝土浇筑顶面时的回弹修正值,按《超声回弹综合法检测混凝土强度技术规程》(CECS 02:2005)的规定采用;

R_a^b——测量混凝土浇筑底面时的回弹修正值,按《超声回弹综合法检测混凝土强度技术规程》(CECS 02:2005)的规定采用。

(2)超声测试及声速值计算。

超声测点应布置在回弹测试的同一测区内,每一测区布置3个测点。超声测试宜优先采用对测或角测,当被测构件不具备对测或角测条件时,可采用单面平测。

声时测量应精确至0.1 μs,超声测距测量应精确至1.0 mm,且测量误差不应超过±1%。声速计算应精确至0.01 km/s。

当在混凝土浇筑方向的侧面对测时,测区混凝土中声速代表值应根据该测区中3个测点的混凝土中声速值,按下列公式计算

$$v = \frac{1}{3}\sum_{i=1}^{3} \frac{l_i}{t_i - t_0} \tag{9-6}$$

式中 v——测区混凝土中声速代表值,km/s;

l_i——第i个测点的超声测距,mm;

t_i——第i个测点的声时读数,μs;

t_0——声时初读数,μs。

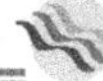

(3)结构混凝土强度推定。

当无专用和地区测强曲线时,按下列全国统一测区混凝土抗压强度换算公式计算:

①当粗骨料为卵石时

$$f_{cu,i}^{c} = 0.0056 v_{ai}^{1.439} R_{ai}^{1.769} \tag{9-7}$$

②当粗骨料为碎石时

$$f_{cu,i}^{c} = 0.0162 v_{ai}^{1.656} R_{ai}^{1.410} \tag{9-8}$$

式中　$f_{cu,i}^{c}$——结构或构件第 i 个测区混凝土抗压强度换算值,MPa,精确至0.1 MPa。

当结构或构件中的测区数不少于10个时,各测区混凝土抗压强度换算值的平均值和标准差应按下列公式计算

$$m_{f_{cu}^{c}} = \frac{1}{n}\sum_{i=1}^{n} f_{cu,i}^{c} \tag{9-9}$$

$$S_{f_{cu}^{c}} = \sqrt{\frac{\sum_{i=1}^{n}(f_{cu,i}^{c})^{2} - n(m_{f_{cu}^{c}})^{2}}{n-1}} \tag{9-10}$$

式中　$f_{cu,i}^{c}$——结构或构件第 i 个测区的混凝土抗压强度换算值,MPa;

$m_{f_{cu}^{c}}$——结构或构件测区混凝土抗压强度换算值的平均值,MPa,精确至0.1 MPa;

$s_{f_{cu}^{c}}$——结构或构件测区混凝土抗压强度换算值的标准差,MPa,精确至0.1 MPa;

n——测区数,对单个检测的构件,取一个构件的测区数,对批量检测的构件,取被抽检构件测区数的总和。

当结构或构件所采用的材料及其龄期与制定强度测强曲线所采用的材料及其龄期有较大差异时,应采用同条件立方体试件或从结构或构件测区中钻取的混凝土芯样试件的抗压强度进行修正。试件数量不应少于4个。此时,采用测区混凝土抗压强度换算值乘以下列修正系数 η。

①采用同条件立方体试件修正时

$$\eta = \frac{1}{n}\sum_{i=1}^{n}\frac{f_{cu,i}^{o}}{f_{cu,i}^{c}} \tag{9-11}$$

②采用混凝土芯样试件修正时

$$\eta = \frac{1}{n}\sum_{i=1}^{n}\frac{f_{cor,i}^{o}}{f_{cu,i}^{c}} \tag{9-12}$$

式中　η——修正系数,精确至小数点后两位;

$f_{cu,i}^{c}$——对应第 i 个立方体试件或芯样试件的混凝土抗压强度换算值,MPa,精确至0.1 MPa;

$f_{cu,i}^{o}$——第 i 个混凝土立方体(边长150 mm)试件的抗压强度实测值,MPa,精确至0.1 MPa;

$f_{cor,i}^{o}$——第 i 个混凝土芯样(ϕ100 mm×100 mm)试件的抗压强度实测值,MPa,精确至0.1 MPa;

n——试件数。

当结构或构件中测区数不少于10个或批量检测时,混凝土抗压强度推定值 $f_{cu,e}$ 按下

式计算

$$f_{\text{cu,e}} = m_{f_{\text{cu}}^{\text{c}}} - 1.645 S_{f_{\text{cu}}^{\text{c}}} \tag{9-13}$$

9.3.5 超声回弹综合法检测混凝土强度原始记录

超声回弹综合法检测混凝土强度原始记录见表9-2。

表9-2 超声回弹综合法检测混凝土强度原始记录

结构部位	测区编号	部位	测点回弹值 R_i								测区回弹代表值 R	测区声速值(km/s)			测区声速代表值(km/s)	备注
												1	2	3		

任务9.4 钻芯法

9.4.1 钻芯法定义

钻芯法是利用专用钻机和人造金刚石空心薄壁钻头，在结构混凝土上钻取芯样，按有关规范加工处理后，进行抗压试验，根据芯样抗压强度推定结构混凝土立方体抗压强度的一种局部破损的检测方法。检测标准依据是《钻芯法检测混凝土强度技术规程》(CECS 03:2007)。

9.4.2 钻芯法适用条件

适用条件：检测对象混凝土抗压强度不大于80 MPa。用于确定检测批或单个构件的混凝土强度推定值，也可用于钻芯修正方法修正间接强度检测方法得到的混凝土抗压强度换算值。

9.4.3 钻芯法取样数量

取样数量：芯样试件的数量应根据检验批的数量确定，标准芯样试件的最小样本量不

宜少于 15 个，小直径芯样试件的最小样本量应适当增加；钻芯确定单个构件的混凝土强度推定值时，有效芯样试件的数量不应少于 3 个；对于较小构件，有效芯样试件的数量不得少于 2 个。单个构件的混凝土强度推定值不再进行数据的舍弃，而应按有效芯样试件混凝土抗压强度值中的最小值确定；当采用修正量的方法时，标准芯样的数量不应少于 6 个，小直径芯样的试件数量宜适当增加。

9.4.4　钻芯法数值处理

钻芯法数值处理：

(1)芯样试件应在自然干燥状态下进行抗压试验。

(2)当结构工作条件比较潮湿，需要确定潮湿状态下混凝土的强度时，芯样试件宜在(20 ±5)℃的清水中浸泡 40 ~48 h，从水中取出后立即进行试验。

(3)芯样试件的抗压试验的操作应符合现行国家标准《普通混凝土力学性能试验方法标准》(GB/T 50081—2002)中对立方体试块抗压试验的规定。

(4)混凝土的抗压强度值，应根据混凝土原材料和施工工艺通过试验确定，也可按 CECS 03:2007 第 7.0.5 条的规定确定。

(5)芯样试件的混凝土抗压强度可按下式计算

$$f_{cu,cor} = F_c / A \tag{9-14}$$

式中　$f_{cu,cor}$——芯样试件的混凝土抗压强度值，MPa；

F_c——芯样试件的抗压试验测得的最大压力，N；

A——芯样试件抗压截面面积，mm²。

芯样强度试验记录见表 9-3。

表 9-3　芯样强度试验记录

取样部位	试样编号	直径(mm)	长度(mm)	长径比	面积(mm²)	破坏荷载(N)	换算系数	抗压强度(MPa)

任务9.5 拔出法

拔出法是将安装在混凝土体内的锚固件拔出，测定其极限抗拔力，然后根据预先建立的混凝土极限抗拔力与其抗压强度之间的相关关系的一种半破损检测方法。拔出法可分为预埋拔出法和后装拔出法。预埋拔出法是指预先将锚固件埋入混凝土内的拔出法，后装拔出法是指在已硬化的混凝土上钻孔，然后在其上安装锚固件的拔出法。前者主要适用于成批、连续生产的混凝土结构构件的强度检测，后者可用于新、旧混凝土各种构件的强度检测。拔出法一般不宜直接用于遭受冻害、化学腐蚀、火灾等损伤混凝土的检测。

9.5.1 预埋拔除法

9.5.1.1 拔出试验

拔出试验装置见图9-1。

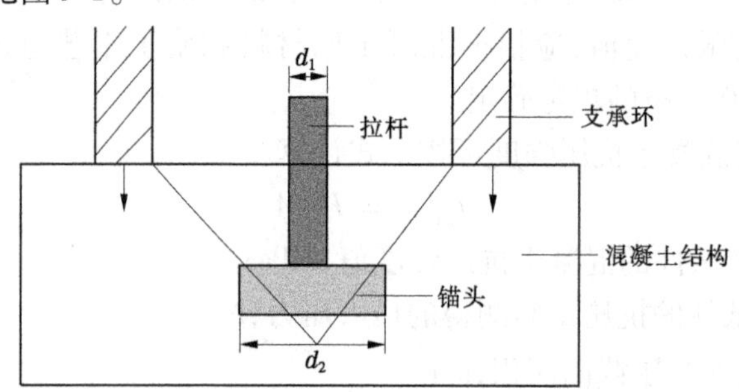

图9-1 拔出试验装置

9.5.1.2 拔出仪分类

拔出仪分圆环反力支承、三点反力支承。

当锚固深度一定时，拔出力随反力支承尺寸的增加而减少；同一锚固深度和反力支承尺寸，圆环支承拔出力比三点支承拔出力大；同一反力支承尺寸，拔出力随锚固深度增加而有较大幅度的增加。

9.5.1.3 拔出试验介绍

(1)预埋拔出装置包括锚头、拉杆和支承环。

(2)装置尺寸：拉杆直径：$d_1=7.5$ mm，锚固件直径 $d_2=25$ mm，支承环内径 $d_3=55$ mm，锚固深度 $h=25$ mm。

(3)拔出试验步骤：安装预埋件、浇筑混凝土、拆除连接件、拉拔锚头等，如图9-2所示。

①安装预埋件时，将锚头定位杆组装在一起，在外表涂上一层隔离剂，浇筑混凝土以前，将预埋件安装在模板内侧适当位置。

②在模板内浇筑混凝土。

③拆除模板和定位杆，把拉杆拧在锚头上，另一端与拔出仪相连，支承环均匀地压紧混凝土表面，并与拉杆和锚头处于同一轴线。

④摇动摇把，对锚固件施加拔出力，施加的拔出力应均匀和连续，加荷速度控制在

1 kN/s左右，当荷载加到峰值时，记录极限拔出力，然后卸载，混凝土表面留下细微的环形裂纹。

⑤由拔出力换算出混凝土抗压强度。

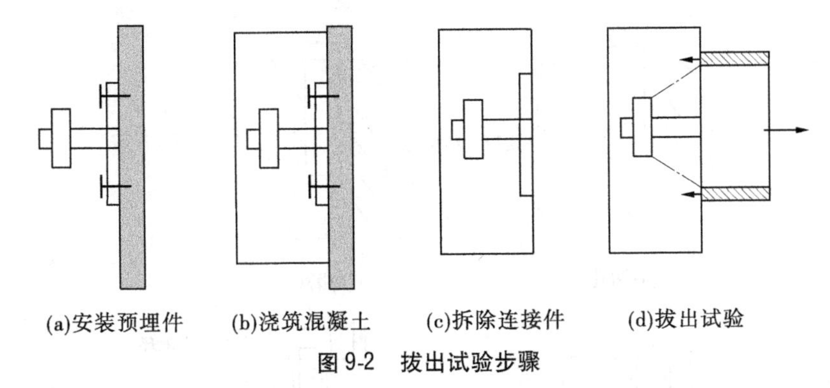

图9-2　拔出试验步骤

9.5.1.4　预埋拔出法特点

(1)现场应用非常方便，试验费用低廉，尤其适用于混凝土质量现场控制，如：确定拆模时间，决定施加或放松预应力的适当时间，决定吊装、运输构件的时间，决定停止湿热养护或冬季施工时保温的时间。

这种方法在欧美国家得到迅速推广应用。

(2)预埋拔出法在我国应用还不普及，似乎工程技术人员不愿在质量控制上花费精力。事实上，施工中对混凝土的强度进行控制，不仅可以保证工程质量，也是提高施工技术水平、提高企业经济效益的重要手段。如：高温施工确定提前拆模时间，可以加快模板周转，缩短工期；冬季施工，确定养护结束的时间，避免出现质量问题，减少养护费用。

(3)总而言之，预埋拔出法具有试验步骤简单、及时、准确、直观、试验费用低廉等优点，在混凝土质量控制中有很好的应用前景。这种方法的局限性：必须事先做好计划，不能像其他现场检测方法一样在混凝土硬化后随时进行。为克服这一缺点，另一种方法应运而生——后装拔出法。

9.5.2　后装拔出法

9.5.2.1　概述

在已硬化的混凝土上钻孔，然后再锚入锚固件进行拔出试验，试验时只要避开钢筋或预埋铁件即可。它是近一二十年才出现，在预埋拔出法的基础上逐渐发展起来的。后装拔出法适应性很强，检测结果可靠，在许多国家成为现场混凝土强度检测方法之一。

9.5.2.2　圆环支承拔出试验

1. 试验装置参数

拔出孔槽尺寸：圆孔直径 $d_1=18$ mm，孔深55～65 mm，工作深度35 mm，预留20～30 mm作为安装锚固件和收容粉屑，距孔口25 mm处磨槽，槽宽10 mm，扩孔环形槽直径25 mm，拔出试验夹角31°。

2. 试验步骤

(1)钻孔(见图9-3(a))：要求孔径准确，孔轴线与混凝土表面垂直，钻一个合格的试验孔需要 3 ~ 10 min。

(2)磨槽(见图 9-3(b)):距孔口 25 mm 处磨环形槽,一般需要 1 min 左右,外径 25 mm,宽 10 mm。

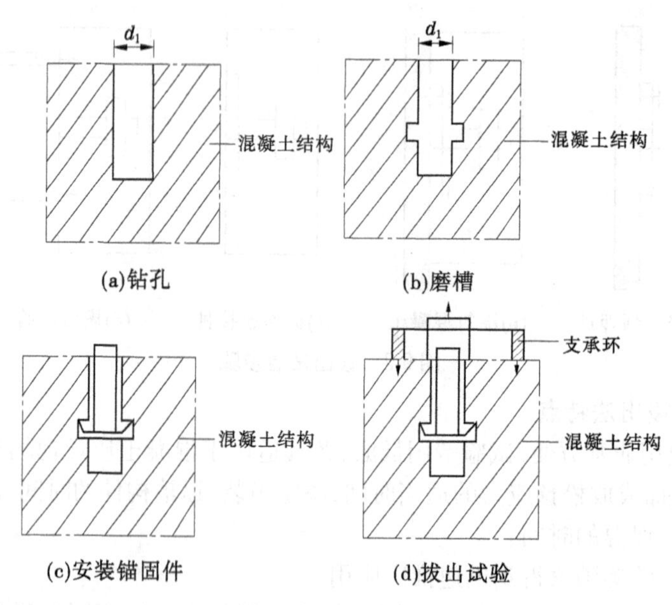

图 9-3 后装拔出法试验步骤

(3)安装锚固件(见图 9-3(c))。有以下两种方式:

①胀圈:闭合时外径为 18 mm,张开时外径为 25 mm,断面为方形条钢的开口刚环。优点:张开后为平面状圈环,拔出时与混凝土接触良好;缺点:难以判断张圈是否完全张开。

②胀簧:4 个簧片张开,簧片平钩对槽沟部分混凝土的接触呈间断的圆环状。

通过试验对比,胀圈形成全断面连续圆环,而胀簧形成间断的圆环,从受力模式上,胀圈方式更接近于预埋拔出法。

(4)拔出试验(见图 9-3(d)):与预埋拔出法操作过程完全相同。

9.5.2.3 三点反力支承拔出试验

这种装置由我国研制成功,设备制造简单、价格便宜。对同一种强度的混凝土,三点支承拔出力比圆环支承小,因而可以扩大拔出试验的检测范围。锚固深度为 35 mm,拔出力有较大幅度的增加,采用三点支承可以降低拔出力,使拔出仪能满足最大量程的要求。

9.5.3 测强曲线的建立

拔出法检测混凝土强度,一个重要的前提是预先建立极限拔出力和抗压强度的相关关系,即测强曲线。

9.5.3.1 基本要求

对于 5 个强度等级的混凝土,每一强度等级的混凝土不少于 5 组数据,每组 3 对数据,用于建立测强曲线的总数据不少于 25 组。

9.5.3.2　试验规定

拔出试验点布置在混凝土浇捣方向的侧面，共布置3个点，同一试件3个拔出力取平均值。当3个试件强度中最大值和最小值与中间值之差超过中间值的15%时，该组试件作废。

9.5.3.3　分析计算

一般采用直线回归方程进行回归分析，确定测强曲线。

9.5.4　工程检测要点

9.5.4.1　试验准备工作

拔出法对遭受冻害、化学腐蚀、火灾、高温损伤等部位不适宜。需对这些部位进行检测，首先应采取打磨、剔除等有效措施将薄弱表层清除干净后可进行检测。试验前应收集有关工程资料：工程名称及设计、施工单位，结构及构件名称，设计图纸及混凝土强度设计等级，粗骨料品种、粒径及配合比，混凝土浇筑及养护情况，结构或构件存在的质量问题等。

9.5.4.2　试验测点布置

(1)单个构件均匀布置3个测点，当3个试件强度中最大值和最小值与中间值之差均小于中间值的15%时，3个测点即可。当3个试件强度中最大值和最小值与中间值之差大于中间值的15%时，在最小拔出力测点附近加测两个测点，使检测结果偏于安全。

(2)按批抽样检测：抽检数量不少于同批构件总数的30%，且不少于10个，每个构件不少于3个测点。

(3)测点一般布置在构件混凝土成型的侧面。相邻测点间距不小于10倍锚固件的锚固深度，测点距构件边缘不小于4倍锚固深度。测试面要求清洁、平整、干燥，清除饰面层及浮浆；测点应避开接缝、蜂窝、麻面部位及混凝土表层的钢筋和预埋件。

9.5.4.3　混凝土强度推定

(1)单个构件强度推定：当3个试件强度中最大值和最小值与中间值之差均小于中间值的15%时，取最小值作为拔出力计算值；需加测时，加测拔出力值与最小值一起算平均值，再与中间值比较，取较小值作为计算值。根据测强曲线，推算混凝土构件强度。

(2)按批抽测，将每个拔出力换算成抗压强度值。

附录 (水利工程)建筑材料检测试验成果样表

样表1 水泥试验报告

工程名称:××水库灌区2010年度改造工程1标　　报告编号:委0002813(2011)0514

建设单位:××水库管理所　　送样日期:2011-03-24

委托单位:监理抽检　　报告日期:2011-04-22

<table>
<tr><td>生产厂家</td><td colspan="2">×××建材有限公司</td><td>水泥品种</td><td>复合</td><td>水泥等级</td><td>32.5</td></tr>
<tr><td>细度(%)</td><td colspan="2">凝结时间(min)</td><td rowspan="2">标准稠度</td><td rowspan="2">安定性</td><td rowspan="2">水泥密度(g/cm^3)</td><td rowspan="2">批量(t)</td></tr>
<tr><td>0.08 mm筛余</td><td>初凝</td><td>终凝</td></tr>
<tr><td>8.2</td><td>58</td><td>423</td><td>—</td><td>合格</td><td>1.65</td><td></td></tr>
</table>

<table>
<tr><td rowspan="2">成型日期</td><td rowspan="2">试验日期</td><td rowspan="2">龄期(d)</td><td colspan="2">抗折</td><td colspan="3">抗压</td></tr>
<tr><td>抗折强度(MPa)</td><td>平均抗折强度(MPa)</td><td>极限荷载(kN)</td><td>抗压强度(MPa)</td><td>平均抗压强度(MPa)</td></tr>
<tr><td rowspan="12">2011-03-25</td><td rowspan="6">2011-03-28</td><td rowspan="6">3</td><td rowspan="2">3.7</td><td rowspan="6">3.7</td><td>21.7</td><td>13.6</td><td rowspan="6">13.6</td></tr>
<tr><td>21.5</td><td>13.4</td></tr>
<tr><td rowspan="2">3.7</td><td>21.3</td><td>13.3</td></tr>
<tr><td>22.1</td><td>13.8</td></tr>
<tr><td rowspan="2">3.7</td><td>21.9</td><td>13.7</td></tr>
<tr><td>21.7</td><td>13.6</td></tr>
<tr><td rowspan="6">2011-04-22</td><td rowspan="6">28</td><td rowspan="2">7.6</td><td rowspan="6">7.7</td><td>51.5</td><td>32.2</td><td rowspan="6">32.5</td></tr>
<tr><td>51.0</td><td>31.9</td></tr>
<tr><td rowspan="2">7.6</td><td>53.6</td><td>33.5</td></tr>
<tr><td>51.6</td><td>32.3</td></tr>
<tr><td rowspan="2">7.9</td><td>50.5</td><td>31.6</td></tr>
<tr><td>53.9</td><td>33.7</td></tr>
<tr><td colspan="2">执行标准</td><td colspan="6">GB 175—2007</td></tr>
<tr><td colspan="2" rowspan="2">说明</td><td colspan="6">达到32.5的等级要求,合格</td></tr>
<tr><td colspan="6"></td></tr>
</table>

样表2 混凝土拌和试验报告

工程名称：××水库灌区2010年度改造工程1标　　　报告编号：委0002813(2011)0514

建设单位：××水库管理所　　　送样日期：2011-03-24

委托单位：监理抽检　　　报告日期：2011-04-22

设计混凝土强度等级				石子	产地：
拌和	方法：		时间： min		级配：
温度（℃）	室温	水温	混凝土初温		密度：
水泥	品种：	强度等级号：	密度：	含砂率	

砂	产地： 密度：	配合比	项目	水	水泥	砂	石	掺和料
单位重			设计					
含气量			实际					

外加剂		掺和料		坍落度		V_c 值			
外观		棍度		泥平		离析		重塑数	

拌和用料									
预定配合量(kg)									
含水率(%)									
校正量(kg)									
校正后配合量(kg)									
增加量(kg)									
最后配合量(kg)									

试件编号	成型日期	试验日期	龄期(d)	断面(cm)	试件重(kg)	极限荷载(kN)	抗压强度(MPa)	平均抗压强(MPa)	抗拉强度(MPa)	平均抗拉强度(MPa)	备注

样表3　红砖强度试验报告

工程名称：××水库灌区2010年度改造工程1标　　报告编号：委0002813(2011)0514

建设单位：××水库管理所　　送样日期：2011-03-24

委托单位：监理抽检　　报告日期：2011-04-22

试样尺寸(mm)		生产单位	设计等级	试验日期		批量	
长	宽	受压面积(mm^2)	破坏荷载(kN)	抗压强度(MPa)	平均强度(MPa)	强度标准值(MPa)	变异系数
试验标准	《烧结普通砖》GB/T 5101—2003						
说明							

样表4　钢材试验报告

工程名称：××水库灌区改造工程2标　　　　报告编号：委0002845（2011）546

建设单位：××水库管理所　　　　送样日期：2011-03-25

委托单位：监理抽样　　　　报告日期：2011-03-30

部位及牌号	试样尺寸			屈服强度		极限强度		延伸率		弯心直径 D	弯曲度（°）	厂家、批号及批量
	直径（mm）	截面面积（mm^2）	标距（mm）	荷载（kN）	强度（MPa）	荷载（kN）	强度（MPa）	总延伸（mm）	延伸率（%）			
HPB235	8	50.27	100	14.0	278	23.0	458	30	30	a	180	萍钢
				13.9	277	23.0	458	30	30	a	180	
HRB335	12	113.1	100	41.0	363	63.0	557	19	19	$3a$	180	萍钢
				40.5	358	62.5	553	19	19	$3a$	180	
HRB335	14	153.9	100	57.0	370	85.0	552	19	19	$3a$	180	
				57.0	370	85.0	552	20	20	$3a$	180	
HRB335	16	201.1	100	75.0	373	111.0	552	21	21	$3a$	180	
				75.0	373	111.0	552	21	21	$3a$	180	
HRB335	18	254.5	100	94.0	369	140.0	550	20	20	$3a$	180	
				95.0	373	141.0	554	20	20	$3a$	180	
试验标准	GB 1499.2—2007、GB 1499.1—2008											
说明	样品试验合格											

注：a 为钢筋公称直径。

样表 5　砂、石料样品试验报告

工程名称：××水库灌区改造工程 1 标　　　　报告编号：委 0002814(2011)515

建设单位：××水库管理所　　　　送样日期：2011-03-24

委托单位：监理抽样　　　　报告日期：2011-03-30

砂样颗粒分析								
筛孔尺寸(mm)	>5.0	5~2.5	2.5~1.25	1.25~0.63	0.63~0.315	0.315~0.16	筛底	
分计筛余量(g)	27.0	88.0	100.0	132.0	79.0	58.0	16.0	
分计百分比(%)	5.4	17.6	20.0	26.4	15.8	11.6	3.2	
细度模数 M_x	$M_x = 3.07$							
堆积密度(kg/m³)	1 380	表观密度(kg/m³)		2 610	吸水率(%)	—	含泥量(%)	1.0
石样颗粒分析								
筛孔尺寸(mm)	>40	31.5	25	20	16	10	5	筛底
分计筛余量(g)	612	665	479	388	301	171	100	19
分计百分比(%)	22.38	24.31	17.51	14.19	11.01	6.25	3.66	0.69
堆积密度(kg/m³)	—	表观密度(kg/m³)		—	吸水率(%)	—	含泥量(%)	—
试验标准	《水工混凝土试验规程》(SL 352—2006)							
说明								

样表 6　混凝土抗压强度试验报告

工程名称:××水库灌区改造工程 1 标　　　　报告编号:委 0002852(2011)553
建设单位:××水库管理所　　　　送样日期:2011-03-25
委托单位:监理抽样　　　　(共 1 页 第 1 页)　　　　报告日期:2011-03-30

构件名称及结构部位	编号	设计强度等级	成型日期(月-日)	试压日期(月-日)	龄期(d)	试件尺寸 $a\times b\times h$ (mm×mm×mm)	受压面积(mm^2)	破坏荷载(kN)	折算系数	抗压强度(MPa)		备注
										单个	平均	
K3+726 1~K3+788.5 北支梁		C15	02-26	03-26	28	150×150×150	22 500	351	1.0	15.6	16.1	
								366		16.3		
								371		16.5		
K3+000~K3+200 北支梁		C15	02-26	03-26	28	150×150×150	22 500	390	1.0	17.3	17.2	
								390		17.3		
								380		16.9		
隧洞砖墙		C25	02-25	03-25	28	150×150×150	22 500	466	1.0	20.7	21.1	
								480		21.3		
								478		21.2		
试验标准	《水工混凝土试验规程》(SL 352—2006)											
说明												

样表7　砂浆抗压强度试验报告

工程名称：××水库灌区2010年度改造工程1标　　报告编号：委0002994(2011)695

建设单位：××水库管理所　　送样日期:2011-04-09

委托单位:监理抽样　　（共1页 第1页）　　报告日期:2011-04-16

结构部位	设计强度	成型日期（月-日）	试验日期（月-日）	龄期(d)	试件尺寸(mm×mm×mm)	受压面积(mm^2)	破坏荷载(kN) 单个值			破坏荷载(kN) 平均	抗压强度(MPa)	备注
北中渠隧洞浆砌石	M7.5	03-18	04-15	28	70.7×70.7×70.7	5 000	47.0	50.0	47.5	48.2	9.6	
北中渠暗涵浆砌石	M7.5	03-12	04-09	28	70.7×70.7×70.7	5 000	47.0	45.0	48.0	46.7	9.3	
北支渠隧洞浆砌石	M7.5	03-18	04-15	28	70.7×70.7×70.7	5 000	43.5	46.0	40.0	43.2	8.6	
试验标准	《水工混凝土试验规程》(SL 352—2006)											
说明												

样表 8 小型空心砌块强度试验报告

工程名称：　　　　　　　　　　　　报告编号：
建设单位：　　　　　　　　　　　　送样日期：
委托单位：　　　　　　　　　　　　报告日期：

生产单位			设计等级		批量	
试件尺寸			受压面积（mm^2）	破坏荷载（kN）	抗压强度（MPa）	平均抗压强度（MPa）
长度（mm）	宽度（mm）	高度（mm）				
试验标准	《粉煤灰混凝土小型空心砌块》（JC/T 862—2008） 《混凝土小型空心砌块建筑技术规程》（JGJ/T 14—2011）					
说　明						

样表 9　混凝土施工配合比报告

工程名称：××堤身加固工程 C1 标　　　　报告编号：委 000218230

建设单位：××水利建设投资有限公司　　　　送样日期：2007-12-05

委托单位：××建设集团公司　　（共 1 页 第 1 页）　　报告日期：2008-01-05

设计强度等级	坍落度（mm）	水灰比	砂率（%）	每立方米混凝土原材料用量（kg/m³）				
				水	水泥	砂	石	外加剂
C25	5 ~ 7	0.42	38	155	369	716	1 177	
C20	5 ~ 7	0.45	35	145	322	383	1 274	
C10	3 ~ 5	0.60	36	155	258	710	1 273	
C15	5 ~ 7	0.50	36	145	290	712	1 271	
试验标准	《普通混凝土配合比设计规程》（JGJ 55—2000）							
备注	1. 水泥是×××水泥厂生产的普通硅酸盐 32.5 等级水泥。 2. 砂为中砂，石子为 2 ~ 4，配合比中用水量为砂石料饱和面干时的用水量，施工时应根据现场砂石料含水率调整用水量，严格控制水灰比不变，确保施工质量。 3. 本报告为 28 d 最终结果							

样表 10　××尾矿库排水系统钻芯法芯样强度试验成果

取样部位		试样编号	直径(mm)	长度(mm)	长径比	面积(mm^2)	破坏荷载(N)	换算系数	抗压强度(MPa)
2#排水井	▽264.5	1-2	99.6	100.4	1.01	7 791.28	186 500	1.00	23.9
	▽265.0	3-3	99.4	100.7	1.01	7 760.02	192 500	1.00	24.8
	▽265.7	4-4	99.7	99.9	1.00	7 806.93	181 100	1.00	23.2
排水管	K0+113	1	99.6	100.7	1.01	7 791.28	158 500	1.00	20.3
	K0+205	2	99.5	100.5	1.01	7 775.64	159 800	1.00	20.6
	K0+427	3	99.5	99.7	1.00	7 775.64	172 500	1.00	22.2
	K0+540	4	99.6	100.4	1.01	7 791.28	182 400	1.00	23.4
	K0+605	5	99.6	100.0	1.00	7 791.28	161 000	1.00	20.7
	K0+713	6	99.7	99.8	1.00	7 806.93	172 400	1.00	22.1
	K0+820	7	99.9	99.5	1.00	7 838.28	163 000	1.00	20.8
	K0+901	8	100.0	100.6	1.01	7 853.98	169 500	1.00	21.6
	K1+005	9	99.3	100.2	1.01	7 744.41	176 500	1.00	22.8
	K1+120	10	99.6	100.9	1.01	7 791.28	171 000	1.00	21.9

样表11 ××涵闸出口侧墙混凝土强度回弹法检测成果

结构部位	测区编号	回弹值										回弹平均值	混凝土强度换算值（MPa）	混凝土平均强度（MPa）	混凝土强度均方差（MPa）	混凝土强度推定值（MPa）
2+760涵闸出口侧墙	出口侧墙南侧-1	28	29	32	27	28	29	30	28	30	29	29.0	23.8	23.9	0.61	22.9
	出口侧墙南侧-2	30	30	27	33	29	29	29	27	29	29	29.2	24.1			
	出口侧墙南侧-3	30	32	27	29	30	30	32	29	29	28	29.6	24.7			
	出口侧墙南侧-4	30	30	31	27	30	29	30	29	30	29	29.5	24.5			
	出口侧墙南侧-5	27	30	30	27	27	30	28	30	27	27	28.3	22.7			

样表 12 见证取样送检委托书

湘质监统编 施 2002—31

工程名称:××排涝工程　　　　2012 年 2 月 11 日

<table>
<tr><td colspan="3">产品(含混凝土、砂浆试块及焊接件)名称:钢筋焊接(电渣压力焊)</td><td>试验项目:</td></tr>
<tr><td>规格型号</td><td>ϕ20</td><td>ϕ25</td><td rowspan="15">2.11 枞树港泵站一字墙(30.00～31.00 m)、枞树港泵站扩散段垫层(24.30～24.50 m)、枞树港泵站拦污栅段垫层(24.30～24.50 m)、杨杨 20:28:36</td></tr>
<tr><td>出厂批(炉、编)号</td><td></td><td></td></tr>
<tr><td>进场批量(t、个、件)</td><td>600 个</td><td>600 个</td></tr>
<tr><td>有无出厂质量证明书</td><td>有</td><td>有</td></tr>
<tr><td>出厂质量等级</td><td>HRB335</td><td>HRB335</td></tr>
<tr><td>出厂日期</td><td>2012-02-11</td><td>2012-02-11</td></tr>
<tr><td>生产厂名</td><td>×××实业股份有限公司</td><td>×××实业股份有限公司</td></tr>
<tr><td>供应商名</td><td>×××实业股份有限公司</td><td>×××实业股份有限公司</td></tr>
<tr><td>样品编号</td><td>015</td><td>016</td></tr>
<tr><td>代表部位(层次、轴线)</td><td>×××泵站</td><td>×××泵站</td></tr>
<tr><td>样品质量</td><td></td><td></td></tr>
<tr><td>样品单件数</td><td>2 组</td><td>2 组</td></tr>
<tr><td>取样人签名</td><td></td><td></td></tr>
<tr><td>见证人签名</td><td></td><td></td></tr>
<tr><td>收样人签名</td><td></td><td></td></tr>
<tr><td colspan="2">施工单位:×××建设工程有限公司</td><td colspan="2">检测单位:×××精工建设工程质量检测有限公司</td></tr>
</table>

取样说明:

监理(建设)项目部(章)

2012 年　　月　　日

注:1. 本委托书一式三份,监理(建设)单位、施工单位、检测单位各一份。

2. 施工单位应将本委托书及其检测试验报告一并归档。

3. 见证人签名处应加盖见证人单位章。

样表 13　见证取样送检委托书

湘质监统编 施 2002—31

工程名称：××建设工程　　　　2012 年 6 月 2 日

产品（含混凝土、砂浆试块及焊接件）名称：水泥			试验项目：常规	
规格型号	P. C32. 5			
出厂批（炉、编）号	E2－084			
进场批量（t、个、件）	200 t			
有无出厂质量证明书	有			
出厂质量等级	合格			
出厂日期	2012-06-02			
生产厂名	×××南方水泥			
供应商名				
样品编号				
代表部位（层次、轴线）	围墙基础、主体			
样品质量	12 kg			
样品单件数	一组			
取样人签名				
见证人签名				
收样人签名				
施工单位：×××建设有限公司		检测单位：×××水利水电工程质量检测中心有限公司		

取样说明：

现场取样，在本次进场批量中随机选择 20 个以上不同的部分进行取样。

监理（建设）项目部（章）

年　　月　　日

注：1. 本委托书一式三份，监理（建设）单位、施工单位、检测单位各一份。

2. 施工单位应将本委托书及其检测试验报告一并归档。

3. 见证人签名处应加盖见证人单位章。

样表 14 见证取样送检委托书

湘质监统编 施 2002—31

工程名称：××建设工程　　2012 年 6 月 2 日

产品（含混凝土、砂浆试块及焊接件）名称：砂、石			试验项目：常规	
规格型号	中砂	2 ~ 4 cm 卵石		
出厂批（炉、编）号				
进场批量（t、个、件）	200 t	200 t		
有无出厂质量证明书				
出厂质量等级	合格	合格		
出厂日期	2012-06-02	2012-06-02		
生产厂名				
供应商名				
样品编号				
代表部位（层次、轴线）	围墙基础、主体	围墙基础、主体		
样品质量	30 kg	100 kg		
样品单件数	一组	一组		
取样人签名				
见证人签名				
收样人签名				
施工单位：×××建设有限公司		检测单位：×××水利水电工程质量检测中心有限公司		

取样说明：

现场取样，在本次进场批量中从不同部位和深度抽取大致相等的砂 8 份，石子 16 份，分别组成一组样品。

监理（建设）项目部（章）

年　　月　　日

注：1. 本委托书一式三份，监理（建设）单位、施工单位、检测单位各一份。

2. 施工单位应将本委托书及其检测试验报告一并归档。

3. 见证人签名处应加盖见证人单位章。

样表15 见证取样送检委托书

湘质监统编 施2002—31

工程名称:××建设工程　　　　2012年6月2日

产品(含混凝土、砂浆试块及焊接件)名称:烧结砖				试验项目:抗压强度	
规格型号	黏土实心烧结砖	黏土多孔烧结砖			
出厂批(炉、编)号					
进场批量(t、个、件)	200 t	200 t			
有无出厂质量证明书					
出厂质量等级	合格	合格			
出厂日期	2012-06-02	2012-06-02			
生产厂名	×××黄金乡桂芳第一空心砖厂				
供应商名	×××黄金乡桂芳第一空心砖厂				
样品编号					
代表部位(层次、轴线)	围墙基础	围墙主体			
样品重量					
样品单件数	15块	15块			
取样人签名					
见证人签名					
收样人签名					
施工单位:×××建设有限公司		检测单位:×××水利水电工程质量检测中心有限公司			

取样说明:

现场取样,在本次进场批量中用随机抽样法从每种不同尺寸、规格中各抽取15块,其中10块做抗压强度检验,5块备用。

监理(建设)项目部(章)

年　　月　　日

注:1. 本委托书一式三份,监理(建设)单位、施工单位、检测单位各一份。

2. 施工单位应将本委托书及其检测试验报告一并归档。

3. 见证人签名处应加盖见证人单位章。

参考文献

[1] 苏达根. 土木工程材料[M]. 3 版. 北京:高等教育出版社,2015.
[2] 曹世晖,汪文萍. 建筑工程材料与检测[M]. 3 版. 长沙:中南大学出版社,2016.
[3] 中华人民共和国工业和信息化部. JC/T 479—2013 建筑生石灰[S]. 北京:中国建材工业出版社,2013.
[4] 中华人民共和国工业和信息化部. JC/T 481—2013 建筑消石灰[S]. 北京:中国建材工业出版社,2013.
[5] 中华人民共和国国家质量监督检验检疫总局,中国国家标准化管理委员会. GB/T 9776—2008 建筑石膏[S]. 北京:中国标准出版社,2008.
[6] 中华人民共和国国家质量监督检验检疫总局,中国国家标准化管理委员会. GB 175—2007 通用硅酸盐水泥[S]. 北京:中国标准出版社,2008.
[7] 中华人民共和国国家标准质量监督检验检疫总局,中国国家标准化管理委员会. GB/T 1345—2005 水泥细度检验方法[S]. 北京:中国标准出版社,2005.
[8] 中华人民共和国国家质量监督检验检疫总局,中国国家标准化管理委员会. GB 1346—2011 水泥标准稠度用水量、凝结时间、安定性检验方法[S]. 北京:中国标准出版社,2012.
[9] 中华人民共和国国家质量技术监督局. GB/T 17671—1999 水泥胶砂强度的测定方法(ISO 法)[S]. 北京:中国标准出版社,1999.
[10] 中华人民共和国国家质量监督检验检疫总局,中国国家标准化管理委员会. GB/T 14685—2011 建设用卵石、碎石[S]. 北京:中国标准出版社,2012.
[11] 中华人民共和国住房和城乡建设部. GB 50204—2015 混凝土结构工程施工质量验收规范[S]. 北京:中国标准出版社,2015.
[12] 中华人民共和国建设部. GB/T 50080—2002 普通混凝土拌合物性能试验方法[S]. 北京:中国标准出版社,2002.
[13] 中华人民共和国建设部,国家质量监督检验检疫总局中华人民共和国建设部、国家质量监督检验检疫总局. GB/T 50081—2002 普通混凝土力学性能试验方法标准[S]. 北京:中国标准出版社,2002.
[14] 中华人民共和国住房和城乡建设部. JGJ 55—2011 普通混凝土配合比设计规程[S]. 北京:中国建筑工业出版社,2011.
[15] 中华人民共和国水利部. SL 352—2006 水工混凝土试验规程[S]. 中国水利水电出版社,2006.
[16] 中华人民共和国住房和城乡建设部. GB/T 50107—2010 混凝土强度检验评定标准[S]. 北京:中国标准出版社,2010.
[17] 中华人民共和国住房和城乡建设部. JGJ/T 70—2009 建筑砂浆基本性能试验方法标准[S]. 北京:中国建筑工业出版社,2009.
[18] 中华人民共和国国家质量监督检验检疫总局. GB/T 5101—2003 烧结普通砖[S]. 北京:中国标准出版社,2004.
[19] 中华人民共和国国家质量监督检验检疫总局,中国国家标准化管理委员会. GB 13544—2011 烧结多孔砖和多孔砌块[S]. 北京:中国标准出版社,2011.

[20] 中华人民共和国国家质量监督检验检疫总局,中国国家标准化管理委员会. GB/T 13545—2014 烧结空心砖和空心砌块[S]. 北京:中国标准出版社,2014.

[21] 中华人民共和国国家质量监督检验检疫总局,中国国家质量监督检验检疫总局. GB/T 700—2006 碳素结构钢[S]. 北京:中国标准出版社,2007.

[22] 中华人民共和国国家质量监督检验检疫总局,中国国家标准化管理委员会. GB/T 1591—2008 低合金高强度结构钢[S]. 北京:中国标准出版社,2009.

[23] 中华人民共和国国家质量监督检验检疫总局,中国国家标准化管理委员会. GB 1499. 1—2008 钢筋混凝土用钢 第1部分:热轧光圆钢筋[S]. 北京:中国标准出版社,2008.

[24] 中华人民共和国国家质量监督检验检疫总局,中国国家标准化管理委员会. GB 1499. 2—2007 钢筋混凝土用钢 第2部分:热轧带肋钢筋[S]. 北京:中国标准出版社,2008.

[25] 中华人民共和国国家质量技术监督局. GB 13788—2008 冷轧带肋钢筋[S]. 北京:中国标准出版社,2008.

[26] 中华人民共和国国家质量监督检验检疫总局. GB/T 5223—2002 预应力混凝土用钢丝[S]. 北京:中国标准出版社,2002.

[27] 中华人民共和国国家质量监督检验检疫总局,中国国家标准化管理委员会. GB/T 5224—2014 预应力混凝土用钢绞线[S]. 北京:中国标准出版社,2015.

[28] 中华人民共和国国家质量监督检验检疫总局. GB/T 228—2010 金属材料室温拉伸试验方法[S]. 北京:中国标准出版社,2010.

[29] 中华人民共和国国家质量技术监督局. GB/T 4507—1999 沥青软化点测定法(环球法)[S]. 北京:中国标准出版社,2000.

[30] 中华人民共和国国家质量监督检验检疫总局,中国国家标准化管理委员会. GB/T 4509—2010 沥青针入度测定法[S]. 北京:中国标准出版社,2011.

[31] 中华人民共和国国家质量监督检验检疫总局,中国国家标准化管理委员会. GB/T 4508—2010 沥青延度测定法[S]. 北京:中国标准出版社,2011.

[32] 中华人民共和国建设部. JGJ/T 23—2011 回弹法检测混凝土抗压强度技术规程[S]. 北京:中国建筑工业出版社,2001.

[33] 中国工程建标准化协会. CECS 02:2005 超声回弹综合法检测混凝土强度技术规程[S]. 北京:中国建筑工业出版社,2005.

[34] 中国工程建标准化协会. CECS 03:2007 钻芯法检测混凝土强度技术规程[S]. 北京:中国建筑工业出版社,2007.